U0182049

航天器鲁棒安全飞行控制

宗　群　张秀云　刘文静　朱婉婉　张睿隆　著

科学出版社

北京

内 容 简 介

本书在深入分析航天器复杂模型特点的基础上，重点对影响航天器安全飞行的控制问题进行研究。全书以当前国内外在该领域的最新研究成果为背景，提炼其中的关键科学问题，包括复杂航天器姿态稳定控制、姿态机动轨迹优化与稳定跟踪控制、故障诊断与容错控制，微小卫星编队构型优化及姿态同步控制等。在此基础上，搭建了分布式虚拟实时仿真平台模拟航天器真实运行环境，并进行航天器运行可视化三维视景演示，建立了面向航天器系统的实时仿真验证系统。

本书从航天器模型建立入手，围绕影响航天器安全飞行的关键科学问题，融合了航天器单星及编队控制领域的最新研究成果，适合自动化相关专业的本科生及研究生阅读，同时可供对航天器安全飞行控制感兴趣的高校师生、科研工作者和工程技术人员阅读参考。

图书在版编目（CIP）数据

航天器鲁棒安全飞行控制 / 宗群等著. —北京：科学出版社，2022.5
ISBN 978-7-03-069400-3

Ⅰ．①航… Ⅱ．①宗… Ⅲ．①航天器–鲁棒控制–飞行控制
Ⅳ．①V448.2

中国版本图书馆 CIP 数据核字（2021）第 143472 号

责任编辑：张海娜 纪四稳 / 责任校对：任苗苗
责任印制：吴兆东 / 封面设计：蓝正设计

科 学 出 版 社 出版
北京东黄城根北街 16 号
邮政编码：100717
http://www.sciencep.com
北京凌奇印刷有限责任公司 印刷
科学出版社发行 各地新华书店经销

*

2022 年 5 月第 一 版　开本：720×1000　B5
2024 年 1 月第二次印刷　印张：16 1/2
字数：335 000

定价：120.00 元
（如有印装质量问题，我社负责调换）

前　言

　　航天器，又称空间飞行器、太空飞行器，是指按照天体力学规律在太空运行，负责执行探索、开发、利用太空和天体等复杂航天任务的各种类型的飞行器。航天器的发展使得人类的探索范围由地球大气层扩展到广袤无垠的宇宙空间，具有巨大的军用及民用价值。航天事业的不断发展，不仅体现了航天科技力量的实力进步，更体现出一个国家综合国力的不断壮大，研究与之相关的科学问题具有创新性、前瞻性及战略性。然而，随着航天需求及科技的不断发展，航天器结构愈加复杂，且受空间环境复杂未知及人工干预能力有限等多因素影响，航天器成为集强耦合、强非线性、不确定、多约束等特点于一体的复杂被控对象，而复杂航天器快速高精度姿态稳定、快速大角度姿态机动稳定、执行器故障影响下的容错控制、多约束下的编队构型优化及控制、航天器运行实时仿真验证等均成为影响航天器安全稳定飞行的关键科学问题，相关技术的研究已经成为当今航天领域的重点及热点。

　　考虑航天器自身的复杂特性及空间未知环境干扰的影响，如何设计鲁棒自适应策略，解决多约束、角速度不可测、执行器故障等多因素下的航天器单星及编队控制问题，并进行航天器运行实时仿真验证及三维视景演示，实现航天器的安全稳定飞行，是航天研究领域亟待解决的核心问题。因此，本书将针对复杂航天需求，围绕影响航天器安全飞行的关键科学问题，以提高航天器飞行的安全性及可靠性为目的，展开相关理论及虚拟实时仿真验证研究，提高航天器可靠在轨运行能力，为从事航天器安全飞行控制技术研究的科研人员提供有益参考，并为形成我国航天关键科学问题的创新理论提供参考依据。

　　本书的撰写特点如下：

　　(1) 从航天器模型入手，分别建立刚体航天器、刚柔航天器、刚液航天器及刚-柔-液复杂航天器动力学模型，力求对航天器模型相关基础进行较全面的介绍，为后续航天器控制及仿真问题的研究提供理论支撑。

　　(2) 涉及复杂航天器姿态稳定控制、姿态机动轨迹优化与稳定跟踪控制、故障诊断与容错控制，微小卫星编队构型优化及姿态同步控制等多种典型航天器控制内容，涵盖当前影响航天器安全飞行的重点及热点问题，提出的控制策略具有一定的理论与现实意义。

(3) 提出对航天器控制性能的虚拟实时仿真验证方法，搭建分布式虚拟实时仿真平台模拟航天器真实运行环境，并进行航天器运行可视化三维视景演示，为未来航天器实际发射提供可靠保障，具有一定的工程应用价值。

全书共 7 章。第 1 章绪论，在介绍航天器基本概念的基础上，列举世界各国的典型航天器研究计划，并全面总结国内外航天器控制相关的研究进展，分析提炼影响航天器安全飞行的难点问题，给出本书的特点和内容安排。第 2 章复杂航天器模型，分别建立刚体航天器、刚柔航天器、刚液航天器及刚-柔-液复杂航天器动力学模型，为后续章节提供理论支撑。第 3 章复杂航天器姿态稳定控制，综合考虑姿态稳定过程中快速性与高精度的矛盾，重点研究基于输入成形器及阻尼反馈的姿态稳定控制策略。第 4 章复杂航天器姿态机动轨迹优化与稳定跟踪控制，综合考虑姿态机动过程中快速性及稳定性的矛盾，重点展开机动轨迹优化-角速度观测器-多变量自适应积分滑模控制器综合的相关研究。第 5 章航天器故障诊断与容错控制，考虑执行器故障对航天器性能的影响，分别研究基于滑模观测器的航天器有限时间被动容错控制、基于自适应策略的主动航天器故障诊断与容错控制，以及基于滑模增广系统的故障诊断-容错控制一体化设计方法。第 6 章微小卫星编队构型优化及姿态同步控制，考虑光学合成孔径任务需求，给出基于空间圆及水平圆的微小卫星编队方案，并解决方案中涉及的构型优化及编队控制问题。第 7 章分布式虚拟实时仿真平台设计与实现，设计虚拟仿真平台总体方案，完成硬件结构设计及主控、视景软件模块开发，实现航天器控制实时性能验证与三维视景演示。

本书相关的研究得到了民用航天技术预先研究项目"×××姿态稳定控制"、863 计划项目"编队卫星系统高精度实时测量和控制技术"，以及航天院所项目"故障诊断与容错控制一体化设计方法研究"、"航天器主动故障诊断方法研究"等的支持，并得到了北京控制工程研究所的大力支持。此外，天津津航计算技术研究所张博渊，河北科技大学邵士凯，腾讯科技(深圳)有限公司彭麒麟，天津大学杨希成、谷友博、季春惠等也参与了本书的撰写工作，在此一并表示感谢。

限于作者水平，书中难免存在不妥之处，恳请读者批评指正。

目　　录

第1章 绪 论

在世界上第一颗航天器(spacecraft) "斯普特尼克一号"发射成功后, 航天器在近几十年得到了巨大的发展。航天器的出现使人类的活动范围从地球大气层扩大到宇宙空间, 在国家安全、通信、技术进步、环境监测、气象预报、减灾救灾等方面均发挥了重要的作用, 对社会经济与生活产生了重大影响[1,2]。

飞行控制系统是航天器的重要组成部分之一, 是航天器安全飞行、完成航天任务的保证。随着航天需求及科技的不断发展, 航天器系统结构越来越复杂、功能越来越强大(以下称这样的航天器为复杂航天器), 且由于空间环境复杂未知[3], 人工干预能力有限, 其发展与应用受到了一定的限制。本章重点列举世界各国的典型航天器研究计划, 全面总结国内外航天器控制相关的研究进展, 并对影响航天器安全飞行的难点问题进行分析提炼。针对这些难点问题, 后续各章分别提出相应的解决思路和措施, 并在虚拟实时仿真平台进行关键技术验证, 实现复杂航天器安全稳定运行。

本章主要内容安排如下: 1.1 节介绍航天器的基本概念; 1.2 节总结航天器的研究进展; 1.3 节分析航天器的控制难点问题; 1.4 节介绍本书的特点和内容安排; 1.5 节对本章进行总结。

1.1 航天器基本概念

航天器是在稠密大气层外环绕地球, 或在行星际空间、恒星际空间, 按照天体力学规律运行的飞行器。航天器主要分为人造地球卫星、载人航天器与深空探测器三大类, 如图 1.1 所示, 下面分别进行介绍。

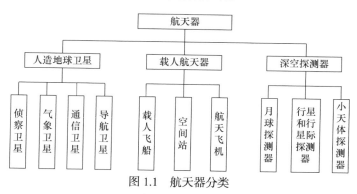

图 1.1 航天器分类

1. 人造地球卫星

人造地球卫星是指环绕地球飞行并在空间轨道运行一圈以上的无人航天器，简称人造卫星。人造卫星是发射数量最多、用途最广、发展最快的航天器，主要用于科学探测与研究、天气预报、土地资源调查、土地利用、区域规划、通信、跟踪、导航等各个领域。人造地球卫星主要包括侦察卫星、气象卫星、通信卫星和导航卫星等，如图1.2所示。

(a) "阿里郎2号"侦察卫星　　　　　　　(b) "风云4号"气象卫星

(c) DSCS III B6通信卫星　　　　　　　(d) 北斗导航卫星

图1.2　典型人造地球卫星

1) 侦察卫星

侦察卫星，又称"间谍卫星"，是用于获取军事情报的军用卫星。侦察卫星利用所载的光电遥感器、雷达或无线电接收机等侦察设备，从轨道上对目标实施侦察、监视或跟踪，以获取地面、海洋或空中目标辐射、反射或发射的电磁波信号，用胶片、磁带等记录器将收集的信息存储于返回舱内，在地面回收或通过无线电传输方式发送到地面接收站，经过光学、电子设备和计算机加工处理，从中提取有价值的军事情报。

2) 气象卫星

气象卫星是世界上应用最广的卫星之一，是指从太空对地球及其大气层进行气象观测的人造地球卫星。卫星所载各种气象遥感器，接收和测量地球及其大气层的可见光、红外和微波辐射，以及卫星导航系统反射的电磁波，并将其转换成电信号传送给地面接收站。地面接收站将卫星传来的电信号复原，绘制成各种云层、风速/风向、地表和海面图片，再经进一步处理和计算，得出各种气象资料。气象卫星观测范围广，观测次数多，观测时效快，观测数据质量高，不受自然条件和地域条件限制，它所提供的气象信息已广泛应用于日常气象业务、环境监测、防灾减灾、大气科学、海洋学和水文学的研究。

3) 通信卫星

通信卫星是世界上应用最早、最广的卫星之一，是指作为无线电通信中继站的人造地球卫星。通信卫星通过转发无线电信号，实现地面接收站与航天器之间的无线电通信。通信卫星可以传输电话、电报、传真、数据和电视等信息，按轨道的不同分为地球静止轨道通信卫星、大椭圆轨道通信卫星、中轨道通信卫星和低轨道通信卫星。

4) 导航卫星

导航卫星是指从卫星上连续发射无线电信号，为地面、海洋、空中和空间用户导航定位的人造地球卫星。导航卫星装有专用的无线电导航设备，用户接收导航卫星发来的无线电导航信号，通过时间测距或多普勒测速分别获得用户相对于卫星的距离或距离变化率等导航参数，并根据卫星发送的时间、轨道参数，求出在定位瞬间卫星的实时位置坐标，从而定出用户的地理位置坐标(二维或三维)和速度矢量分量。

2. 载人航天器

载人航天器是在绕地球轨道或外层空间按受控飞行路线运行的载人飞行器，主要包括载人飞船、空间站与航天飞机，如图 1.3 所示，下面分别进行介绍。

1) 载人飞船

载人飞船，又称宇宙飞船，是指能保障航天员在外层空间生活和工作以执行航天任务并返回地面的航天器。载人飞船可以独立进行航天活动，也可用作往返于地面和空间站之间的"渡船"，还能与空间站或其他航天器对接后进行联合飞行。载人飞船容积较小，受到所载消耗性物质数量的限制，不具备再补给的能力，而且不能重复使用。

(a) "神舟十号"载人飞船

(b) "和平号"空间站

(c) 国际空间站　　　　　　　　　　(d) "奋进号" 航天飞机

图 1.3　典型载人航天器

2) 空间站

空间站又称太空站、航天站，是一种在近地轨道长时间运行、可供多名航天员巡访、长期工作和生活的载人航天器。空间站分为单模块空间站和多模块空间站两种。单模块空间站可由航天运载器一次发射入轨，多模块空间站则由航天运载器分批将各模块送入轨道，在太空中将各模块组装而成。在空间站中要有人能够生活的一切设施，空间站不具备返回地球的能力，宇航员通过航天飞机或载人飞船返回。

3) 航天飞机

航天飞机是一种载人往返于近地轨道和地面间的有人驾驶、可重复使用的运载工具。它既能像运载火箭那样垂直起飞，又能像飞机那样在返回大气层后在机场着陆。航天飞机由轨道器、外储箱和固体助推器组成。航天飞机为人类自由进出太空提供了很好的工具，是航天史上的一个重要里程碑。

3. 深空探测器

深空探测器又称空间探测器或宇宙探测器，是指对月球和月球以外的天体及空间进行探测的无人航天器，是深空探测的主要工具。深空探测器装载科学探测仪器，由运载火箭送入太空，飞近月球或行星进行近距离观测，着陆进行实地考察，或采集样品进行研究分析。深空探测器按探测的对象划分为月球探测器、行星和行星际探测器与小天体探测器等，典型深空探测器如图 1.4 所示。

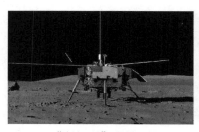

(a) "嫦娥四号" 月球探测器　　　　　　　　　　(b) 火星探测器

(c) 水星探测器 　　　　　　　　　(d) 哈雷彗星探测器

图 1.4　典型深空探测器

1) 月球探测器

月球探测器是对月球和近月空间探测的宇宙飞行器，分为无人探测和载人探测两个阶段。迄今，人类已经向月球发射过几十颗探测器。月球探测器主要有电视摄像机、无线电通信设备、月岩采集器、月球车等。探测方式有飞近月球拍照，将探测器直接撞击月岩，绕月拍摄月球背面照片，在着陆月面之前启动探测器上的逆向火箭，使探测器缓慢软着陆，软着陆后探测器仍然可以继续探测；围绕月球轨道环行，对月球拍摄特写镜头；利用月球车对月面进行考察和在月面做科学实验。

2) 行星和行星际探测器

行星和行星际探测器是对太阳系内各行星进行探测的无人航天器。20 世纪 60 年代初期美国和苏联发射了多颗行星和行星际探测器，分别探测了金星、火星、水星、木星和土星以及行星际空间。自苏联 1957 年 10 月 4 日发射世界上第一颗人造地球卫星以后，人类即开始对行星及行星际的探测，获得了大量的探测信息，增加了人类对太阳系中各行星和行星际空间的认识，探测最多的是火星和金星，尤其是火星。

3) 小天体探测器

小天体探测器主要用于探测太阳系内的小行星与彗星。近年来，小天体探测器备受关注，不仅仅因为某些小行星与彗星存在撞击地球的危险，而且由于它们的演化程度小，较多地保留了早期演化的遗迹，可以为探测太阳系起源演化提供重要线索，还有可能成为人类未来开发利用的资源宝库。

航天器是人类进行太空活动、探索宇宙、执行空间任务的载体。自第一颗人造地球卫星成功发射以来，航天技术呈现出雨后春笋般的发展态势，极大而深刻地影响了人们生活的诸多方面。但是，随着航天器技术的迅速发展与形式的多样化，其功能与构造日趋复杂[4,5]，技术需求不断发展，所涉及的研究领域逐渐扩大，航天器在带来巨大优势的同时也将伴随着前所未有的技术挑战[6]，1.2 节将分别介绍各国研究进展。

1.2　航天器研究进展

航天器是 21 世纪世界航空航天事业发展的一个主要方向，在未来的军事、政治和经济中将发挥重要的战略作用。自 20 世纪 50 年代以来，美国、苏联(俄罗斯)、法国、德国、英国、中国等国家都在进行这方面的研究，使得航天器得到了巨大发展，下面从人造地球卫星、载人航天器与深空探测器三类介绍各国研究进展。

1.2.1　国内外典型航天器发展现状

1. 人造地球卫星

1) 美国

美国是世界上较早开展航天器研究的国家，活动规模和技术水平居世界前列，其发射的侦察卫星、探测卫星、气象卫星、载人飞船等具有较高的技术水平。以下介绍几种美国发射的典型的人造地球卫星。

(1) "探险者 1 号"卫星。

1958 年 2 月 1 日，"探险者 1 号"卫星由"丘诺 1 号"运载火箭搭载在卡纳维拉尔角发射场 LC-26 发射台发射，是美国发射成功的第一颗人造地球卫星。"探险者 1 号"主要用于探测地球大气层和电离层，测量地球高空磁场、太阳辐射、太阳风，以及用于研究日地关系、探测和研究宇宙线及激流星体、测定地球形状和地球引力场。"探险者 1 号"所携带的摄像机使人们有史以来第一次完整地看见自己所居住的星球。

(2) 全球定位系统(global positioning system，GPS)卫星。

20 世纪 70 年代，美国陆海空三军联合研制了新一代 GPS，主要目的是为陆海空三大领域提供实时、全天候和全球性的导航服务，并用于情报搜集、核爆监测和应急通信等，经过二十余年的研究实验，耗资 300 亿美元。GPS 是一种具有全方位、全天候、全时段、高精度的卫星导航系统，能为全球用户提供低成本、高精度的三维位置、速度和精确定时等导航信息，它极大地提高了地球社会的信息化水平，有力地推动了数字经济的发展。

(3) "雪貂-D"近地轨道卫星星座。

1988 年 9 月由"大力神"火箭首次发射新型"雪貂-D"近地轨道卫星星座，它是一种多面体反光卫星，由 6 颗卫星组成，各轨道面彼此间隔 60°。这些卫星除装有电子侦察接收机，还装有一台红外探测器作为辅助遥感器。海湾战争期间，在轨的 2 颗"大酒瓶"卫星、1 颗"漩涡"电子侦察卫星和"雪貂-D"电子侦察卫星，每天飞经海湾地区多次，每次侦察时间可持续数小时，监听了大量的伊拉克无线电信号，为多国部队提供了通信、电子情报。

(4) 卫星数据系统卫星。

2016 年 7 月，美国国家侦察局(NRO)发射新一代卫星数据系统(satellite data system，SDS)的首颗卫星，编号为 USA-269。卫星数据系统是美国国家侦察局运行的军用数据中继卫星，可部署在地球静止轨道或者"闪电"通信卫星大椭圆轨道，用于向美国及时回传侦察监视数据。

(5) 星链计划(SpaceX Starlink)卫星。

2019 年 5 月 24 日，随着"猎鹰 9 号"运载火箭与 60 星发射升空，美国太空探索技术公司(SpaceX)的星链计划拉开组网序幕。星链计划准备到 2024 年发射约 12000 颗覆盖地球上空的卫星，再通过约 4000 颗相互联系的卫星和依据地理分布的地面接收站，构筑了一个覆盖全球的低成本太空通信系统，实现一种变革性的通信业务。

2) 俄罗斯

俄罗斯作为国际航天大国，有着丰富的载人航天飞行经验，在载人航天长远发展方向方面，有着清晰而完整的长远战略规划。为了巩固在载人航天方面的优势地位，俄罗斯明确今后载人航天发展的重点在于继续运营空间站、研制新一代载人飞船和计划实施载人登月项目等方面，并进一步提出国际月球轨道站构想。

(1) "斯普特尼克一号"卫星。

1957 年 10 月 4 日，苏联发射了第一颗人造地球卫星——"斯普特尼克一号"。该卫星呈球形，直径 58cm，重 83.6kg。它沿着椭圆轨道飞行，每 96min 环绕地球一圈。该卫星的主要用途是通过向地球发出信号来提示太空中的气压和温度变化。这一事件具有划时代的意义，它宣告人类已经进入空间时代。

(2) 格洛纳斯(GLONASS)卫星导航系统。

1993 年，俄罗斯独自建立其本国的全球卫星导航系统，该卫星导航系统由 30 颗卫星组成，作用类似于美国的 GPS、欧洲的伽利略卫星导航系统(Galileo satellite navigation system，GSNS)和中国的北斗卫星导航系统(BeiDou navigation satellite system，BDS)。该系统主要服务内容包括确定陆地、海上和空中目标的坐标及运动速度信息等。

(3) 遥感卫星系统发射计划。

2017 年，俄罗斯国家航天集团公司副总经理涅斯捷罗夫在莫斯科航展的圆桌会议上宣布，俄罗斯计划在 2025 年前发射 31 颗地球遥感卫星。截至 2017 年 7 月，卫星组由 8 颗卫星构成。到 2025 年前将发射 31 颗，其中轨道卫星不少于 15 颗，包括雷达卫星"雕-FKA"、"浏览-R"。

3) 欧洲航天局

在各国航天器发展得如火如荼的同时，欧洲联盟(欧盟)各国也在按照自己的研究思路对航天器进行广泛而深入的研究。

(1) 伽利略卫星导航系统。

1999 年 2 月，欧盟发射自主、独立研制的民用伽利略卫星导航系统，旨在提供高精度、高可靠的定位服务，实现完全非军方控制，可以进行覆盖全球的导航和定位功能。作为全球卫星导航定位系统，该系统的应用范围非常广泛，涉及大地测量和地球动力学服务，以及运输、铁路、航空、农业、海事、工程建设、能源等领域。

(2) Meteosat-9 和 Meteosat-10 气象卫星。

2013 年 4 月，Meteosat-9 与 Meteosat-10 组成第二代气象卫星系统的"双卫星"结构，用于天气预报最具挑战的任务之一——临近预报，它可以频繁地获取包含大量信息的大气图像，由此探测和监测快速发展的雷暴、雾等高冲击强度的天气现象并发出报警信息。该卫星系统可以更加频繁地传递欧洲和北美洲上空的图像。

(3) "风神"气象卫星。

2018 年 8 月 22 日，"风神"气象卫星在法属圭亚那发射成功。该卫星被放置在距离地表 320km 的区域，携带有多普勒风激光雷达。全球地球观测系统最大的空白之一就是缺乏详细的风测量数据，"风神"气象卫星可以利用紫外波段激光测量大气中的风速和风向，有望显著提高气象预报的准确度并增进人们对气候变化的了解。

4) 日本

日本在宇宙深空探测中也在努力前行，以下首先对人造卫星进行介绍。

(1) "引路"系列卫星。

2010 年 9 月 12 日，日本"引路"系列卫星使用自己研制的 H2A 火箭发射成功。该卫星系统包括多颗轨道周期相同的地球同步轨道卫星，这些卫星分布在多个轨道面上，无论何时，总有一颗卫星能够完整覆盖整个日本。"引路"系列卫星的成功发射，标志着日本向初步构建独立的卫星导航系统的目标又迈进了一步。

(2) "雷达 4 号"侦察卫星。

2013 年 1 月 27 日，日本发射了"雷达 4 号"侦察卫星。日本内阁卫星情报中心报告，"雷达 4 号"侦察卫星与其他在轨卫星配合，首次实现每天对地球上所有地点进行至少一次拍摄。日本自 1998 年决定发展侦察卫星，"雷达 4 号"作为一颗雷达侦察卫星，可以在夜间或多云情况下监视地面，可分辨约 1m 大小的物体。

(3) "燕号"超低空实验卫星。

2017 年 12 月 23 日，日本发射"燕号"超低空实验卫星，此卫星飞行轨道在 180～250km 的高度。此次发射的"燕号"超低空实验卫星呈盒子形状，长约 2.5m，厚约 0.9m，太阳能板呈翅膀形状，卫星可以"展翅飞行"，其制造和设计是由日本三菱电机公司负责的。

5) 中国

我国航天史的发展从 1956 年开始，当时著名科学家钱学森向中央提交了《建立我国国防航空工业的意见书》。近年来，我国航天事业取得了举世瞩目的成就。我国能研制、发射并运行人造地球卫星、载人航天器与空间探测器三大类航天器。

(1) "东方红一号"卫星。

1970 年 4 月 24 日，中国成功发射"东方红一号"卫星，该卫星是中国第一颗人造地球卫星，由以钱学森为首任院长的中国空间技术研究院自行研制，标志着中国成为继苏联、美国、法国、日本之后世界上第五个用自制火箭发射国产卫星的国家。"东方红一号"卫星发射成功，开创了中国航天史的新纪元。

(2) "资源二号"卫星。

2002 年 10 月 27 日，在太原卫星发射中心，"资源二号"卫星由"长征四号乙"运载火箭送入太空。其属于传输型遥感卫星，由中国空间技术研究院研制，主要用于国土资源勘查、环境监测与保护、城市规划、农作物估产、防灾减灾和空间科学实验等领域。

(3) "高分九号"03 星。

2020 年 6 月 17 日，中国在酒泉卫星发射中心用"长征二号丁"运载火箭，成功将"高分九号"03 星送入预定轨道。"高分九号"03 星是中国发射的一颗光学遥感卫星，地面像元分辨率最高可达亚米级，主要用于国土普查、城市规划、土地确权、路网设计、农作物估产和防灾减灾等领域，可为"一带一路"倡议等提供信息保障。

(4) 北斗导航卫星。

北斗卫星导航系统是中国自行研制的全球卫星导航系统，是继美国 GPS、俄罗斯 GLONASS 之后第三个成熟的卫星导航系统。北斗卫星导航系统和美国 GPS、俄罗斯 GLONASS、欧盟 GSNS，是联合国全球卫星导航系统国际委员会已认定的供应商。该系统由空间段、地面段和用户段三部分组成，可在全球范围内全天候、全天时为各类用户提供高精度、高可靠定位、导航服务，已经初步具备区域导航、定位和授时能力。

2. 载人航天器

1) 美国

(1) "水星"计划与"阿波罗"工程。

从 1961 年至 1984 年底，美国先后实现了 5 项载人航天计划，完成 46 次载人航天，耗费约 500 亿美元。1961 年 5 月艾伦·谢泼德(Alan Shepard)乘"水星号"飞船首次完成轨道飞行。1969 年 7 月至 1972 年 12 月，先后有 6 艘"阿波罗号"飞船完成了月球航行，12 名航天员在月面上进行了科学考察。

(2) "自由号"空间站。

1984 年，里根政府提出建立永久性载人空间站，命名为"自由号"空间站。"自由号"空间站的最大特点是可进行空间组装和空间扩展，这是一项大的国际合作工程。"自由号"空间站的研制工作开始于 1983 年，致力于建造成近地轨道的永久性空间站。"自由号"空间站从来没有真正完成过，经过多次修改和调整，其残余的项目转入了现在的国际空间站。

(3) "奋进号"航天飞机。

2012 年 9 月 21 日，"奋进号"航天飞机抵达洛杉矶国际机场，完成最后一次空中飞行。它是一种有翼、可重复使用的航天器，由辅助的运载火箭发射脱离大气层，作为往返于地球与外层空间的交通工具。航天飞机凭着它本身容积大、可多人乘载和有效载荷量大的特点，可以在太空进行大量的科学实验和空间研究工作。

2) 俄罗斯

(1) "东方号"载人飞船。

苏联的载人航天计划开始于 1958 年。1959 年初，载人飞船开始具体设计，取名为"东方号"。"东方号"是苏联最早的载人飞船系列，也是世界上第一个载人航天器。1961 年 4 月 12 日，"东方一号"飞上太空，开始了载人航天的时代。苏联航天员尤里·加加林乘飞船绕地飞行 108min，安全返回地面，成为世界上进入太空飞行的第一人。

(2) "和平号"空间站。

1986 年 2 月 20 日，苏联发射了"和平号"空间站的核心舱，负责和所有其他模块的对接。"和平号"空间站是苏联建造的一个轨道空间站，在苏联解体后归俄罗斯。它是人类首个可长期居住的空间研究中心，也是首个第三代空间站，经过数年由多个模块在轨道上组装而成。自 1999 年 8 月 28 日起"和平号"空间站进入无人自动飞行状态，准备最终坠入大气层焚毁，完成其历史使命。

(3) "联盟号"载人飞船。

2018 年 12 月 3 日，载有 3 名宇航员的"联盟号"载人飞船成功发射升空，并前往国际空间站。该系列载人飞船自 20 世纪 60 年代首飞，目前仍在使用。"联盟号"载人飞船是目前世界上服役时间最长、发射频率最高,也是可靠性最好的载人飞船,其原设计目的是作为苏联载人登月计划中的地月往返工具,但是由于苏联后来取消了登月计划,"联盟号"载人飞船的活动范围就此被限制于地球轨道。

3) 中国

(1) "神舟一号"飞船。

1999 年 11 月 20 日,"神舟一号"飞船在酒泉卫星发射中心发射升空,是中国载人航天计划中发射的第一艘无人实验飞船。飞船入轨后,地面的各测控中心和分布在太平洋、印度洋上的测量船对飞船进行了跟踪测控,同时对飞船内的生命保障系统、姿态控制系统等进行了测试。这次飞行成功为中国载人飞船上天打下非常坚实的基础。

(2) "天宫二号"空间实验室。

2016 年 9 月 15 日,"天宫二号"空间实验室在酒泉卫星发射中心成功发射。"天宫二号"空间实验室是继"天宫一号"空间实验室后中国自主研发的第二个空间实验室,用于进一步验证空间交会对接技术及进行一系列空间实验。"天宫二号"空间实验室主要开展地球观测和空间地球系统科学、空间应用新技术、空间技术和航天医学等领域的应用及实验,打造中国第一个真正意义上的空间实验室。

(3) "神舟十一号"飞船。

2016 年 10 月 17 日,"神舟十一号"飞船在酒泉卫星发射中心发射,随后与"天宫二号"空间实验室对接形成组合体,两名航天员进驻"天宫二号"空间实验室,进行了为期 30 天的驻留,在轨飞行期间,完成了一系列空间科学实验和技术实验。2016 年 11 月 18 日 13 时 59 分,"神舟十一号"飞船返回舱在内蒙古中部预定区域成功着陆。

"天宫二号"空间实验室与"神舟十一号"载人飞行任务取得圆满成功,标志着我国载人航天工程空间实验室阶段任务取得具有决定性意义的重要成果,为后续空间站建造运营奠定了更加坚实的基础。

3. 深空探测器

在人造地球卫星与载人航天器发展得如火如荼的同时,各国也在按照自己的研究思路对深空探测器进行广泛而深入的研究。

1) 美国

(1) "月球基地计划"。

2006 年 12 月,美国国家航空航天局公布了"全球探索战略"以及在其基础上制订的美国探月计划。在这个蓝图中,登月的宏伟目标被步步标注。美国先后发射了"克莱门汀号"探测器、"月球勘探者号"探测器、月球勘测轨道飞行器、月球大气与粉尘环境探测器。2014 年实施"月球探索战略",计划 2024 年建立月球基地，保障宇航员能连续居住 180 天。为此，美国国家航空航天局还公布了月球基地的登载工具、基地建立的地点等细节。这是美国提出的征服宇宙空间"三部曲"(建设"自由号"空间站、建立永久月球基地、实现载人登火星)的"第二部"。

(2) "好奇号"火星探测器。

2011 年 11 月，美国国家航空航天局发射"好奇号"火星探测器，2012 年 8 月成功登陆火星表面。它是世界上第一辆采用核动力驱动的火星车，使命是探索火星的盖尔撞击坑并探寻火星的生命元素。"好奇号"火星探测器还在火星上发现曾经有适合微生物生存的环境。"好奇号"火星探测器的成功发射让科学家弄清了火星上是否存在生命，以及火星的可居住性问题。该火星探测器还将对火星的气候及地质情况进行评估，为人类探索任务做准备。

(3) "帕克"太阳探测器。

2018 年 8 月 12 日，"帕克"太阳探测器发射成功，将对太阳进行从前所未有的近距离观测，是首个穿越日冕的太阳观测器。2020 年 1 月 29 日，"帕克"太阳探测器完成第四次近日飞行。近距离探测太阳，有助于揭示太阳的运行机制，了解太阳与行星尤其地球的关系，提高人类预测太空天气的能力，改善影响地球生命的主要天气事件，以及协助太空卫星和宇航员的观测。

除上述各航天器计划，美国还在开展"太空围栏"、"枪炮 L"以及 Hallmark (2020 年完成任务)等项目，这些项目将大幅提高其军事通信、监测及太空指挥控制能力。在深空探索方面，其"洞察号"着陆器成功登陆火星，用于对火星内部结构环境开展探测。

2) 俄罗斯

(1) "福布斯-土壤号"火星探测器。

2011 年 11 月 9 日，"福布斯-土壤号"火星探测器从哈萨克斯坦拜科努尔航天发射场成功升空。几个小时后，俄罗斯联邦航天局就发布消息，称探测器出现意外，因主动推进装置未能点火而变轨失败。俄罗斯联邦航天局局长波波夫金表示，"福布斯-土壤号"火星探测器的事故原因是舱内计算机遭宇宙辐射影响失灵。而在制造此探测器期间使用了不合格的芯片，也可能是其发生故障的原因。

(2) "ExoMars-TGO"火星探测器。

2016 年 10 月 19 日，俄罗斯与欧洲空间局联合研发的"ExoMars-TGO"火星探测器抵达火星。2019 年 2 月 21 日，该火星探测器绘制了一份有关火星表面水分布情况的详细地图，发现几处"大量的水冰储备"。研究人员在俄罗斯科学院空间研究理事会例行会议上介绍了最初的观测结果。

(3) "月球 25 号"月球探测器。

俄罗斯计划于 2022 年 8 月发射"月球 25 号"月球探测器，该探测器按计划将于月球南极着陆，主要用于测试软着陆技术，并在月球极地区域寻找水冰。这是继苏联时期发射的最后一个月球探测器"月球 24 号"之后，时隔四十多年俄罗斯的首个探月航天器。

3）日本

（1）"月亮女神号"探测器。

2007 年 9 月 14 日，日本成功发射"月亮女神号"探测器，其成功进入绕月轨道。"月亮女神号"探测器上共搭载了 15 种精密仪器，以前所未有的精度对月球进行全面观测，分析月球化学成分构成、矿产分布、地表特征等，该数据将用于研究月球起源和演化过程。

（2）"隼鸟"系列探测器。

2014 年 12 月 3 日，日本种子岛宇宙中心成功发射了由日本宇宙航空研究开发机构(JAXA)研制的小行星探测器——"隼鸟 2 号"，开始了奔赴龙宫小行星的旅程。"隼鸟 2 号"的质量为 609kg，拥有遥感、巡航和取样探测等三方面的内容。"隼鸟"系列是日本宇宙航空研究开发机构的小行星探测计划，这项计划的主要目的是将"隼鸟"系列探测器送往小行星 25143，采集小行星样本并将采集到的样本送回地球。

（3）"拂晓"金星探测器。

2015 年，日本"拂晓"金星探测器成功"复活"，该探测器由日本宇宙航空研究开发机构和日本三菱重工联合研制，是日本的首个金星探测器。"拂晓"金星探测器发射后，对金星进行两年的观测。科学家利用所获得的观测数据，研究金星硫酸云的详细成分，以及速度达到 100km/s 的风暴的发生机制，并分析金星大气的构成。

4）中国

（1）"萤火一号"火星探测器。

2011 年 11 月 9 日，中国首个火星探测器搭载在俄罗斯"福布斯-土壤号"火星探测器内部，由俄罗斯"天顶号"运载火箭发射升空。"萤火一号"火星探测器的主要科学探测目标是对火星的空间磁场、电离层和粒子分布变化规律，以及火星大气离子逃逸率进行探测。此外，还将探测火星地形地貌、沙尘暴以及火星赤道附近的重力场。但是最终搭载"萤火一号"的"福布斯-土壤号"探测器发射失败。

（2）"嫦娥五号"月球探测器。

2020 年 11 月 24 日，"嫦娥五号"月球探测器在文昌航天发射场成功发射，12 月 3 日，"嫦娥五号"月球探测器将携带样品的上升器送入预定环月轨道。"嫦娥五号"是"探月工程"的第六次任务，也是中国航天迄今为止最复杂、难度最大的任务之一，实现了中国首次月球无人采样返回，助力深化月球成因和演化历史等科学研究。

(3) "天问"系列火星探测器。

2020 年 7 月 23 日，火星探测器"天问一号"在文昌航天发射场发射成功。后续行星任务依次编号。"天问"系列火星探测器主要用于火星研究，包括对火星磁层、电离层和大气层，火星的地形、地貌特征与分区，火星表面物质组成与分布，地质特征与构造区划的探测与研究；对火星内部结构、成分，以及火星的起源与演化也将进行进一步的研究和探索。

通过各国研究进展可以发现，世界各航天强国均在致力于推进航天技术的发展，这不仅体现了一个国家的科技水平及综合国力，也是一项极具挑战的研究课题，在发展的同时也伴随着大量失败的教训。因此，本书以工程应用为背景，梳理并总结影响航天器安全飞行的关键科学问题，开展复杂航天器姿态控制、故障诊断与容错控制、编队控制等相关理论研究，对形成航天器控制的创新理论及方法、支撑我国航天技术的可持续发展、提升我国的国际竞争力，具有至关重要的理论意义及工程价值。

下面分别介绍复杂航天器姿态控制、故障诊断与容错控制、编队控制及仿真平台研究方法，并论述其研究现状。

1.2.2　复杂航天器姿态控制

姿态控制是指控制航天器在太空定向姿态的技术，包括姿态稳定和姿态机动。前者是保持已有姿态，后者是从一个姿态到另一个姿态的转变。随着航天器的结构越来越复杂，尺寸也越来越大，在机动、转向和空中对接过程中，很容易激起柔性结构振动与储液箱液体剧烈晃动。同时，复杂航天器还会受到重力梯度力矩、太阳光压力矩、模型不确定等环境力矩的影响，这些模型不确定与外界干扰会对航天器姿态控制精度产生较大影响，甚至导致其姿态失稳。因此，本节分别针对复杂航天器在柔性振动、液体晃动抑制，以及对外界干扰影响下常用系统姿态控制方法进行综述。

1. 复杂航天器柔性振动与液体晃动抑制

复杂航天器在轨运行过程中，在控制航天器自身姿态的同时，还需要抑制柔性振动与液体燃料的晃动，以减小耦合作用对姿态控制精度的影响，提高控制精度。下面从复杂航天器柔性振动与液体晃动抑制分别展开综述。

为了抑制柔性振动，实现姿态快速稳定跟踪，国内外学者提出了各种先进的控制方法[7-10]。柔性振动抑制方法主要分为两类，即被动柔性振动抑制与主动柔性振动抑制，其中，被动柔性振动抑制主要将柔性振动视为不确定，通过系统鲁棒性进行处理。2017 年，哈尔滨工业大学曹喜滨等[11,12]针对刚柔航天器柔性振动展开研究，将柔性振动作为不确定，应用鲁棒控制器实现了刚柔航天器柔性振动抑制问题。2018 年,新墨西哥州基特兰空军基地 Ton 等[13]将柔性振动作为不确定,设计滑模控制器,实现了柔性振动抑制。虽然通过被动柔性振动抑制可以实现姿态跟踪控制,但是柔性振动仍存在,这会对航天器系统造成损害。主动柔性振动抑制是主要通过设计输入成形器、压电材料、柔性模态观测器等进行振动的主动抑制。输入成形器作为一种前馈滤波器,因简单、有效、不需要额外的传感器和执行器而广泛应用于主动柔性振动抑制[14]。2008 年,北京航空航天大学胡庆雷[15]应用鲁棒非线性变结构结合输入成形器,对参考指令进行变形,实现了柔性振动有效抑制。2014 年,美国佐治亚理工学院 Singhose 等[16]针对车辆柔性振动问题,应用改进的输入成形器,通过积分的方法,使得输入成形器更加平滑,减少输入成形器的影响,实现了车辆柔性振动的有效抑制。2019 年,天津大学宗群等[17]应用输入成形器与滑模控制相结合,实现了航天器柔性振动抑制。虽然加入输入成形器后柔性振动得到有效抑制,但是该方法为一种滤波方法,会导致时延的产生。压电材料是另一种有效抑制柔性振动的方法,通过在柔性帆板表面附着一层压电材料,当柔性帆板振动时会导致压电材料发生形变,产生与柔性振动相反的作用力,进而达到抑制振动的目的。2003 年,意大利拉奎拉大学 Gennaro[18]应用了压电材料方法,当产生柔性振动时,在压电材料两端面之间的电压会产生与柔性振动相反的作用力,实现了柔性振动抑制。此外,正位置反馈也是一种应用压电材料的柔性振动抑制方法,通过增加结构极点频率的阻尼抑制柔性振动[19]。2019 年,哈尔滨工业大学齐乃明等[20]针对航天器柔性振动问题,应用改进的正位置反馈方法,通过选取合适的参数,结合分布式与集中式正位置反馈,实现了柔性振动的有效抑制。除了上述柔性振动抑制方法外,利用柔性模态观测器实现振动状态的观测,并利用振动观测器设计对应的姿态控制器实现振动抑制也是一种常用方法。2014 年,东南大学李世华等[21]针对航天器柔性振动问题,应用柔性模态观测器对柔性振动进行观测,实现了对柔性振动的有效抑制。2018 年,北京大学段志生等[22]针对编队航天器柔性振动问题,应用柔性模态观测器对柔性振动进行观测,实现了对编队航天器柔性振动的有效抑制。

除了柔性振动,复杂航天器在转动过程中,需要不断地消耗燃料,会导致液体燃料相关的物理参数不断发生变化,而且相关参数也很难精确测量得到,因此国内外学者提出了各种控制燃料晃动的先进方法,如自适应控制方法、输入成形器、极点配置间接自校正方法、滑模观测器、模糊观测器等。首先,针对这种参数不确定性问题,自适应控制方法往往能取得比较好的控制效果。2007 年,美国弗吉尼亚大学 Shageer 等[23]针对航天器机动过程中因燃料晃动产生的追踪误差或者不稳定问题,设计了自适应极点配置策略并应用于刚液航天器非线性模型中,保证了航天器运行的稳定性。其次,输入成形器也是一种控制液体燃料晃动的有效方法。2010 年,美国佐治亚理工学院 Pridgen 等[24]针对耦合航天器液体晃动问题，利用输入成形器，实现了耦合航天器液体燃料晃动的控制，但仅控制了一阶晃动模态。2019 年，内蒙古工业大学宋晓娟等[25]通过设计多模态输入成形器，有效控制了充液航天器的液体燃料晃动。再次，极点配置间接自校正方法也被用于液体燃料晃动控制。2000 年，日本石川岛播磨重工业株式会社 Utsumi[26]针对航天器燃料晃动问题，应用线性航天器系统验证了极点配置间接自校正方法的正确性，并将此方法应用于非线性系统中。2011 年，北京理工大学岳宝增等[27]针对平面运动耦合航天器，采用拉格朗日方法建立运动方程，利用现代微分几何理论对航天器非线性耦合动力学系统进行了零动态分析；在单输入-输出系统下采用极点配置间接自校正方法设计控制策略，实现了姿态角的镇定与跟踪。最后，由于滑模控制方法的鲁棒性，其也被广泛应用于液体燃料晃动控制。2015 年，南京航空航天大学齐瑞云等[28]针对液体晃动等效单摆角实际中不可测量的特点，设计了滑模观测器，利用可测状态间接求得了晃动估计角。该方法可以将估计误差收敛于一个有界的范围内，求得的估计角在已有的控制器内也可以稳定航天器姿态，同样可以达到控制要求。2018 年，美国圣塔克拉拉大学 Mazmanyan 等[29]针对充液航天器控制，将液体状态当成系统状态，设计了模糊观测器对未知状态进行估计，并基于线性矩阵不等式(LMI)设计了控制器，以保证姿态稳定控制。

2. 复杂航天器姿态控制

复杂航天器在姿态控制过程中，会受到柔性振动、液体燃料的晃动以及模型不确定、外界干扰的影响，这些环境干扰和参数不确定性会对航天器姿态控制时间产生较大影响，因此需要设计快速姿态跟踪控制方法。

1999 年，美国内华达大学拉斯维加斯分校 Singh 等[30]针对挠性航天器俯仰角控制系统设计了自适应跟踪控制器，克服了系统模型不确定，实现了姿态渐近跟踪。2005 年，新加坡南洋理工大学罗文成等[31]将自适应方法和优化方法结合，在存在外界干扰的情况下较好地解决了刚体航天器的姿态渐近跟踪控制问题。2009 年，香港中文大学黄捷等[32]针对刚体航天器姿态跟踪控制问题，利用鲁棒控制、自适应控制和输出反馈控制理论设计了姿态跟踪控制器，有效地抵消了正弦波干扰的影响。2019 年，伊朗赞詹大学 Bayat[33]针对航天器姿态跟踪控制问题，应用模型预测方法，实现了在模型不确定、外界干扰以及执行器饱和情况下的全局稳定性与姿态跟踪。为了实现快速性的控制目标，许多学者和机构对有限时间进行了较为深入的研究。有限时间控制是指在有限时间内将系统状态收敛于平衡点或平衡点附近邻域，是经过时间优化后的一种控制技术。与渐近控制手段相比，有限时间控制能够提高控制精度，增强控制器的鲁棒性[34]。航天器在空间飞行过程中，快速的姿态机动和姿态跟踪控制对空间任务的完成具有重要意义。在有限时间控制理论中，滑模控制是一种典型的鲁棒控制方法[35-40]，对外界干扰和系统参数不确定不敏感,目前已有多种滑模控制方法,如终端滑模[41,42]、超螺旋滑模(super-twisting sliding mode)[43,44]、高阶滑模(higher-order sliding mode)[36]、积分滑模[45]等。首先,终端滑模是应用最广的一种滑模控制方法,主要由澳大利亚皇家墨尔本理工大学余星火团队提出和发展[46]。针对终端滑模的改进设计以及奇异性处理,国内也有学者进行了理论上的研究[47,48]。在终端滑模航天器姿态控制中,研究较早的当属哈尔滨工业大学靳尔东等[49]。2011 年,英国格拉斯哥大学 Radice 等[50]采用单位四元数设计了快速终端滑模面,进而实现了刚体航天器的有限时间姿态控制。考虑到自适应技术和滑模控制技术的特点,研究中多将二者结合起来,从而使得控制参数能够根据外界干扰进行自适应调整,以达到更好的控制性能。同年,北京理工大学夏元清等[51]设计了新的快速终端滑模面,采用自适应方法估计系统模型和干扰的综合信息并将其引入切换项进行鲁棒控制,首次实现了基于自适应的有限时间姿态控制;之后对基于自适应非奇异终端滑模的航天器姿态控制进行了深入研究,保证了跟踪误差有限时间收敛到原点附近小邻域内,且明显减小了控制输入抖振[52,53]。2014 年,国防科技大学闫野等[54]针对空间卫星的姿态机动与视觉跟踪进行了研究,采用了新的滑模面和自适应手段,与前面不同的是其自适应分别用来估计模型信息和干扰信息,并未引入切换鲁棒项进行控制器补偿。同年,大连理工大学宋占奎等[55]将航天器姿态控制系统分为内外环,分别采用终端滑模进行了控制器设计,保证了姿态跟踪误差的有限时间收敛。2015 年,北京航空航天大学贾英民团队针对刚体航天器姿态控制,设计了两种时变终端滑模面,消除了滑模的到达过程,保证了控制器的有限时间特性[56]。其次,除了终端滑模,超螺旋滑模和高阶滑模也可用于航天器的有限时间姿态控制中。2010 年,英国谢菲尔德大学Pukdeboon 等[57]针对刚体航天器姿态控制,结合线性滑模面和高阶微分器设计了拟连续二阶和三阶姿态跟踪控制器,保证了刚体航天器的有限时间姿态跟踪。2014年,北京理工大学夏元清等[58]针对刚体航天器姿态控制,设计了自适应增益超螺旋滑模姿态控制器,保证了系统的有限时间收敛,同时避免了控制器的奇异性,减小了控制输入抖振。2015 年,印度理工学院 un Nabi 等[45]设计了自适应增益二阶积分滑模姿态控制器,采用齐次性理论分析了系统稳定性,得到了姿态有限时间跟踪控制结果。2016 年,印度理工学院 un Nabi 等[59]针对刚体航天器姿态控制,采用积分滑模面结合高阶滑模技术实现了有限时间姿态控制。2017 年,北京航空航天大学郭雷团队[60]针对刚柔航天器姿态跟踪控制问题,应用有限时间积分滑模观测器与反步控制器,实现了刚柔航天器有限时间姿态跟踪控制。

从上述分析中可以看出,复杂航天器在姿态运动中会受到柔性振动与液体晃动等因素的影响,进而影响航天器姿态控制时间及姿态控制的快速性;此外,航天器运行过程中还会受到模型不确定与外界干扰等因素的影响,进而影响姿态控制的高精度,因此在振动、晃动及未知干扰存在的条件下,如何实现航天器的快速高精度姿态稳定控制方法具有很大的研究空间。

1.2.3　航天器故障诊断与容错控制

尽管每一个上天的航天器都经历了严谨的设计和测试，但在轨运行过程中，还是会由于星上资源和人工干预能力有限，太空监测环境恶劣和不确定性因素多等各种各样的原因导致航天器出现故障，难以继续完成航天任务，严重的会造成航天器翻滚，带来巨大的经济损失。因此，航天器故障诊断及容错控制是保障航天器安全飞行的关键手段，下面针对这一问题展开国内外现状论述。

近年来，学术界公认的容错控制分为两种：被动容错与主动容错[61,62]。被动容错由鲁棒控制衍生发展而来，是指在预先假设的故障情况下设计鲁棒控制器，在故障发生后，不再改变事先设计好的控制器增益参数和控制结构，确保故障后闭环系统的动态品质能够让人接受,本质上是利用控制器的鲁棒性处理故障影响。而主动容错控制是在故障发生后，利用故障信息或者隐含的故障信息，在线进行控制器控制增益参数的重新设定或在线配置控制器的结构,从而达到容错的目的。因此可以看出，主动容错控制的关键在于故障诊断单元，包括：①故障检测，即判断故障是否发生；②故障隔离，即定位故障发生的部位和种类；③故障重构，即确定故障大小和变化趋势。故障诊断一般基于滑模观测器、自适应观测器、迭代学习观测器、未知输入观测器等方法，下面就相关工作展开论述。

由于滑模观测器的强鲁棒特性的优点,国内外学者对其进行了广泛研究。2007年，英国莱斯特大学 Edwards 等[63]针对不确定非线性系统，设计滑模观测器进行故障检测，并基于可测的输入输出信号采用等效输出注入的方法，实现了故障信息的估计。进一步，考虑将单变量超螺旋滑模扩展为多变量，并针对卫星姿态系统设计了多变量超螺旋滑模观测器，实现故障诊断[64]。2016 年，英国华威大学 Van 等[65]考虑不确定影响，建立了超螺旋观测器同时估计系统状态和故障信息，设计残差信号和超螺旋容错控制器，实现了故障检测与容错控制。2010 年，加拿大西蒙菲莎大学 Saif 等[66]针对干扰下的柔性卫星系统，首次提出改进的超螺旋二阶滑模观测器进行系统状态估计，利用 PID(比例-积分-微分)迭代学习算法设计观测器输入，实现了故障检测、隔离与估计。2012 年，意大利帕维亚大学 Ferrara 等[67]针对机械臂执行器与传感器故障问题，采用高阶滑模观测器实现了执行器故障估计，设计了一系列广义观测器实现传感器故障估计与隔离。2015 年，哈尔滨工业大学刘健行等[68]针对非线性不确定系统，通过多次坐标变换，将不确定及故障分别解耦在不同的子系统,并利用自适应增益二阶滑模观测器来重构故障信息。同年，墨西哥国立理工大学 de Ferreira 等[69]研究了存在执行器故障与非匹配干扰的多输入多输出系统的直升机输出跟踪问题，设计高阶滑模观测器进行故障的隔离与辨识。2015 年，法国波尔多大学 Zolghadri 团队[70]研究了如何在干扰存在条件下提高自适应观测器的性能，提出了一种滑模自适应观测器，并分别分析了传统自适应观测器与新提出的滑模自适应观测器的 H_∞ 增益。进一步，2016 年，Zolghadri 团队[71]针对带有故障的线性系统，无需故障检测与隔离，首次提出基于固定控制分配的连续积分滑模，利用高阶滑模观测器估计状态，实现故障估计。2016 年，南京航空航天大学姜斌团队[72]针对干扰不确定及执行器故障下的四旋翼无人机系统，提出了一种鲁棒滑模反步控制器，并在此基础上设计了自适应观测器，实现了起飞阶段的故障估计。

自适应故障诊断观测器是自适应控制方法在故障诊断领域的成功应用。美国莱特州立大学 Zhang 等[73,74]主要针对飞机系统的传感器、执行器故障问题，首先针对无故障系统设计观测器，确定残差及阈值(考虑不确定影响)，并利用自适应手段估计故障。南京航空航天大学姜斌等[75-78]主要利用自适应、模糊、滑模观测器等手段，针对随机、离散、普通非线性系统以及柔性航天器等，结合自适应与滑模观测器来处理故障及不确定。2012 年，哈尔滨工业大学段广仁等[79]研究了带有乘性故障及未知干扰的非线性系统的故障估计问题，利用自适应估计方法，不仅同时对状态及故障进行了估计，且成功地分离了真实故障的影响。2014 年，重庆大学宋永端等[80]研究了一类存在执行器故障的非线性多智能体输出同步控制问题，基于自身状态与输出信息设计了自适应观测器用于故障检测，并提出了自适应故障估计算法；基于故障估计信息，进一步设计了自适应容错控制器，实现了可接受性能下的多智能体输出同步控制。2015 年，伊朗伊斯法罕理工大学 Shahriari-Kahkeshi 等[81]针对带有建模及测量不确定的非线性系统，提出了一种新型的故障检测与估计(FDE)策略；通过设计观测器获得残差评价函数，通过残差评价函数和残差阈值的比较能够快速检测故障是否发生。

此外，迭代学习观测器也是常用的故障诊断方法。哈尔滨工业大学几位学者针对学习观测器处理故障问题进行了深入的研究。2013 年，胡庆雷等[82]针对存在执行器效益损失故障及外部干扰的柔性航天器跟踪控制问题，设计了迭代学习观测器，实现了故障检测与诊断，建立了主动容错姿态稳定控制策略。进一步，针对带有执行器故障、外部干扰、输入饱和问题下的航天器在轨飞行控制问题，基于迭代学习观测器估计了执行器故障[83]。2016 年，贾庆贤等[84]为解决故障重构问题，设计了学习观测器，同时估计了系统状态和执行器故障，并首次给出观测器的存在条件。

未知输入观测器(unknown input observer, UIO)是一种处理干扰下故障诊断的有效手段。2013 年，哈尔滨工业大学段广仁等[85]针对带有不确定、外界干扰等影响的卫星姿态控制执行器故障问题，设计了非线性 UIO 完成故障检测及隔离，可处理加性或乘性的常值故障及时变故障。2016 年，英国诺森比亚大学高志伟等[86]针对带有不确定、执行器故障的非线性系统，将状态、故障扩展为广义状态，对无故障系统设计了 UIO 进行故障检测及故障重构。2017 年，北京大学杨莹等[87]

针对带有未知有界不确定及时变故障的线性系统,利用自适应 UIO 进行故障检测及估计,并设计了容错控制器。哈尔滨工业大学徐敏强等[88,89]针对卫星姿态控制系统故障问题,将故障扩充为状态量,并提出了一种新型的 UIO,可同时实现状态及故障的估计,增强快时变故障估计的性能。

由此可见,在故障诊断与容错控制方面,目前国内外学者已经取得了丰富的成果。基于滑模观测器、自适应观测器、学习观测器等的故障诊断与容错控制能够实现对故障的处理,保证系统的稳定。然而,由于外界未知干扰的存在,如何在干扰影响下实现设备的故障诊断,避免"误报"或"漏报"问题具有较大的研究空间;此外,由于航天器系统对安全性和稳定性要求较高,而考虑到有限时间控制收敛速度快、鲁棒性强、准确性高的特点,航天器的有限时间故障诊断及容错控制也是需要考虑的重点问题。

1.2.4 航天器编队控制

随着现代化技术的迅猛发展及对航天任务需求的不断增加,世界各航天大国均大力发展卫星星群编队技术,星群编队可以突破其自身载荷支持能力限制,将多个载荷分散至多颗卫星,不仅可以实现卫星间备份,而且可以提高系统的可靠性,同时空间中的卫星通过星间链路相互协作,具有单颗卫星不可比拟的优势,被广泛应用于干涉合成孔径雷达、空间攻防、电子侦察等方面,成为空间技术发展的主流方向。近年来,多航天器编队协同控制完成复杂的航天任务受到国内外研究机构越来越广泛的关注。

航天器姿态编队控制主要分为集中式和分布式。2012 年,美国加利福尼亚大学 Mayhew 等[90]提出的集中式编队中所有跟随者都能够获得领航者的姿态信息。2017 年,哈尔滨工业大学李传江等、哈尔滨工业大学张泽旭等、北京理工大学单家元等[91-93]提出的分布式控制中只有部分跟随者能够获取领航者姿态,在此种情况下设计每个跟随者姿态控制器,保证所有姿态与领航者同步,明显地,与集中式控制相比,分布式控制更加复杂,更加难以控制。2017 年,北京大学段志生等[94]考虑执行器故障影响下的刚柔航天器编队控制问题,研究了姿态同步控制器及柔性振动抑制方法,进一步,考虑柔性模态信息无法测量,设计了模态观测器,并基于自适应滑模控制算法,设计了改进的分布式姿态控制器,以保证刚柔航天器姿态编队同步控制[95]。2019 年,清华大学孟子阳等[96]针对多航天器分布式姿态一致跟踪控制问题,用 SO(3)描述航天器动态模型,设计了分布式控制器,且无需相对及绝对角速度信息。作为一种处理未知领航者姿态的有效方法,分布式观测器被广泛应用于分布式编队控制中[97-99]。2014 年,香港中文大学黄捷等[100]设计非线性分布式观测器估计领航者姿态,实现了刚体航天器系统的姿态编队一致控制,但仅能保证渐近收敛。近年来,系统状态的收敛速率已经成为一种测量一致控制器性能的重要指标,快速的编队收敛可以保障航天任务的顺利实施。2006 年,美国加利福尼亚大学 Cortés[101]首次提出有限时间姿态一致的控制方法,具有更好的控制性能及鲁棒性。此后,有限时间一致控制得到非常广泛的应用及发展[102-104]。2016 年,中国科技大学秦家虎等[105]研究了连通通信拓扑下多航天器的有限时间姿态同步控制。2018 年,东南大学李世华等[106]针对干扰下的多智能体系统,分别考虑了无领航者及领航者-跟随者一致性问题,实现了有限时间智能体一致控制。2018 年,上海交通大学张德新等[107]解决了航天器编队系统姿态同步控制,并分别考虑连通及非连通拓扑,设计了一种新型的非奇异终端滑模控制器。2018 年,北京航空航天大学桂海潮等[108]对单位四元数描述的航天器编队有限时间一致性控制进行了广泛研究,考虑了系统状态可测及不可测情形,实现了有限时间分布式控制。2019 年,汕头大学邹安民等[109]对刚柔航天器编队展开深入研究,考虑无角速度及模态信息下的非连通拓扑刚柔航天器编队问题,基于反步或齐次性理论等设计姿态控制器,实现了编队姿态的有限时间及固定时间同步控制。

此外,航天器执行任务过程中,受执行机构的物理约束(如飞轮转速约束限制)影响,执行器可产生力矩的范围是有限的,其输出幅值不可能无限大,会降低控制系统的控制性能,这在控制器设计过程中需要考虑在内。2016 年,合肥工业大学都海波等[110]提出了多航天器分布式有限时间姿态控制器,且控制输入大小在约束范围内,能够保证对领航者姿态的有限时间跟踪。2017 年,北京航空航天大学霍伟等[111]针对航天器执行交互对接任务,设计了相对转动及平动控制器,且设计了两个附加系统来处理控制输入饱和及姿态约束,实现了姿态大范围最终有界。2017 年,澳大利亚国立大学于长斌等[112]针对执行器饱和下四元数描述的刚体航天器编队控制,分别考虑无领航者及静态领航者情形,设计了姿态同步控制器,以保证编队航天器的姿态同步控制。2019 年,南京理工大学郭毓等[113]研究了执行器饱和及建模不确定影响下的航天器编队控制问题,设计了一个动态调节函数以优化控制输入,有效避免其超过约束。除了控制输入约束,角速度约束在控制过程中也需要考虑在内。由于受所携带的低速陀螺或特定的航天任务影响,航天器的机动角速度不能过大,必须保持在某一范围内,保证载荷的有效正常工作,否则错误的姿态测量信息会对航天器安全飞行带来不利影响。国内外学者对航天器角速度约束进行了深入的研究[114-117]。2017 年,法国航空航天实验室 Burlion 等[118]针对角速度约束下的刚柔航天器姿态跟踪控制,提出了一种输入输出饱和转化的方法,有效解决了角速度约束,实现了姿态稳定跟踪。2017 年,北京航空航天大学胡庆雷等[119]同时考虑了航天器角速度及输入约束,提出一种新型控制器设计方法,实现了姿态的大范围渐近稳定控制。2017 年,北京航空航天大学郑泽伟等[120,121]针对控制输入饱和下的航天器姿态稳定控制问题,设计了补偿器,并基于此设计鲁棒反步控制器,实现了航天器姿态稳定控制。2018 年,新加坡国立大学 Goh 等[122]综合考虑航天器执行器故障及角速度约束，设计了指令滤波方法，以保证对期望姿态的渐近收敛。

由此可见，在航天器编队控制及约束下姿态控制方面，国内外学者已进行了相关探索与研究，并取得了丰富的成果。然而，在航天器编队控制的研究工作中，较少综合考虑姿态角速度约束及控制输入约束问题，而这在实际工程中是现实存在的问题，若不进行综合考虑会影响航天器控制性能；此外，现有约束下的航天器姿态控制策略大多实现系统状态的渐近稳定，较少涉及有限时间下的姿态约束控制问题研究。因此，如何在综合考虑角速度及输入约束的同时，设计有限时间航天器分布式编队控制器，实现编队航天器的安全稳定飞行控制，是未来工作的研究重点，具有重要的理论意义及工程价值。

1.2.5 航天器仿真平台

在早期科研过程中，初始阶段多采用实际的物理器件搭载实验模型与环境，开发周期长，开发成本高昂，同时存在一些安全隐患。在这种背景下，虚拟仿真技术应运而生，其中 MATLAB 数字仿真在其中独树一帜。MATLAB/Simulink 提供的仿真模块，可以实现对整个物理模型及控制算法的模拟验证。然而，传统的 Simulink 仿真均为离线仿真，只适用于航天器控制算法的初步验证工作，算法的实时性能无法保证，并不能真实可靠地反映控制算法在航天器实际运行中的情况。此外，考虑到航天器运行的特殊性，不能轻易将控制算法搭载至真实航天器进行实验，以避免巨大的经济损失。因此，验证控制算法的实时有效性就显得尤为重要。与此同时，传统的实验分析大多依赖于烦冗的数据和图表，如何以一种更为直观的方式进行控制算法的验证工作成为仿真平台发展的一个主流方向。

在国外，2011 年，澳大利亚悉尼大学 Bai 等[123]基于 MATLAB/STK 和 MATLAB/NS2 接口以及 MATLAB 图形用户界面，搭建了实时空间网络仿真平台，该平台借助 MATLAB 的高计算能力、NS2 的无线仿真和 STK 的动画场景，可用于多航天器姿态控制任务的实时可视化仿真。2014 年，美国伦斯勒理工学院 Saulnier 等[124]开发了一种新型六自由度地面实验平台，用来测试纳米卫星的制导、导航和控制算法。该测试平台所有运动自由度均通过真实推进器控制，无须进行动力学系统与伺服执行系统的模拟，可在重力加速度 g 的实验环境中进行控制算法的测试与验证。2016 年，美国佛罗里达理工学院 Wilde 等[125]开发了轨道机器人交互、在轨服务和导航(ORION)环境，作为航天器导航、制导以及控制系统的测试平台。ORION 将笛卡儿机器人系统运动学仿真和飞行器动力学仿真相结合。其中，飞行器动力学仿真可用于三维编队飞行模拟及目标物体的围捕。2019 年，德国斯图加特大学 Valentin[126]利用虚拟现实(virtual reality，VR)技术进行了航天器驾驶舱的模拟实现。该软件基于现有的 Soyuz 模拟器，从渲染框架及航天器原型的选择出发，完成了虚拟仿真的设计与实现。同时考虑代码的整洁及扩展性，搭建了总体软件体系结构。平台集成了 Oculus Touch、Leap Motion 等硬件外设，用于航天器的控制及与驾驶舱按钮的相关交互。

在国内，2012 年，中国人民解放军装备学院姚红等[127]基于 xPC 实时仿真技术开发了一套航天器电磁编队控制实时仿真系统，系统搭建了基于 xPC 目标机的分布式实时仿真环境，建立了 Hill 方程下的双星绕飞电磁编队相对运动模型并设计相应反馈控制律，可用于电磁编队控制系统 Simulink 仿真模型的实时仿真验证。2015 年，中国空间技术研究院邢涛等[128]基于多系统、混合架构、分布式结构、模型及数据管理、实验设计与仿真的特点和需求，开发了航天器分布式系统仿真验证平台。平台支持全数字仿真和硬件在环仿真两种工况，可用于航天器系统方案设计的全面仿真验证。2017 年，中国人民解放军战略支援部队航天工程大学刘东等[129]提出了一种航天器仿真通用多平台架构，基于模块化、标准化和系列化思想进行了平台设计与搭建。平台支持精仿真、粗仿真等多种仿真模式，集成了航天器特性模拟、指挥调度、任务规划等功能，可用于航天领域的任务仿真和过程演示。2019 年，北京控制工程研究所胡海霞等[130]基于模型可重用思想开发了航天器分布式仿真平台。该平台采用模型多层次描述方法、面向服务的模型重用框架、仿真资源虚拟化等技术，可用于星群星座控制、空间操作等领域的仿真实践。

由此可见，在航天器仿真平台搭建方面，国内外学者已进行了广泛的研究和探索，并取得了丰富的成果。然而，伴随着计算机图形学的发展，以及计算机技术的日新月异，在传统航天器仿真平台的设计过程中，视景演示模块制作方面还存在不足。因此，如何在分布式实时仿真平台基础上利用目前主流的三维图形引擎进行航天器具体任务场景的搭建，基于光照系统、粒子特效以及着色器等技术进行画面渲染，从而实现实时仿真数据驱动下的航天器实际控制过程逼真模拟，是未来工作的研究重点，具有重要的现实意义及工程价值。

1.3 航天器控制难点问题

随着航天需求及科技的不断发展，航天器结构愈加复杂，且空间环境复杂未知、人工干预能力有限等，均为航天器的安全飞行带来全新的挑战。本节针对复杂航天器姿态控制、容错控制、编队控制过程中影响航天器安全飞行的关键控制问题进行了相关总结，如图 1.5 所示，这些均为目前飞行控制领域的研究热点问题，展开相关研究对航天器安全飞行具有十分重要的意义。

1. 强非线性

航天器的强非线性体现在模型结构非线性及约束条件非线性两方面。航天器

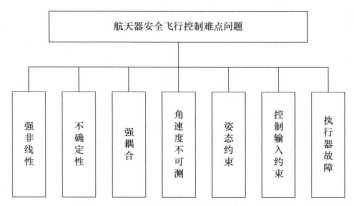

图 1.5　航天器安全飞行控制难点问题

在数学模型表示上为高阶非线性微分方程，姿态角及角速度等状态变量的导数为航天器状态的非线性函数，且由四元数描述的航天器姿态运动学模型呈现出类二阶非线性模型，而非传统的二阶模型表示形式，具体数学表达可参见第 2 章的式(2.7)、式(2.77)～式(2.79)，体现了航天器模型结构的非线性特性。此外，航天器在运行过程中会受到某些物理约束的影响，如执行器饱和、姿态约束、角速度约束等，而这些约束均利用航天器状态的非线性表达来定量表示。

2. 不确定性

航天器的不确定性体现在未建模动态的不确定性及外界干扰引起的不确定性。由于航天器系统结构的复杂性，难以进行数学模型的精确建模，如转动惯量等存在相关建模不确定，且由于微重力运行环境，无法精确描述液体燃料晃动动态；此外，航天器运行在复杂未知的空间环境中，存在太阳光压、大气阻力、重力梯度等摄动力干扰及其他未知干扰影响，这些均会给航天器的安全稳定飞行带来影响，在控制器设计过程中需要考虑在内。

3. 强耦合

随着空间技术及航天需求的不断发展,航天器需携带大型的柔性太阳能帆板，另外，受航天器运载能力、机动能力及长寿命等性能需求提高影响，液体燃料质量占航天器总质量的比重也不断增大，航天器的刚体姿态运动与液体燃料晃动及柔性附件振动之间存在相互耦合作用，会产生复杂的动力学特性。航天器在进行姿态机动或空中对接等航天任务时，为保证机动的快速性，很容易导致剧烈的柔性附件的振动及液体燃料晃动，而刚-柔-液三者之间的强耦合特性会影响刚体姿态的稳定运动，增加航天器姿态调整时间，降低指向精度，影响精密测量仪器的正常工作，这均会给航天器的安全飞行带来不利影响。

4. 角速度不可测

当航天器飞行过程中，未知的空间环境影响，很可能会引起角速度传感器受损或部分故障，导致无法获取系统角速度信息或获取的信息不准确，另外为降低发射成本，部分航天器在研制过程中就未安装角速度传感器，仅安装姿态角传感器，从而导致角速度信息不可测量。在未知角速度信息的情况下，如何进行航天器姿态跟踪控制、保证航天器的安全飞行也是亟须解决的重点问题。

5. 姿态约束

航天器姿态约束包括姿态角约束及角速度约束。在姿态机动过程中，为了保证所携带传感器的正常工作，航天器传感器的测量光轴必须避开宇宙空间中其他光体(如太阳、月亮等)的光照范围，否则会影响传感器的测量精度，甚至造成传感器损坏，这就要求航天器的姿态角必须在一定约束范围内变化；此外，考虑到航天器所携带的低速陀螺或受特定的航天任务影响，航天器的机动角速度不能过大，必须保持在某一范围内，保证载荷的有效正常工作，否则错误的姿态测量信息会对航天器安全飞行带来不利影响。

6. 控制输入约束

在航天器控制系统中，受执行机构的物理约束(如飞轮转速约束限制)影响，执行器可产生力矩的范围是有限的，其输出幅值不可能无限大，因此可能无法达到计算获得的期望力矩大小，降低控制系统的控制性能，严重会导致航天器系统的不稳定，影响航天器的安全飞行。

7. 执行器故障

航天器运行过程中，星上资源和人工干预能力有限，且空间环境具有不可预知性，可能会导致系统执行机构出现异常，发生不期望的性能变化，即产生故障。此外，受航天器元器件老化或线路短路、烧毁等不可预知的影响，也会引发执行机构出现故障。当执行机构发生故障后，执行器的实际输出力矩与姿态控制期望力矩之间存在偏差，会影响系统控制性能，严重的将导致航天器翻滚，为航天器的安全飞行带来极大的威胁。

综上所述，航天器控制所具备的强耦合、强非线性、不确定性、姿态约束、控制输入约束等特点，均对航天器的安全稳定飞行带来极大的挑战，故本书将针对复杂航天器姿态控制、容错控制及编队控制等航天需求，围绕影响航天器安全飞行的关键科学问题，以提高航天器飞行的安全性及可靠性为目的，展开相关理论及虚拟实时仿真验证研究，提高航天器可靠在轨运行能力，是本书的重要研究目的。

1.4　特点和内容安排

本书以复杂航天器模型为基础,重点研究航天器单星及编队姿态、轨道控制、故障诊断与容错控制、虚拟实时仿真平台验证等问题。全书以实际工程背景为基础,以航天器安全飞行为目标,引入先进控制理论解决关键科学问题,将数学推导和数值仿真分析相结合,并在虚拟实时仿真平台进一步验证算法的有效性,由浅入深,帮助读者逐步理解和掌握航天器安全飞行问题及解决方法,对工程实践具有一定的指导意义。本书的编排详略得当,尽量避免晦涩难懂,适用于有控制理论基础的读者。

本书共 7 章,各章内容安排如下:

第 1 章为绪论,在介绍航天器基本概念的基础上,列举世界各国的典型航天器研究计划,并全面总结国内外航天器控制相关的研究进展,分析提炼影响航天器安全飞行的难点问题。

第 2 章对航天器运动学模型进行概述,并分别建立刚体航天器、刚柔航天器、刚液航天器及刚-柔-液复杂航天器动力学模型,给出模型中的具体数学表达、参数含义及参数取值,为后面章节航天器控制器设计及仿真奠定基础。

第 3 章研究复杂航天器姿态稳定控制问题。综合考虑姿态稳定过程中的快速性与高精度的矛盾,分别研究基于输入成形器及阻尼反馈的柔性振动抑制方法,减小柔性振动对姿态高精度控制的影响,并设计滑模控制器实现姿态快速高精度稳定控制,有助于读者理解和掌握复杂航天器稳定控制的关键技术。

第 4 章研究复杂航天器姿态机动轨迹优化与稳定跟踪控制问题。综合考虑姿态机动过程中的快速性及稳定性的矛盾,在满足多约束条件下进行姿态机动轨迹优化设计,并设计基于机动轨迹优化-角速度观测器-多变量自适应积分滑模控制器综合的姿态轨迹跟踪策略,使读者可以掌握复杂航天器姿态优化与快速机动控制的关键技术。

第 5 章研究航天器故障诊断与容错控制问题。总结近几年航天器故障案例,并对航天器故障分类方法及典型类型进行概述,分别研究基于滑模观测器的航天器有限时间被动容错控制、基于自适应策略的主动航天器故障诊断与容错控制以及基于滑模增广系统的故障诊断-容错控制一体化设计方法,使读者可以掌握航天器被动及主动容错控制的关键技术。

第 6 章研究微小卫星编队构型优化及姿态同步控制。根据光学合成孔径任务需求,分别设计基于空间圆及水平圆的微小卫星编队方案,对两种方案中的编队构型进行优化及控制,并进一步实现多约束下的卫星编队姿态同步控制,保证完成不同需求下的光学合成孔径航天任务，使读者可以掌握卫星编队的关键技术。

第 7 章研究基于分布式虚拟实时仿真平台设计与实现。根据航天器控制实时性能验证与视景演示需求，设计仿真平台总体方案，完成平台硬件结构设计和硬件选型，开发主控软件及视景软件模块，实现航天器整个运行过程的三维实时仿真模拟，便于读者在掌握虚拟实时仿真验证的关键技术。

1.5 小 结

本章首先介绍了航天器的基本概念，阐述了航天器安全稳定飞行控制的研究背景和意义；然后对国内外航天器研究进展进行了概述，并提炼总结了影响航天器安全飞行的关键科学及难点问题展开特点分析，为后续控制方法研究提供了方向；最后给出了本书的特点及内容安排，方便读者理解本书框架及内容。

参 考 文 献

[1] 詹亚锋, 马正新, 曹志刚. 现代微小卫星技术及发展趋势. 电子学报, 2000, 28(7): 102-106.

[2] 李明. 微小卫星发展的若干思考. 航天器工程, 2016, 25(6): 1-5.

[3] Yang H J, You X, Xia Y Q, et al. Adaptive control for attitude synchronisation of spacecraft formation via extended state observer. IET Control Theory and Applications, 2014, 8(18): 2171-2185.

[4] Salcudean S. A globally convergent angular velocity observer for rigid body motion. IEEE Transactions on Automatic Control, 1991, 36(12): 1493-1497.

[5] Abdessameud A, Tayebi A. Attitude synchronization of a group of spacecraft without velocity measurements. IEEE Transactions on Automatic Control, 2009, 54(11): 2642-2648.

[6] Xiao B, Yin S. Velocity-free fault-tolerant and uncertainty attenuation control for a class of nonlinear systems. IEEE Transactions on Industrial Electronics, 2016, 63(7): 4400-4411.

[7] Kuang J L, Leung A Y T. H_∞ feedback for attitude control of liquid-filled spacecraft. Journal of Guidance Control and Dynamics, 2001, 24(5): 46-53.

[8] Betts K, Rutherford R, Mcduffie J, et al. Stability analysis of the NASA Ares-I crew launch vehicle control system. AIAA Guidance, Navigation and Control Conference and Exhibit, Hilton Head, 2007: 6776.

[9] Sun G H, Xu S D, Li Z. Finite-time fuzzy sampled-data control for nonlinear flexible spacecraft with stochastic actuator failures. IEEE Transactions on Industrial Electronics, 2017, 64(5): 3851-3861.

[10] Sun H B, Hou L L, Zong G D, et al. Fixed-time attitude tracking control for spacecraft with input quantization. IEEE Transactions on Aerospace and Electronic Systems, 2019, 55(1): 124-134.

[11] Cao X B, Yue C F, Liu M. Fault-tolerant sliding mode attitude tracking control for flexible spacecraft with disturbance and modeling uncertainty. Advances in Mechanical Engineering, 2017, 9(3): 168781401769034.

[12] Cao X B, Wu B L. Robust spacecraft attitude tracking control using hybrid actuators with uncertainties. Acta Astronautica, 2017, 136: 1-8.

[13] Ton C, Petersen C. Continuous fixed-time sliding mode control for spacecraft with flexible appendages. IFAC-Papers Online, 2018, 51(12): 1-5.

[14] Du Y F, Wang C, Zhou Y, et al. Vibration control for flexible spacecraft using multi impulse robust input shaper and optimal control method. Advances in Applied Mathematics and Mechanics, 2020, 12(3): 797-814.

[15] Hu Q L. Input shaping and variable structure control for simultaneous precision positioning and vibration reduction of flexible spacecraft with saturation compensation. Journal of Sound and Vibration, 2008, 318(1-2): 18-35.

[16] Potter J J, Singhose W E. Reduced-modification input shapers for manually controlled systems with flexibility. American Control Conference, Portland, 2014: 2815-2820.

[17] Zhang X Y, Zong Q, Tian B L, et al. Continuous robust fault-tolerant control and vibration suppression for flexible spacecraft without angular velocity. International Journal of Robust and Nonlinear Control, 2019, 29 (12): 3915-3935.

[18] Gennaro S. Output stabilization of flexible spacecraft with active vibration suppression. IEEE Transactions on Aerospace and Electronic Systems, 2003, 39(3): 747-759.

[19] Sabatini M, Palmerini G B, Gasbarri P. Synergetic approach in attitude control of very flexible satellites by means of thrusters and PZT devices. Aerospace Science and Technology, 2020, 96: 105541.

[20] Qi N M, Yuan Q F, Liu Y F, et al. Consensus vibration control for large flexible structures of spacecraft with modified positive position feedback control. IEEE Transactions on Control Systems Technology, 2019, 27(4): 1712-1719.

[21] Du H B, Li S H. Attitude synchronization control for a group of flexible spacecraft. Automatica, 2014, 50(2): 646-651.

[22] Wang Q S, Duan Z S, Lv Y Z. Distributed attitude synchronization control for multiple flexible spacecraft without modal variable measurement. International Journal of Robust and Nonlinear Control, 2018, 28(10): 3435-3453.

[23] Shageer H, Tao G. Modeling and adaptive control of spacecraft with fuel slosh: Overview and case studies. AIAA Guidance Navigation and Control Conference and Exhibit, Hilton Head, 2007: 6434.

[24] Pridgen B, Bai K, Singhose W. Slosh suppression by robust input shaping. IEEE Conference on Decision and Control, Atlanta, 2010: 2316-2321.

[25] Song X J, Lu S F. Attitude maneuver control of liquid-filled spacecraft with unknown inertia and disturbances. Journal of Vibration and Control, 2019, 25(8): 1460-1469.

[26] Utsumi M. Development of mechanical models for propellant sloshing in teardrop tanks. Journal of Spacecraft and Rockets, 2000, 37(5): 597-603.

[27] 梁琼, 岳宝增, 于丹. 充液航天器目标跟踪自适应控制. 空间控制技术与应用, 2011, 37(1): 40-44.

[28] 史星宇, 齐瑞云. 基于滑模观测器的充液航天器姿态控制. 航天控制, 2015, 33(4): 11-16,

23.

[29] Mazmanyan L, Ayoubi M A. Fuzzy attitude control of spacecraft with fuel sloshing via linear matrix inequalities. IEEE Transactions on Aerospace and Electronic Systems, 2018, 54(5): 2526-2536.

[30] Singh S N, de Araujo A D. Adaptive control and stabilization of elastic spacecraft. IEEE Transactions on Aerospace and Electronic Systems, 1999, 35(1): 115-122.

[31] Luo W C, Chu Y C, Ling K V. Inverse optimal adaptive control for attitude tracking of spacecraft. IEEE Transactions on Automatic Control, 2005, 50(11): 1639-1654.

[32] Chen Z Y, Huang J. Attitude tracking and disturbance rejection of rigid spacecraft by adaptive control. IEEE Transactions on Automatic Control, 2009, 54(3): 600-605.

[33] Bayat F. Model predictive sliding control for finite-time three-axis spacecraft attitude tracking. IEEE Transactions on Industrial Electronics, 2019, 66(10): 7986-7996.

[34] 丁世宏, 李世华. 有限时间控制问题综述. 控制与决策, 2011, 26(2): 161-169.

[35] Utkin V I. Variable structure systems with sliding modes. IEEE Transactions on Automatic Control, 1977, 22(2): 212-222.

[36] Levant A. Sliding order and sliding accuracy in sliding mode control. International Journal of Control, 1993, 58(6): 1247-1263.

[37] Bartolini G, Pisano A, Punta E, et al. A survey of applications of second-order sliding mode control to mechanical systems. International Journal of Control, 2003, 76(9-10): 875-892.

[38] Vadali S R. Variable-structure control of spacecraft large-angle maneuvers. Journal of Guidance, Control, and Dynamics, 1986, 9(2): 235-239.

[39] Singh S N, Iyer A. Nonlinear decoupling sliding mode control and attitude control of spacecraft. IEEE Transactions on Aerospace and Electronic Systems, 1989, 25(5): 621-633.

[40] Lee J G, Park G C, Park H W. Sliding-mode controller design for spacecraft attitude tracking maneuvers. IEEE Transactions on Aerospace and Electronic Systems, 1993, 29(4): 1328-1333.

[41] Yu S H, Yu X H, Shirinzadeh B, et al. Continuous finite-time control for robotic manipulators with terminal sliding mode. Automatica, 2005, 41(11): 1957-1964.

[42] Feng Y, Yu X H, Man Z H. Non-singular terminal sliding mode control of rigid manipulators. Automatica, 2002, 38(12): 2159-2167.

[43] Shtessel Y B, Shkolnikov I A, Levant A. Smooth second-order sliding modes: Missile guidance application. Automatica, 2007, 43(8): 1470-1476.

[44] Shtessel Y, Taleb M, Plestan F. A novel adaptive-gain supertwisting sliding mode controller: Methodology and application. Automatica, 2012, 48(5): 759-769.

[45] Tiwari P M, Janardhanan S, un Nabi M. Rigid spacecraft attitude control using adaptive integral second order sliding mode. Aerospace Science and Technology, 2015, 42: 50-57.

[46] Feng Y, Yu X H, Han F L. On nonsingular terminal sliding-mode control of nonlinear systems. Automatica, 2013, 49(6): 1715-1722.

[47] Yang L, Yang J Y. Nonsingular fast terminal sliding-mode control for nonlinear dynamical systems. International Journal of Robust and Nonlinear Control, 2011, 21(16): 1865-1879.

[48] Wang L Y, Chai T Y, Zhai L F. Neural-network-based terminal sliding-mode control of robotic

manipulators including actuator dynamics. IEEE Transactions on Industrial Electronics, 2009, 56(9): 3296-3304.

[49] Jin E D, Sun Z W. Robust controllers design with finite time convergence for rigid spacecraft attitude tracking control. Aerospace Science and Technology, 2008, 12(4): 324-330.

[50] Wu S N, Radice G, Gao Y S, et al. Quaternion-based finite time control for spacecraft attitude tracking. Acta Astronautica, 2011, 69(12): 48-58.

[51] Zhu Z, Xia Y Q, Fu M Y. Attitude stabilization of rigid spacecraft with finite-time convergence. International Journal of Robust and Nonlinear Control, 2011, 21(6): 686-702.

[52] Lu K F, Xia Y Q. Finite-time attitude stabilization for rigid spacecraft. International Journal of Robust and Nonlinear Control, 2015, 25(1): 32-51.

[53] Lu K F, Xia Y Q. Adaptive attitude tracking control for rigid spacecraft with finite-time convergence. Automatica, 2013, 49(12): 3591-3599.

[54] Zhu Z L, Yan Y. Space-based line-of-sight tracking control of GEO target using nonsingular terminal sliding mode. Advances in Space Research, 2014, 54(6): 1064-1076.

[55] Song Z K, Li H X, Sun K B. Finite-time control for nonlinear spacecraft attitude based on terminal sliding mode technique. ISA Transactions, 2014, 53(1): 117-124.

[56] Zhao L, Jia Y M. Finite-time attitude tracking control for a rigid spacecraft using time-varying terminal sliding mode techniques. International Journal of Control, 2015, 88(6): 1150-1162.

[57] Pukdeboon C, Zinober A S I, Thein M W L. Quasi-continuous higher order sliding-mode controllers for spacecraft attitude tracking maneuvers. IEEE Transactions on Industrial Electronics, 2010, 57(4): 1436-1444.

[58] Lu K F, Xia Y Q. Finite-time attitude control for rigid spacecraft-based on adaptive super-twisting algorithm. IET Control Theory and Applications, 2014, 8(15): 1465-1477.

[59] Tiwari P M, Janardhanan S, un Nabi M. Attitude control using higher order sliding mode. Aerospace Science and Technology, 2016, 54: 108-113.

[60] Sun H B, Hou L L, Zong G D, et al. Composite anti-disturbance attitude and vibration control for flexible spacecraft. IET Control Theory and Applications, 2017, 11(14): 2383-2390.

[61] Tafazoli M. A study of on-orbit spacecraft failures. Acta Astronautica, 2009, 64(2-3): 195-205.

[62] Zhang Y M, Jiang J. Bibliographical review on reconfigurable fault-tolerant control systems. Annual Reviews in Control, 2008, 32(2): 229-252.

[63] Yan X G, Edwards C. Nonlinear robust fault reconstruction and estimation using a sliding mode observer. Automatica, 2007, 43(9): 1605-1614.

[64] Nagesh I, Edwards C. A multivariable super-twisting sliding mode approach. Automatica, 2014, 50(3): 984-988.

[65] Van M, Franciosa P, Ceglarek D. Fault diagnosis and fault-tolerant control of uncertain robot manipulators using high-order sliding mode. Mathematical Problems in Engineering, 2016, 7926280(6): 1-14.

[66] Wu Q, Saif M. Robust fault diagnosis of a satellite system using a learning strategy and second order sliding mode observer. IEEE Systems Journal, 2010, 4(1): 112-121.

[67] Capisani L M, Ferrara A, de Ferreira L A, et al. Manipulator fault diagnosis via higher order

sliding-mode observers. IEEE Transactions on Industrial Electronics, 2012, 59(10): 3979-3986.

[68] Laghrouche S, Liu J X, Ahmed F S, et al. Adaptive second-order sliding mode observer-based fault reconstruction for PEM fuel cell air-feed system. IEEE Transactions on Control Systems Technology, 2015, 23(3): 1098-1109.

[69] de Ferreira L A, Cieslak J, Henry D, et al. Output tracking of systems subjected to perturbations and a class of actuator faults based on HOSM observation and identification. Automatica, 2015, 59: 200-205.

[70] Ríos H, Kamal S, Fridman L M, et al. Fault tolerant control allocation via continuous integral sliding-modes: A HOSM-observer approach. Automatica, 2015, 51(1): 318-325.

[71] Efimov D, Edwards C, Zolghadri A. Enhancement of adaptive observer robustness applying sliding mode techniques. Automatica, 2016, 72: 53-56.

[72] Chen F Y, Jiang R Q, Zhang K K, et al. Robust backstepping sliding-mode control and observer-based fault estimation for a quadrotor UAV. IEEE Transactions on Industrial Electronics, 2016, 63(8): 5044-5056.

[73] Zhang X D. Sensor bias fault detection and isolation in a class of nonlinear uncertain systems using adaptive estimation. IEEE Transactions on Automatic Control, 2011, 56(5): 1220-1226.

[74] Zhang X D, Tang L, de Castro J. Robust fault diagnosis of aircraft engines: A nonlinear adaptive estimation-based approach. IEEE Transactions on Control Systems Technology, 2013, 21(3): 861-868.

[75] 陈嘉文, 程月华, 姜斌, 等. 面向任务约束的航天器姿控系统在轨重构算法. 宇航学报, 2017, 38(9): 989-997.

[76] Zhang K, Jiang B, Cocquempot V. Adaptive observer-based fast fault estimation. International Journal of Control Automation and Systems, 2008, 6(3): 320-326.

[77] Zhang K, Jiang B, Shi P. Fast fault estimation and accommodation for dynamical systems. IET Control Theory and Applications, 2009, 3(2): 189-199.

[78] He J J, Qi R Y, Jiang B, et al. Adaptive output feedback fault-tolerant control design for hypersonic flight vehicles. Journal of the Franklin Institute, 2015, 352(5): 1811-1835.

[79] Gao C Y, Duan G R. Robust adaptive fault estimation for a class of nonlinear systems subject to multiplicative faults. Circuits Systems and Signal Processing, 2012, 31(6): 2035-2046.

[80] Song Y D, Chen G. Fault-tolerant output synchronisation control of multi-vehicle systems. IET Control Theory and Applications, 2014, 8(8): 574-584.

[81] Shahriari-Kahkeshi M, Sheikholeslam F, Askari J. Adaptive fault detection and estimation scheme for a class of uncertain nonlinear systems. Nonlinear Dynamics, 2015, 79(4): 2623-2637.

[82] Xiao B, Hu Q L, Friswell M I. Active fault-tolerant attitude control for flexible spacecraft with loss of actuator effectiveness. International Journal of Adaptive Control and Signal Processing, 2013, 27(11): 925-943.

[83] Hu Q L, Li B, Friswell M I. Observer-based fault diagnosis incorporating online control allocation for spacecraft attitude stabilization under actuator failures. The Journal of the Astronautical Sciences, 2014, 60(2): 211-236.

[84] Jia Q X, Chen W, Zhang Y C, et al. Fault reconstruction for continuous-time systems via learning

observers. Asian Journal of Control, 2016, 18(2): 549-561.

[85] Gao C Y, Zhao Q, Duan G R. Robust actuator fault diagnosis scheme for satellite attitude control systems. Journal of the Franklin Institute, 2013, 350(9): 2560-2580.

[86] Gao Z W, Liu X X, Chen M Z Q. Unknown input observer-based robust fault estimation for systems corrupted by partially decoupled disturbances. IEEE Transactions on Industrial Electronics, 2016, 63(4): 2537-2547.

[87] Zhao Z G, Yang Y, Zhang Y. Fault tolerant control using adaptive output integral-type sliding mode. Journal of the Franklin Institute, 2017, 354(6): 2648-2662.

[88] 程瑶, 王日新, 徐敏强. 基于非线性未知输入观测器的航天器故障诊断. 深空探测学报, 2015, 2(3): 278-282.

[89] Cheng Y, Wang R X, Xu M Q, et al. Simultaneous state and actuator fault estimation for satellite attitude control systems. Chinese Journal of Aeronautics, 2016, 29(3): 714-721.

[90] Mayhew C G, Sanfelice R G, Sheng J, et al. Quaternion-based hybrid feedback for robust global attitude synchronization. IEEE Transactions on Automatic Control, 2012, 57(8): 2122-2127.

[91] 王文佳, 李传江, 孙延超, 等. 考虑状态约束的航天器编队分布式姿态协同跟踪控制. 控制与决策, 2018, 33(9): 1584-1590.

[92] Zhang Z, Zhang Z X, Zhang H. Distributed attitude control for multi-spacecraft via Takagi-Sugeno fuzzy approach. IEEE Transactions on Aerospace and Electronic Systems, 2018, 54(2): 642-654.

[93] 康珅, 单家元. 航天器分布式有限时间编队方法. 深空探测学报, 2017, 4(4): 390-394.

[94] Huang D, Wang Q S, Duan Z S. Distributed attitude control for multiple flexible spacecraft under actuator failures and saturation. Nonlinear Dynamics, 2017, 88(1): 529-546.

[95] Di H, Wang Q, Duan Z S. Distributed attitude control for multiple flexible spacecraft under actuator failures and saturation[J]. Nonlinear Dynamics, 2016, 88(1): 1-18.

[96] Zou Y, Meng Z Y. Velocity-free leader-follower cooperative attitude tracking of multiple rigid bodies on SO(3). IEEE Transactions on Cybernetics, 2019, 49(12): 4078-4089.

[97] 吴越鹏, 戴曙光, 刘磊. 多体线性系统一致性分布观测控制器设计. 控制工程, 2017, 24(1): 222-226.

[98] Li D Y, Zhang W, He W, et al. Two-layer distributed formation-containment control of multiple Euler-Lagrange systems by output feedback. IEEE Transactions on Cybernetics, 2019, 49(2): 675-687.

[99] Zou A M. Distributed attitude synchronization and tracking control for multiple rigid bodies. IEEE Transactions on Control Systems Technology, 2014, 22(2): 478-490.

[100] Cai H, Huang J. The leader-following attitude control of multiple rigid spacecraft systems. Automatica, 2014, 50(4): 1109-1115.

[101] Cortés J. Finite-time convergent gradient flows with applications to network consensus. Automatica, 2006, 42(11): 1993-2000.

[102] Zou A M, de Ruiter A H J, Kumar K D. Distributed finite-time velocity-free attitude coordination control for spacecraft formations. Automatica, 2016, 67: 46-53.

[103] Zhou N, Xia Y Q. Distributed fault-tolerant control design for spacecraft finite-time attitude

synchronization. International Journal of Robust and Nonlinear Control, 2016, 26(14): 2994-3017.

[104] Zhou N, Xia Y Q, Fu M Y, et al. Distributed cooperative control design for finite-time attitude synchronisation of rigid spacecraft. IET Control Theory and Applications, 2019, 9(10): 1561-1570.

[105] Lyu J T, Qin J H, Ma Q C, et al. Finite-time attitude synchronisation for multiple spacecraft. IET Control Theory and Applications, 2016, 10(10): 1106-1114.

[106] Wang G D, Wang X Y, Li S H. Sliding-mode consensus algorithms for disturbed second-order multi-agent systems. Journal of the Franklin Institute, 2018, 355(15): 7443-7465.

[107] Zhang C X, Wang J H, Zhang D X, et al. Fault-tolerant adaptive finite-time attitude synchronization and tracking control for multi-spacecraft formation. Aerospace Science and Technology, 2018, 73: 197-209.

[108] Gui H C, de Ruiter A H J. Global finite-time attitude consensus of leader-following spacecraft systems based on distributed observers. Automatica, 2018, 91: 225-232.

[109] Zou A M, Li W H. Fixed-time output-feedback consensus tracking control for second-order multiagent systems. International Journal of Robust and Nonlinear Control, 2019, 29(13): 4419-4434.

[110] Cheng Y Y, Du H B, He Y G, et al. Distributed finite-time attitude regulation for multiple rigid spacecraft via bounded control. Information Sciences, 2016, 328: 144-157.

[111] Sun L, Huo W, Jiao Z X. Adaptive backstepping control of spacecraft rendezvous and proximity operations with input saturation and full-state constraint. IEEE Transactions on Industrial Electronics, 2017, 64(1): 480-492.

[112] Wang Y Q, Yu C B, Yu F M, et al. Quaternion-based attitude synchronisation for multiple rigid bodies in the presence of actuator saturation. International Journal of Systems Science, 2017, 48(3): 505-514.

[113] Zhu Z H, Guo Y. Adaptive coordinated attitude control for spacecraft formation with saturating actuators and unknown inertia. Journal of the Franklin Institute, 2019, 356(2): 1021-1037.

[114] Shahrooei A, Kazemi M H. Multiple model adaptive attitude control of LEO satellite with angular velocity constraints. International Journal of Aeronautical and Space Sciences, 2018, 19(1): 153-163.

[115] Li D Y, Ma G F, Li C J, et al. Distributed attitude coordinated control of multiple spacecraft with attitude constraints. IEEE Transactions on Aerospace and Electronic Systems, 2018, 54(5): 2233-2245.

[116] Hu Q L. Robust adaptive backstepping attitude and vibration control with L_2-gain performance for flexible spacecraft under angular velocity constraint. Journal of Sound and Vibration, 2009, 327(3-5): 285-298.

[117] Marshall A, Tsiotras P. Spacecraft angular velocity stabilization using a single-gimbal variable speed control moment gyro. AIAA Guidance, Navigation and Control Conference and Exhibit, Austin, 2003: 5654.

[118] Burlion L, Biannic J M, Ahmed-Ali T. Attitude tracking control of a flexible spacecraft under

angular velocity constraints. International Journal of Control, 2017, 92(7): 1524-1540.

[119] Hu Q L, Tan X. Unified attitude control for spacecraft under velocity and control constraints. Aerospace Science and Technology, 2017, 67: 257-264.

[120] Sun L, Zheng Z W. Disturbance observer-based robust backstepping attitude stabilization of spacecraft under input saturation and measurement uncertainty. IEEE Transactions on Industrial Electronics, 2017, 64(10): 7994-8002.

[121] Sun L, Zheng Z W. Disturbance observer-based robust saturated control for spacecraft proximity maneuvers. IEEE Transactions on Control Systems Technology, 2018, 26(2): 684-692.

[122] Shen Q, Yue C F, Goh C H, et al. Rigid-body attitude tracking control under actuator faults and angular velocity constraints. IEEE/ASME Transactions on Mechatronics, 2018, 23(3): 1338-1349.

[123] Bai X L, Wu X F. A simulation and visualization platform for fractionated spacecraft attitude control system. International Conference on Mechatronics and Automation, Beijing, 2011: 2033-2038.

[124] Saulnier K, Pérez D, Huang R C, et al. A six-degree-of-freedom hardware-in-the-loop simulator for small spacecraft. Acta Astronautica, 2014, 105(2): 444-462.

[125] Wilde M, Kaplinger B, Go T, et al. ORION: A simulation environment for spacecraft formation flight, capture, and orbital robotics. IEEE Aerospace Conference, Montana, 2016: 1-14.

[126] Valentin I. Implementation of a spacecraft cockpit in a virtual reality environment. Stuttgart: Universität Stuttgart, 2019.

[127] 姚红, 汤亚锋, 胡敏. 基于 xPC 的航天器电磁编队控制系统实时仿真研究. 中国系统仿真技术及其应用学术年会, 三亚, 2012: 567-571.

[128] 邢涛, 周晖, 魏传锋. 航天器分布式系统仿真验证平台设计与实现. 航天器环境工程, 2015, 32(5): 496-499.

[129] 刘东, 闫雪飞, 刘德生, 等. 一种用于航天器仿真的通用多平台架构. 中国系统仿真技术及其应用学术年会, 兰州, 2017: 119-121.

[130] 张一, 胡海霞, 曾海波, 等. 基于模型可重用可组合的航天器分布式仿真系统研究. 中国系统仿真技术及其应用学术年会, 乌鲁木齐, 2019: 327-332.

第 2 章　复杂航天器模型

随着空间技术的不断发展与航天需求的不断增长,航天器的结构越来越复杂,尺寸也越来越大,但由于发射成本及运载能力限制等,在减轻航天器重量的同时,结构的柔性也越来越大。在航天器完成机动、转向和空中对接等动作时,很容易激起柔性结构的振动,这种振动会增加航天器姿态调整时间,影响指向精度及航天器精密仪器的正常工作。另外,随着航天器运载能力、机动能力及运行寿命等性能的提高,液体燃料质量占航天器总质量的比值不断增大,这种不利影响也随之增大,液体晃动问题在复杂航天器的姿态控制系统设计中无法避免,尤其是航天器大角度快速机动时容易导致储液箱内液体发生剧烈的晃动,严重影响航天器姿态控制的精度与稳定性。模型作为控制的基础,对其进行描述与分析有利于航天器控制器的设计。本章重点探究复杂航天器各部分间的耦合特性,阐述航天器运动学模型,建立航天器动力学模型,包括航天器刚体模型、航天器刚柔耦合模型、航天器刚液耦合模型及航天器刚-柔-液耦合模型四个部分,为后续控制器设计提供依据。

本章主要内容安排如下：2.1 节对航天器运动学模型进行描述。2.2 节建立航天器姿态动力学模型,其中 2.2.1 节对刚体航天器进行动力学建模;2.2.2 节建立柔性帆板振动方程,并基于帆板的振动方程建立刚柔航天器动力学模型;2.2.3 节建立液体晃动方程,并基于液体晃动方程建立刚液航天器动力学模型;2.2.4 节建立具有刚-柔-液耦合特性的复杂航天器动力学模型。2.3 节给出本章小结。

2.1　航天器运动学模型

复杂航天器是在某个空间力系的约束下运行的,为了描述其在不同时刻的姿态和运动状态,需要在空间坐标系中推导航天器的运动方程。航天器姿态运动包括运动学及动力学,运动学是从几何学的角度探究航天器运动,它仅仅探讨航天器运动的几何本质,不讨论产生和改变运动的原因,通过坐标变换关系获得;而姿态动力学则是对航天器绕其质心运动的状态和性质进行研究,由牛顿动力学定律(如动量矩定律)获得。因此,本节首先定义航天器运动方程所需要的三个常用坐标系;然后分别对航天器运动学欧拉角模型、修正罗德里格参数模型及四元数模型进行描述。

2.1.1 坐标系

在描述航天器姿态运动的坐标系中，常用的坐标系包括惯性坐标系、轨道坐标系和本体坐标系等[1,2]，坐标系之间的关系如图 2.1 所示。

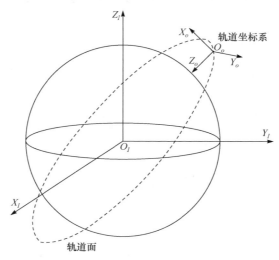

图 2.1　航天器飞行过程中相关坐标系

(1) 地心惯性坐标系 F_I：记为 $O_I X_I Y_I Z_I$，定义坐标原点 O_I 为地球中心，以赤道面为基准面，$O_I X_I$ 轴沿地球赤道面与黄道面的交线，并指向春分点，$O_I Z_I$ 轴指向北极方向，$O_I Y_I$ 轴在赤道面内与 $O_I X_I$ 轴和 $O_I Z_I$ 轴构成右手坐标系。

(2) 轨道坐标系 F_o：记为 $O_o X_o Y_o Z_o$，定义坐标原点 O_o 为航天器质心，$O_o X_o$ 轴在轨道平面内并指向航天器速度方向，$O_o Z_o$ 轴由航天器质心指向地球中心，$O_o Y_o$ 轴与轨道面垂直并与 $O_o X_o$ 轴和 $O_o Z_o$ 轴构成右手坐标系。

(3) 航天器本体坐标系 F_b：记为 $O_b X_b Y_b Z_b$，此坐标系与航天器固连在一起，并与惯量主轴一致，定义坐标原点 O_b 为航天器质心，$O_b X_b$ 轴为滚转轴，$O_o Y_b$ 轴为俯仰轴，$O_o Z_o$ 轴为偏航轴，三轴满足右手坐标系准则。当航天器为三轴稳定姿态时，本体坐标系与轨道坐标系重合。

2.1.2 姿态数学模型描述

根据以上描述，航天器姿态数学模型包括姿态运动学模型及动力学模型，姿态运动学模型是对空间运动体的一种转动关系的描述，主要通过欧拉角、修正罗德里格参数及四元数三种方法来描述。三种描述方法本质上是一样的，都是欧拉定理的不同表达，下面介绍以欧拉角方式描述的航天器姿态运动学模型。

1. 欧拉角描述的航天器运动学模型

航天器姿态运动最简便、最直观的描述方法为欧拉角描述，根据欧拉定理，刚体绕固定的点得到的角位移是绕该点的若干次旋转后进行的合成，在欧拉转动中，每次绕一个坐标轴进行转动，即旋转轴，每次转动的角度即欧拉角。在本体坐标系中，X 轴、Y 轴及 Z 轴分别表示滚转轴、俯仰轴、偏航轴，因此定义绕 X 轴、Y 轴及 Z 轴旋转得到的角度分别为滚转角 φ、俯仰角 θ、偏航角 ϕ。对于航天器系统，参考坐标系到本体坐标系常用的转动方式为 3-1-2 旋转，获得的姿态旋转矩阵为

$$
\begin{aligned}
A_{312}(\phi,\varphi,\theta) &= A_y(\theta)A_x(\phi)A_z(\varphi) \\
&= \begin{bmatrix} \cos\theta & 0 & -\sin\theta \\ 0 & 1 & 0 \\ \sin\theta & 0 & \cos\theta \end{bmatrix} \begin{bmatrix} 1 & 0 & 0 \\ 0 & \cos\phi & \sin\phi \\ 0 & -\sin\phi & \cos\phi \end{bmatrix} \begin{bmatrix} \cos\varphi & \sin\varphi & 0 \\ -\sin\varphi & \cos\varphi & 0 \\ 0 & 0 & 1 \end{bmatrix} \\
&= \begin{bmatrix} \cos\theta\cos\phi-\sin\varphi\sin\theta\sin\phi & \cos\theta\cos\phi+\sin\varphi\sin\theta\sin\phi & -\cos\varphi\sin\theta \\ -\cos\varphi\sin\phi & \cos\varphi\cos\phi & \sin\varphi \\ \sin\theta\cos\phi+\sin\varphi\cos\theta\sin\phi & \sin\theta\sin\phi-\sin\varphi\cos\theta\cos\phi & \cos\varphi\cos\theta \end{bmatrix}
\end{aligned} \tag{2.1}
$$

欧拉角及旋转矩阵之间的关系为

$$
\varphi = -\arctan\left(\frac{A_{yx}}{A_{yy}}\right), \quad \phi = \arcsin(A_{yz}), \quad \theta = -\arctan\left(\frac{A_{xz}}{A_{zz}}\right) \tag{2.2}
$$

式中，$A_{ij}(i,j=x,y,z)$ 为旋转矩阵 $A_{312}(\phi,\varphi,\theta)$ 第 i 行第 j 列的元素。

定义航天器角速度为 $\omega = \begin{bmatrix} \omega_1 & \omega_2 & \omega_3 \end{bmatrix}^{\mathrm{T}}$，则以欧拉角描述的航天器运动学模型表示为

$$
\dot{\Phi} = \begin{bmatrix} \dot{\varphi} \\ \dot{\theta} \\ \dot{\phi} \end{bmatrix} = \frac{1}{\cos\varphi} \begin{bmatrix} -\omega_1\sin\theta+\omega_3\cos\theta \\ \omega_1\cos\theta\cos\varphi+\omega_3\sin\theta\cos\varphi \\ \omega_1\sin\theta\sin\varphi+\omega_2\cos\varphi-\omega_3\cos\theta\sin\varphi \end{bmatrix} \tag{2.3}
$$

以欧拉角描述的航天器姿态运动学模型形式虽然简单，但存在空间飞行器姿态的奇异问题，且公式不易推导应用，这就给方程求解带来相应的困难。为解决此问题，各学者提出其他几种运动学描述法，其中应用最广泛的两种为修正罗德里格参数法及四元数描述法。

2. 修正罗德里格参数描述的航天器运动学模型

罗德里格参数 rod 是由法国数学家罗德里格提出的，定义为

$$\text{rod} = \begin{bmatrix} \text{rod}_1 \\ \text{rod}_2 \\ \text{rod}_3 \end{bmatrix}$$

罗德里格参数 rod 与欧拉角之间的转换关系为

$$\text{rod} = e\tan\frac{\delta}{2} \tag{2.4}$$

式中，$e = \begin{bmatrix} e_x & e_y & e_z \end{bmatrix}^{\mathrm{T}}$ 表示旋转轴方向单位矢量。由式(2.4)可以看出，当旋转角 δ 等于 $\pm180°$ 时，rod 的值将趋于无穷，产生奇异点的问题，因此该描述仅适用于航天器小角度姿态控制。进一步，为了解决这一问题，提出一种修正罗德里格参数(MRP)描述方法，其与欧拉角之间的关系为

$$\varUpsilon = e\tan\frac{\delta}{4} \tag{2.5}$$

式中，$\varUpsilon = \begin{bmatrix} \varUpsilon_x & \varUpsilon_y & \varUpsilon_z \end{bmatrix}^{\mathrm{T}}$ 为描述航天器姿态的 MRP 矢量。基于 MRP 矢量描述的航天器运动学模型为

$$\dot{\varUpsilon} = \frac{1}{4}[(1 - \varUpsilon^{\mathrm{T}}\varUpsilon)I + 2\varUpsilon^{\times} + 2\varUpsilon\varUpsilon^{\mathrm{T}}]\omega \tag{2.6}$$

式中，$\varUpsilon^{\times}$ 表示斜对称矩阵，定义为

$$\varUpsilon^{\times} = \begin{bmatrix} 0 & -\varUpsilon_3 & \varUpsilon_2 \\ \varUpsilon_3 & 0 & -\varUpsilon_1 \\ -\varUpsilon_2 & \varUpsilon_1 & 0 \end{bmatrix}$$

修正罗德里格参数模型相较于欧拉角表示法，省去了大量的三角函数计算，且不需考虑出现"奇异性"的问题，减少了一个冗余的模型参数，一定程度上提升了计算速度。

3. 四元数描述的航天器运动学模型

基于四元数法的姿态描述来源于刚体运动学定理,刚体绕固定点的任一位移,可绕通过此点的某一定轴转动一个角度而得到，于是利用这个定轴和转动的角度描述旋转前后的相对姿态。具体而言，四元数是具有四个元素的超复数，可以描述一个坐标系相对某一坐标系的转动，单位四元数(unit quaternion)定义如下：

$$q = \begin{bmatrix} q_0 & q_v^{\mathrm{T}} \end{bmatrix}^{\mathrm{T}}, \quad q_0 = \cos\frac{\theta}{2}, \quad q_v = e\sin\frac{\theta}{2} \tag{2.7}$$

式中，$q_0 \in \mathbf{R}$ 为标量部分；$q_v = \begin{bmatrix} q_1 & q_2 & q_3 \end{bmatrix}^{\mathrm{T}} \in \mathbf{R}^3$ 为四元数的向量部分；θ 为旋转

的角度；$e = \begin{bmatrix} e_x & e_y & e_z \end{bmatrix}^T$ 为旋转轴方向单位矢量。单位四元数满足如下约束方程：

$$q_0^2 + q_1^2 + q_2^2 + q_3^2 = 1 \tag{2.8}$$

单位四元数描述法克服了空间飞行器姿态的奇异问题，并且公式易于推导应用。

基于单位四元数描述的航天器姿态运动学模型为[1]

$$\begin{cases} \dot{q}_v = \dfrac{1}{2}(q_0 I_3 + q_v^\times)\omega \\ \dot{q}_0 = -\dfrac{1}{2}q_v^T \omega \end{cases} \tag{2.9}$$

式中，$q = \begin{bmatrix} q_0 & q_v^T \end{bmatrix}^T \in \mathbf{R} \times \mathbf{R}^3$ 表示本体坐标系 F_b 相对于地心惯性坐标系 F_I 的单位四元数；$\omega = \begin{bmatrix} \omega_1 & \omega_2 & \omega_3 \end{bmatrix}^T$ 为本体坐标系 F_b 相对于地心惯性坐标系 F_I 的角速度在本体坐标系 F_b 的投影；I_3 为 3×3 单位向量；$q_v^\times \in \mathbf{R}^{3 \times 3}$ 为斜对称矩阵，其定义为

$$q_v^\times = \begin{bmatrix} 0 & -q_3 & q_2 \\ q_3 & 0 & -q_1 \\ -q_2 & q_1 & 0 \end{bmatrix}$$

式(2.3)、式(2.6)及式(2.9)分别采用了三种不同的方法对航天器运动学模型进行描述，后续可基于此进行控制器设计。

2.2　航天器姿态动力学模型

航天器姿态动力学模型描述了航天器角速度矢量的变化与所受合力矩之间的关系，通过牛顿动力学定律推导获得，其建模过程如图 2.2 所示。首先用动量矩

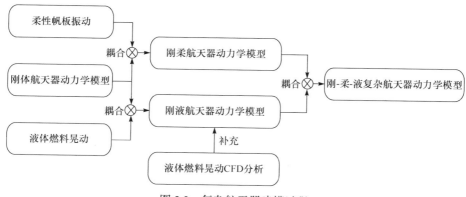

图 2.2　复杂航天器建模过程

守恒方法建立刚体航天器动力学模型,基于刚体航天器动力学模型分别分析刚柔、刚液耦合作用,从而建立刚柔航天器动力学模型及刚液航天器动力学模型,其中液体在微重力下无法用数学准确地建模,因此采用计算流体动力学(CFD)方法对液体晃动进行分析,对刚液航天器动力学模型进行补充,最后综合分析刚-柔-液三种耦合关系,建立刚-柔-液复杂航天器动力学模型。

2.2.1　刚体航天器动力学模型

刚体航天器动力学模型描述的是刚体航天器飞行角速度矢量的变化率与刚体航天器所受合力矩的关系,是复杂航天器动力学模型建立的基础。本节采用动量矩守恒方法对刚体航天器进行动力学建模。

刚体航天器的动量矩 H_m 可以表示为

$$H_m = J_m \omega \tag{2.10}$$

式中,J_m 为刚体的转动惯量;$\omega = \begin{bmatrix} \omega_1 & \omega_2 & \omega_3 \end{bmatrix}^T$ 为航天器的角速度向量。根据动量矩守恒定理,可以得到刚体姿态方程为

$$J_m \dot{\omega} = -\omega^\times H_m + u(t) \tag{2.11}$$

式中,$u(t)$ 为控制力矩。将式(2.10)代入式(2.11),可以得到

$$J_m \dot{\omega} = -\omega^\times J_m \omega + u(t) \tag{2.12}$$

综上所述,式(2.12)即刚体航天器的动力学模型。

2.2.2　刚柔航天器动力学模型

刚柔航天器主要由航天器本体和两侧的太阳能帆板构成,在航天器姿态调整过程中,刚体航天器会带动柔性帆板振动,同时柔性帆板振动也会影响刚体的运动,从而产生刚柔耦合。因此,为保证刚柔航天器控制的高精度,需要分析刚柔耦合作用,并考虑柔性帆板影响进行刚柔航天器动力学建模[3]。

首先,根据航天器的结构尺寸,将航天器的柔性帆板视为欧拉-伯努利悬臂梁结构,建立航天器柔性帆板模型,并分析其各阶柔性模态,以获得柔性帆板的固有频率及振动方程,进而利用动量矩守恒定理以及拉格朗日原理推导柔性航天器的姿态动力学模型。在本节的最后,对其进行数值仿真,求取耦合参数具体数值,为后续的控制器设计提供依据。

1. 柔性帆板建模

图 2.3 为刚柔航天器三维结构简图。将柔性帆板视为欧拉-伯努利悬臂梁[1]结构,采用假设模态法,建立弯曲振动方程,根据振动方程获得帆板振动的固有频

率及固有振型。柔性帆板受力图如图 2.4 所示，其中，$P(x,t)$ 为单位长度悬臂梁的横向外力分布；$w(x,t)$ 为距离悬臂梁原点 x 处的截面在时间 t 的纵向位移；L_{wing} 为单块太阳能帆板长度。

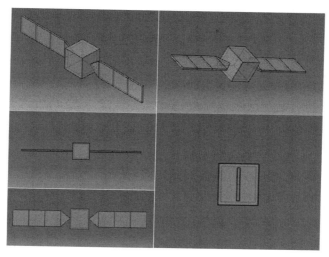

图 2.3　刚柔航天器三维结构简图

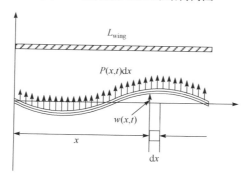

图 2.4　柔性帆板受力图

　　依据有限元理论，对整体悬臂梁结构进行分解，将悬臂梁结构的受力分析转化成对每个微元的受力分析。图 2.5 为柔性帆板微元受力图。其中，M 为每一段微元所受扭转力矩；$m(x)$ 为悬臂梁的质量分布；F_s 为微元所受的剪切力。对微元 $\mathrm{d}x$ 进行受力与力矩分析，可以得到式(2.13)和式(2.14)所示的力和力矩平衡方程：

$$\frac{\partial F_s}{\partial x} = P(x,t) - m(x)\frac{\partial^2 w}{\partial t^2} \qquad (2.13)$$

$$\left(M + \frac{\partial M}{\partial x}\mathrm{d}x\right) - M - F_s\mathrm{d}x - P(x,t)\mathrm{d}x\frac{\mathrm{d}x}{2} + m(x)\mathrm{d}x\frac{\partial^2 w}{\partial t^2}\frac{\mathrm{d}x}{2} = 0 \qquad (2.14)$$

式中，$m(x) = \rho_{\mathrm{wing}}W_{\mathrm{wing}}H_{\mathrm{wing}}$ 为单位长度质量，ρ_{wing} 为太阳能帆板材料密度，W_{wing} 为太阳能帆板宽度，H_{wing} 为太阳能帆板厚度。考虑到 $\mathrm{d}x$ 的二阶小量影响很小，故将其省略，可以得到

$$F_s = \frac{\partial M}{\partial x} \qquad (2.15)$$

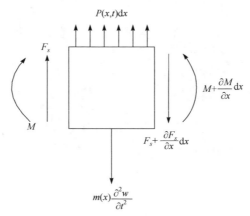

图 2.5 柔性帆板微元受力图

由梁的弯曲位移与扭转力矩 M 的关系可知

$$M = EI(x) \cdot \frac{\partial^2 w(x,t)}{\partial^2 x} \qquad (2.16)$$

式中，$EI(x)$ 为悬臂梁的刚度分布，E 为柔性模量，$I(x)$ 为悬臂梁在 x 处的惯性矩阵。将式(2.15)、式(2.16)代入式(2.13)，可以整理为

$$\frac{\partial^2}{\partial^2 x}\left(EI(x) \cdot \frac{\partial^2 w(x,t)}{\partial^2 x}\right) + m(x) \cdot \frac{\partial^2 w(x,t)}{\partial^2 t} = P(x,t) \qquad (2.17)$$

式(2.17)即图 2.4 中悬臂梁的运动方程。基于该方程，后续将进行梁的固有振动特性分析，进而求得柔性帆板各阶模态的固有频率及固有振型。

首先，考虑航天器运行在微重力环境下，所受重力很小，且几乎不受其他外力的影响。因此，悬臂梁可以视为自由运动模态，即悬臂梁的横向外力分布 $P(x,t) = 0$，则基于式(2.17)可得

$$\frac{\partial^2}{\partial^2 x}\left(EI(x)\cdot\frac{\partial^2 w(x,t)}{\partial^2 x}\right)+m(x)\cdot\frac{\partial^2 w(x,t)}{\partial^2 t}=0 \tag{2.18}$$

对于式(2.18)中的 $w(x,t)$ ，采用假设模态法可表示为

$$w(x,t)=\sum_{n=1}^{N}\phi_n(x)\cdot\chi_n(t)=\phi(x)\cdot\chi(t) \tag{2.19}$$

式中，$\phi_n(x)$ 为模态函数，用于表示航天器帆板振动的固有振型；$\chi_n(t)$ 为广义坐标。

将式(2.19)代入式(2.18)，可以得到

$$\frac{EI(x)}{m(x)\cdot\phi(x)}\cdot\frac{\mathrm{d}^4\phi(x)}{\mathrm{d}^4 x}=-\frac{1}{\chi(t)}\cdot\frac{\mathrm{d}^2\chi(t)}{\mathrm{d}^2 t} \tag{2.20}$$

令式(2.20)等于一个常数，记为 Ω^2 。如式(2.21)所示，式中，Ω 为梁的固有振动频率[4]：

$$\frac{EI(x)}{m(x)\cdot\phi(x)}\cdot\frac{\mathrm{d}^4\phi(x)}{\mathrm{d}^4 x}=-\frac{1}{\chi(t)}\cdot\frac{\mathrm{d}^2\chi(t)}{\mathrm{d}^2 t}=\Omega^2 \tag{2.21}$$

令

$$\beta^4=\frac{m(x)\cdot\Omega^2}{EI(x)}$$

可知固有振动频率 Ω 与 β 的关系为

$$\Omega=\beta^2\sqrt{\frac{EI(x)}{m(x)}} \tag{2.22}$$

利用分离变量法，可将式(2.21)写成两个独立的常微分方程，即

$$\frac{\mathrm{d}^4\phi(x)}{\mathrm{d}^4 x}-\beta^4\phi(x)=0 \tag{2.23}$$

$$\frac{\mathrm{d}^2\chi(t)}{\mathrm{d}^2 t}+\Omega^2\chi(t)=0 \tag{2.24}$$

式(2.23)与式(2.24)是求解自由梁的标准方程。

为了获得悬臂梁的固有频率 Ω 以及固有振型 $\phi_n(x)$ ，需求解方程(2.23)和(2.24)。

式(2.24)的通解为

$$\chi(t)=A_1\sin\omega_\chi t+A_2\cos\omega_\chi t \tag{2.25}$$

式(2.23)的通解为

$$\phi(x) = D\mathrm{e}^{rx} \tag{2.26}$$

将式(2.26)代入式(2.23)可得

$$r^4 - \beta^4 = 0 \tag{2.27}$$

解得

$$r_{1,2} = \pm\beta, \quad r_{3,4} = \pm\mathrm{j}\beta \tag{2.28}$$

因此式(2.23)的通解可以表示为

$$\phi(x) = D_1\mathrm{e}^{\beta x} + D_2\mathrm{e}^{-\beta x} + D_3\mathrm{e}^{\mathrm{j}\beta x} + D_4\mathrm{e}^{-\mathrm{j}\beta x} \tag{2.29}$$

将式(2.29)转换为三角函数的形式:

$$\phi(x) = a_n\left[\sin(\beta x) - \sinh(\beta x) - \alpha_n\left(\cos(\beta x) - \cosh(\beta x)\right)\right] \tag{2.30}$$

式中, $\alpha_n = \dfrac{\sinh(\beta L_{\mathrm{wing}}) + \sin(\beta L_{\mathrm{wing}})}{\cosh(\beta L_{\mathrm{wing}}) + \sin(\beta L_{\mathrm{wing}})}$ 。

对式(2.30)进行归一化处理, 如式(2.31)所示, 从而求得系数 a_n 。

$$m(x)\int_0^{L_{\mathrm{wing}}} a_n^2\left[\sin(\beta x) - \sinh(\beta x) - \alpha_n\left(\cos(\beta x) - \cosh(\beta x)\right)\right]^2 \mathrm{d}x = 1 \tag{2.31}$$

考虑到边界条件, 由于悬臂梁一端自由, 一端固定在航天器主体上, 得到悬臂梁的边界条件为

$$w(0,t) = 0, \quad w'(0,t) = 0, \quad w''(0,t) = 0, \quad w'''(0,t) = 0$$

初始条件为

$$w(x,t)\big|_{t=0} = w(x,0), \quad \dot{w}(x,t)\big|_{t=0} = \dot{w}(x,0)$$

将上述边界条件、初始条件代入式(2.19), 可得模态函数的边界条件及初始条件:

$$\phi(x)\big|_{x=0} = 0, \quad \phi'(x)\big|_{x=0} = 0$$

$$\phi''(x)\big|_{x=L_{\mathrm{wing}}} = 0, \quad \phi'''(x)\big|_{x=L_{\mathrm{wing}}} = 0$$

将模态函数的边界条件、初始条件代入式(2.30)可得

$$\cos(\beta L_{\mathrm{wing}}) \cdot \cosh(\beta L_{\mathrm{wing}}) + 1 = 0 \tag{2.32}$$

式(2.32)为超越方程, 因此无法通过计算得到其精确解, 故用 MATLAB 程序来求解该方程, 得到较为精确的数值解。将求得的 β 代入式(2.22)及式(2.30), 可分别求得柔性帆板的固有频率 Ω 及固有振型 $\phi(x)$ 。

2. 刚柔航天器动力学建模

刚柔航天器动力学模型由刚柔耦合方程及柔性帆板振动方程组成。基于航天器柔性帆板的固有频率及固有振型，采用动量矩守恒定理建立刚柔耦合方程，采用拉格朗日原理建立柔性帆板振动方程。

带柔性帆板的航天器示意图如图 2.6 所示，假设 c 为柔性结构上的任意一个单元，其位置可表示为

$$r_c = r_{Oc} + r_d \tag{2.33}$$

式中，柔性结构在静止状态下任意一点到航天器的质心的距离为 $r_{Oc} = r_{Oo} + r_{oc}$，假设柔性帆板与航天器机体坐标系 X 轴重合，航天器质心到柔性帆板与刚体连接处 o 点的距离为 $r_{Oo} = \begin{bmatrix} d_{Oo} & 0 & 0 \end{bmatrix}^T$，连接处 o 点到 c 点的距离 $r_{oc} = \begin{bmatrix} x & 0 & 0 \end{bmatrix}^T$，柔性帆板的结构位移为 $r_d = \begin{bmatrix} 0 & 0 & w \end{bmatrix}^T$，则 c 点的速度可以表示为

$$v_c = \dot{r}_c = \omega^\times r_{Oc} + \dot{r}_d \tag{2.34}$$

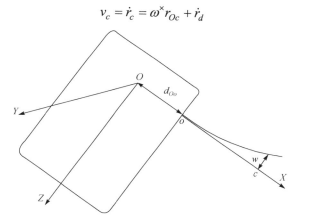

图 2.6　带柔性帆板的航天器示意图

柔性帆板的动量矩 H_c 可以表示为

$$H_c = m(x)\int_0^L r_c^\times \left(\omega^\times r_{Oc} + \dot{r}_d \right)\mathrm{d}x \tag{2.35}$$

考虑帆板的纵向对 x 积分为 0，故只对帆板横向进行积分运算，因此可得

$$\begin{aligned} H_c &= m(x)\int_0^L r_{Oc}^\times \left(\omega^\times r_{Oc} + \dot{r}_d \right)\mathrm{d}x \\ &= m(x)\int_0^L r_{Oc}^\times \dot{r}_d \mathrm{d}x - m(x)\int_0^L r_{Oc}^\times r_{Oc}^\times \mathrm{d}x \cdot \omega \\ &= m(x)\int_0^L r_{Oc}^\times \dot{r}_d \mathrm{d}x - m(x)\int_0^L \left(r_{Oc}^\mathrm{T} r_{Oc} I - r_{Oc} r_{Oc}^\mathrm{T} \right)\mathrm{d}x \cdot \omega \end{aligned} \tag{2.36}$$

式中，$r_c^\times$ 为 r_c 的斜对称矩阵；I 为单位矩阵；定义 $h_c = m(x)\int_0^L r_{oc}^\times \dot{r}_d \mathrm{d}x$，则式(2.36)

可以写为

$$H_c = h_c - m(x)\int_0^L \left(r_{oc}^{\mathrm{T}} r_{oc} I - r_{oc} r_{oc}^{\mathrm{T}} \right) \mathrm{d}x \cdot \omega \tag{2.37}$$

因此，结合柔性动量矩 H_c 与式(2.10)中航天器刚体动量矩 H_m，刚柔航天器系统的总体动量矩可以表示为

$$H_f = H_c + H_m = J_f \omega + h_c \tag{2.38}$$

式中，$J_f = J_m - m(x)\int_0^L \left(r_{oc}^{\mathrm{T}} r_{oc} I - r_{oc} r_{oc}^{\mathrm{T}} \right) \mathrm{d}x$ 为刚柔航天器的转动惯量。

由刚柔航天器系统的动量矩守恒定理，可得

$$J_f \dot{\omega} + \dot{h}_c = -\omega^\times H_f + u(t) \tag{2.39}$$

式中，$u(t)$ 为输入力矩，式(2.39)即刚柔航天器刚柔耦合方程。

采用拉格朗日原理建立柔性帆板振动方程。柔性帆板的动能可以表示为

$$T_c = \frac{1}{2} m(x)\int v_c^{\mathrm{T}} v_c \mathrm{d}V \tag{2.40}$$

将式(2.34)及式(2.19)代入式(2.40)中可得

$$
\begin{aligned}
T_c = \frac{1}{2} m(x)\int_0^L \Big[& \dot{w}^2 - 2(r_{Oo}+x)\omega_2 \dot{w} + (\omega_1^2 + \omega_2^2)w^2 \\
& -2(r_{Oo}+x)\omega_1\omega_3 w + (r_{Oo}+x)^2(\omega_2^2 + \omega_3^2) \Big] \mathrm{d}x
\end{aligned}
\tag{2.41}
$$

考虑航天器处于微重力环境及太阳光压小等因素，因此忽略航天器重力势能的影响与太阳光压引起的势能改变，只考虑柔性附件的应变能，柔性帆板的势能可以表示为

$$U_c = \frac{1}{2}\int_0^L EI w''^2 \mathrm{d}x \tag{2.42}$$

基于式(2.41)及式(2.42)，建立拉格朗日函数 $L_c = T_c - U_c$，应用拉格朗日定理可得

$$\frac{\mathrm{d}}{\mathrm{d}t}\left(\frac{\partial L_c}{\partial \dot{w}} \right) - \frac{\partial L_c}{\partial w} + \frac{\partial}{\partial x}\left(\frac{\partial L_c}{\partial w'} \right) - \frac{\partial}{\partial x^2}\left(\frac{\partial L_c}{\partial w''} \right) = W_c \tag{2.43}$$

式中，W_c 为柔性结构的阻尼力，表示为

$$W_c = -\int_0^L \varepsilon \dot{w} \mathrm{d}x \tag{2.44}$$

ε 为柔性帆板的阻尼系数。

综上，柔性帆板的振动方程可以表示为

$$-m(x)(r_{Oo}+x)\dot{\omega}_2+m(x)\ddot{w}+\varepsilon\dot{w}+EIw^{(4)}$$
$$+m(x)(\omega_1^2+\omega_2^2)w-m(x)(r_{Oo}+x)\omega_1\omega_3=0 \tag{2.45}$$

忽略上述方程的角速度二阶小量，可以写为

$$-m(x)(r_{Oo}+x)\dot{\omega}_2+m(x)\ddot{w}|_t+\varepsilon\dot{w}|_t+EIw^{(4)}|_x=0 \tag{2.46}$$

式(2.46)为柔性帆板振动方程。将位移表达式(2.19)中 $w(x,t)$ 代入式(2.46)，对方程两侧同时乘以 $\varphi_n(x)$ ，积分后整理可得

$$J_f\dot{\omega}+\delta_f^{\mathrm{T}}\ddot{\chi}=-\omega^{\times}\left(J_f\omega+\delta_f^{\mathrm{T}}\dot{\chi}\right)+u(t) \tag{2.47}$$

$$\delta_f\dot{\omega}+\ddot{\chi}+C_f\dot{\chi}+K_f\chi=0 \tag{2.48}$$

式中，$\delta_f=-\begin{bmatrix}0 & 0 & \cdots & 0\\ \xi_1 & \xi_2 & \cdots & \xi_m\\ 0 & 0 & \cdots & 0\end{bmatrix}^{\mathrm{T}}$ 为刚柔耦合矩阵，其中 $\xi_m=m(x)\int_0^L(r_{Oo}+x)\phi_m(x)\mathrm{d}x$

$(m=1,2,\cdots,n)$ ， n 为第 i 阶模态； $C_f=\mathrm{diag}\{2\varepsilon_i\Omega_i\}$ 为柔性帆板的柔性矩阵； $K_f=\mathrm{diag}\{\Omega_i^2\}$ 为柔性帆板的刚度矩阵； ε_i 为第 i 阶模态的阻尼比； Ω_i 为模态的固有频率。

至此，根据航天器刚体动力学模型以及柔性帆板的固有频率及固有振型，通过动量矩守恒定理以及拉格朗日原理建立了如式(2.47)和式(2.48)所示的刚柔航天器动力学模型，此动力学方程为后文太阳能帆板的主动振动控制提供了仿真研究的模型。后面将通过数值仿真确定耦合参数具体数值，为后续的控制器提供依据。

3. 模型参数确定

根据文献[5]中"东方红三号"卫星帆板数据，单块太阳能帆板长度为 $L_{\mathrm{wing}}=7.448\mathrm{m}$ ，太阳能帆板宽度为 $W_{\mathrm{wing}}=1.8\mathrm{m}$ ，太阳能帆板厚度为 $H_{\mathrm{wing}}=0.02\mathrm{m}$ ，太阳能帆板柔性模量 $E=1.93\mathrm{GPa}^{[5]}$ 。

由式(2.32)求得 β_iL_{wing} 的值如表 2.1 所示，因为航天器太阳能帆板 L_{wing} 已知，又由式(2.22)求解 Ω_i 值，即求得柔性帆板各阶固有频率。

表 2.1 柔性帆板各阶固有频率

阶数	1	2	3	4	5	6
β_iL_{wing}	1.8751	4.6941	7.8548	10.9955	14.1372	17.2788
β_i	0.2359	0.5906	0.9883	1.3834	1.7787	2.1740
Ω_i	0.1239	0.7766	2.1745	4.2610	7.0438	10.5223

阶数	7	8	9	10	11	12
$\beta_i L_{\text{wing}}$	20.4204	23.5619	26.7035	29.8451	32.9867	36.1283
β_i	2.5693	2.9645	3.3598	3.7550	4.1503	4.5456
Ω_i	14.6964	19.5660	25.1315	31.3926	38.3495	46.0020

将上述结果代入公式 $\alpha_n = \dfrac{\sinh(\beta_n L_{\text{wing}}) + \sin(\beta_n L_{\text{wing}})}{\cosh(\beta_n L_{\text{wing}}) + \sin(\beta_n L_{\text{wing}})}$ $(n=1,2,\cdots,12)$ ，可以求出各阶柔性模态的系数 α ，如表 2.2 所示。

表 2.2　各阶柔性模态的系数 α

阶数	1	2	3	4	5	6
α	0.9643	0.9988	1	1	1	1
阶数	7	8	9	10	11	12
α	1	1	1	1	1	1

由式(2.31)求出每一阶对应的 a ，如表 2.3 所示。

表 2.3　各阶柔性模态对应的 a

阶数	1	2	3	4	5	6
a	0.0705	0.0543	0.0532	0.0527	0.0524	0.0522
阶数	7	8	9	10	11	12
a	0.0521	0.0520	0.0519	0.0519	0.0519	0.0518

至此，1～12 阶固有振型函数可表示为

$$\phi_1(x) = 0.0705\left[\sin(\beta_1 x) - \sinh(\beta_1 x) - 0.9643\left(\cos(\beta_1 x) - \cosh(\beta_1 x)\right)\right] \tag{2.49}$$

$$\phi_2(x) = 0.0543\left[\sin(\beta_2 x) - \sinh(\beta_2 x) - 0.9988\left(\cos(\beta_2 x) - \cosh(\beta_2 x)\right)\right] \tag{2.50}$$

$$\phi_3(x) = 0.0532\left[\sin(\beta_3 x) - \sinh(\beta_3 x) - \left(\cos(\beta_3 x) - \cosh(\beta_3 x)\right)\right] \tag{2.51}$$

$$\phi_4(x) = 0.0527\left[\sin(\beta_4 x) - \sinh(\beta_4 x) - \left(\cos(\beta_4 x) - \cosh(\beta_4 x)\right)\right] \tag{2.52}$$

$$\phi_5(x) = 0.0524\left[\sin(\beta_5 x) - \sinh(\beta_5 x) - \left(\cos(\beta_5 x) - \cosh(\beta_5 x)\right)\right] \tag{2.53}$$

$$\phi_6(x) = 0.0522\left[\sin(\beta_6 x) - \sinh(\beta_6 x) - \left(\cos(\beta_6 x) - \cosh(\beta_6 x)\right)\right] \tag{2.54}$$

$$\phi_7(x) = 0.0521\Big[\sin(\beta_7 x) - \sinh(\beta_7 x) - \big(\cos(\beta_7 x) - \cosh(\beta_7 x)\big)\Big] \tag{2.55}$$

$$\phi_8(x) = 0.0520\Big[\sin(\beta_8 x) - \sinh(\beta_8 x) - \big(\cos(\beta_8 x) - \cosh(\beta_8 x)\big)\Big] \tag{2.56}$$

$$\phi_9(x) = 0.0519\Big[\sin(\beta_9 x) - \sinh(\beta_9 x) - \big(\cos(\beta_9 x) - \cosh(\beta_9 x)\big)\Big] \tag{2.57}$$

$$\phi_{10}(x) = 0.0519\Big[\sin(\beta_{10} x) - \sinh(\beta_{10} x) - \big(\cos(\beta_{10} x) - \cosh(\beta_{10} x)\big)\Big] \tag{2.58}$$

$$\phi_{11}(x) = 0.0519\Big[\sin(\beta_{11} x) - \sinh(\beta_{11} x) - \big(\cos(\beta_{11} x) - \cosh(\beta_{11} x)\big)\Big] \tag{2.59}$$

$$\phi_{12}(x) = 0.0518\Big[\sin(\beta_{12} x) - \sinh(\beta_{12} x) - \big(\cos(\beta_{12} x) - \cosh(\beta_{12} x)\big)\Big] \tag{2.60}$$

根据式(2.49)～式(2.60)画出每阶频率振型图，如图 2.7 所示。

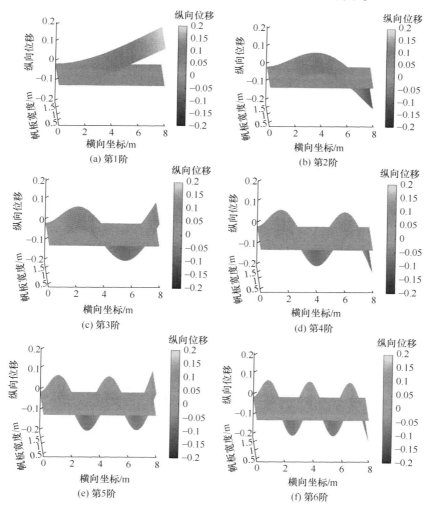

(a) 第1阶　　　　　　　　　(b) 第2阶

(c) 第3阶　　　　　　　　　(d) 第4阶

(e) 第5阶　　　　　　　　　(f) 第6阶

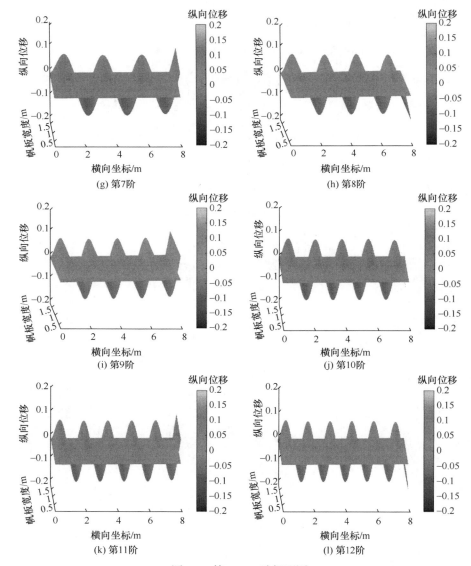

图 2.7　第 1～12 阶振型图

至此求得柔性帆板 1～12 阶柔性帆板固有频率及固有振型。图 2.7 为柔性帆板前 12 阶振型图,横坐标为柔性帆板的横向坐标,长度为 7.9m,纵坐标为帆板的纵向归一化后的位移,为无量纲量。将固有频率及固有振型代入式(2.45)及式 (2.46)即可得到模型中相应参数如下:

$$\xi=[28.4005, 8.7379, 5.1163, 3.6206, 2.7999, 2.2819, 1.9273, 1.6672, 1.4681,$$
$$1.3136, 1.1885, 2.0831]$$

$$C_f=\text{diag}\{0.0012, 0.0078, 0.0217, 0.0426, 0.0704, 0.1052, 0.1470, 0.1957,$$
$$0.2513, 0.3139, 0.3835, 0.4600\}$$
$$K_f=\text{diag}\{0.0154, 0.6031, 4.7283, 18.1561, 49.6154, 110.7178, 215.9834, 382.8288,$$
$$631.5912, 985.50, 1470.7, 2116.2\}$$

至此，求得了刚柔航天器动力学模型中帆板与刚体之间的耦合参数，为后文太阳能帆板的主动振动控制与航天器控制器设计提供数值依据。

2.2.3　刚液航天器动力学模型

航天器在执行长时间复杂的航天任务时，需要携带大量的发动机液体燃料。在航天器进行大角度快速机动时，储液箱中的液体容易发生剧烈晃动从而与航天器的姿态运动发生耦合作用，导致航天器的稳定性变差，甚至可能导致航天器的任务失败[6]。因此，为保证刚液航天器控制的高精度，需要分析刚液耦合作用，分析液体晃动方式，从而进行刚液航天器动力学建模[7]。

首先，将液体视为等效弹簧质量模型[8]，根据动量守恒定理，建立液体晃动动力学方程，进而利用动量矩守恒定理推导刚液航天器动力学模型，因等效弹簧质量模型并未考虑微重力因素，因此采用 CFD 方法模拟微重力环境下的液体晃动作用，对等效弹簧质量模型进行完善。

1. 基于等效弹簧的刚液航天器动力学建模

带有椭圆形储液箱的刚液航天器动力学模型如图 2.8 所示，选用椭球体为储液腔体，根据美国国家航空航天局关于运动储液箱体内液体晃动动力学报告[8]，建立液体燃料等效模型，将液体晃动等效为二阶弹簧质量模型并考虑其模态振动[9]，如图 2.9 所示。

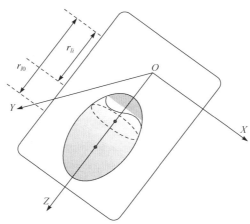

图 2.8　带有椭圆形储液箱的刚液航天器动力学模型

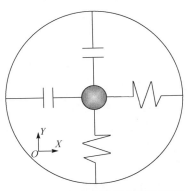

图 2.9　晃动的液体部分等效模型

航天器质心坐标为 O，储液箱内液体分为两个部分：第一部分为不参与晃动的液体，质量为 m_{l0}，其质心与航天器质心距离为 r_{l0}；第二部分为参与晃动的液体，各阶晃动模型参数为晃动质量 m_{li}、弹簧刚度 k_{li}、阻尼 c_{li}。平衡状态时各阶质量块与航天器质心的距离为 r_{zi}，晃动状态时各阶质量块与航天器质心的距离为 $r_{li} = \begin{bmatrix} \eta_i^{\mathrm{T}} & r_{zi} \end{bmatrix}^{\mathrm{T}}$、$\eta_i = \begin{bmatrix} \eta_{i1} & \eta_{i2} \end{bmatrix}^{\mathrm{T}}$，式中，$\eta_{i1}$ 为晃动质量沿着 OX 轴的晃动位移，η_{i2} 为晃动质量沿着 OY 轴的晃动位移，$i = 1,2$ 为液体等效过程中取前两阶晃动位移。

等效弹簧质量的动量 P_l 可以表示为

$$P_l = m_l \omega^\times r_l + \sum_{i=1}^{N} m_{li} \dot{\eta}_i \tag{2.61}$$

式中，m_l 为液体燃料的总质量；r_l 为液体燃料到质心的距离。

在旋转坐标系下，等效液体晃动的弹簧质量动量守恒，可得液体晃动动力学方程为

$$\sum_{i=1}^{N} (-m_{li} r_{li}^\times \dot{\omega} + m_{li} \ddot{\eta}_i + \omega^\times m_{li} r_{li}^\times \omega + c_{li} \dot{\eta}_i + k_{li} \eta_i) = 0 \tag{2.62}$$

根据等效弹簧质量的动量表达式(2.61)，等效弹簧质量的动量矩 H_s 可以表示为

$$H_s = J_s \omega + h_s \tag{2.63}$$

式中，$J_s = m_{l0}\left(r_{l0}^{\mathrm{T}} r_{l0} I - r_{l0} r_{l0}^{\mathrm{T}}\right) + \sum_{i=1}^{2} m_{li}\left(r_{li}^{\mathrm{T}} r_{li} I - r_{li} r_{li}^{\mathrm{T}}\right)$；$I$ 为单位矩阵；$h_s = \sum_{i=1}^{N} m_{li} r_{li}^\times \dot{\eta}_i$。

在旋转坐标系下，结合刚体航天器动力学方程(2.10)，根据动量矩守恒定理，充液航天器系统的动力学方程为

$$J_l \dot{\omega} + \sum_{i=1}^{N} m_{li} r_{li}^\times \ddot{\eta}_i = -\omega^\times \left(J_l \omega + \sum_{i=1}^{N} m_{li} r_{li}^\times \dot{\eta}_i \right) + u(t) \tag{2.64}$$

式中，$J_l = J_m + m_{l0}\left(r_{l0}^{\mathrm{T}} r_{l0} I - r_{l0} r_{l0}^{\mathrm{T}}\right) + \sum_{i=1}^{2} m_{li}\left(r_{li}^{\mathrm{T}} r_{li} I - r_{li} r_{li}^{\mathrm{T}}\right)$。

结合式(2.62)和式(2.64)，令 $\delta_l = -m_{li} r_{li}^{\times}$，$M_\eta = m_{li}$，$C_l = c_{li}$，$K_l = k_{li}$，省略式(2.62)二阶小量，可得

$$J_l \dot{\omega} + \delta_l^{\mathrm{T}} \ddot{\eta} = -\omega^{\times}\left(J_l \omega + \delta_l^{\mathrm{T}} \dot{\eta}\right) + u(t) \tag{2.65}$$

$$\delta_l^{\mathrm{T}} \dot{\omega} + M_\eta \ddot{\eta} + C_l \dot{\eta} + K_l \eta = 0 \tag{2.66}$$

式中，$\delta_l^{\mathrm{T}} = \begin{bmatrix} 0 & m_{l1} \cdot r_{z1} & 0 \\ -m_{l1} \cdot r_{z1} & 0 & 0 \\ 0 & m_{l2} \cdot r_{z2} & 0 \\ -m_{l2} \cdot r_{z2} & 0 & 0 \end{bmatrix}$ 为刚液耦合矩阵；$M_\eta = \begin{bmatrix} m_{l1} & m_{l1} & m_{l2} & m_{l2} \end{bmatrix}^{\mathrm{T}}$ 为晃动液体质量矩阵；$C_l = \begin{bmatrix} c_{i1} & c_{i1} & c_{i2} & c_{i2} \end{bmatrix}^{\mathrm{T}}$ 为晃动液体柔性矩阵；$K_l = \begin{bmatrix} k_{l1} & k_{l1} & k_{l2} & k_{l2} \end{bmatrix}^{\mathrm{T}}$ 为晃动液体刚度矩阵；η 为晃动液体模态值。

至此，通过力学等效方法建立了如式(2.65)和式(2.66)所示的刚液航天器动力学模型。航天器处于太空微重力环境中，等效弹簧方法无法直接模拟微重力下液体的晃动，且等效弹簧方法在模拟液体大幅快速晃动时，误差较大。因此，采用 CFD 方法分析微重力下液体的晃动情况，从而对等效弹簧建立的液体晃动模型进行完善。

2. 椭球体储液箱内液体流体力学分析

CFD 方法同样是研究液体晃动问题的常用方法之一，可以通过模拟微重力环境下的液体晃动，从而分析储液箱内流动参数的变化情况，较为深入地揭示携带的燃料对航天器姿态运动的影响。但 CFD 方法无法得到明确的航天器数学模型，难以开展后续控制工作，因此采用 CFD 方法对等效弹簧建立的液体晃动模型进行完善[10]。

在此采用 CFD 软件的流体体积函数(VOF)方法进行三维液体晃动仿真计算，得到椭球体储液箱内流动参数的变化规律，并进行深入分析，从而完善之前采用等效力学模型所得的液体晃动数学模型。CFD 仿真分析一般为以下三个步骤：①建立几何与流域的计算模型，将流体流动问题表示为表达式；②设置边界条件和初始条件并将储液箱进行网格划分；③仿真并处理得到结果。

1) 计算模型建立

采用基于有限体积法的 VOF 多相流模型模拟储液箱内液体晃动现象[11,12]。VOF 模型中，对第 i 相流体的体积分数记为 α_i，当 $\alpha_i = 0$ 时，储液箱内不包含第 i 相流体；当 $\alpha_i = 1$ 时，储液箱中充满第 i 相流体；当 $0 < \alpha_i < 1$ 时，则控制体处于相界面的位置，控制体中所有的体积分数之和等于1，对于航天器储液箱内液体分布情况来说，一般为气液两相流[13]：

$$\alpha_l + \alpha_g = 1 \tag{2.67}$$

式中，α_l 为液相体积分数；α_g 为气相体积分数。

VOF 方法的控制方程组如下。

(1) 连续性方程。

连续性方程，就是对储液箱中任一点来说，流向该节点的流量必须等于从该节点流出的流量，即

$$\nabla \cdot U = 0 \tag{2.68}$$

式中，U 为速度矢量；∇ 为散度符号。

(2) 动量方程：

$$\frac{\partial(\rho U)}{\partial t} + \nabla \cdot (\rho U \times U) = -\nabla p + \nabla \times (\mu \nabla \times U) + \rho g + F_{sv} \tag{2.69}$$

式中，ρ 为密度；μ 为黏度；g 为重力加速度；p 为压强；F_{sv} 为表面张力的体积力形式。

(3) 相函数方程。

在储液箱内，所有相体积分数综合为 1，求解相函数方程是根据不同相之间容积比率的连续方程计算得到的，即

$$\frac{\partial F}{\partial t} + (U \cdot \nabla)F = 0 \tag{2.70}$$

式中，F 为相函数，定义为液体燃料的体积与网格体积的比值。

由此，可以得到 VOF 模型中气液两相流动的密度和黏度为

$$\begin{cases} \rho = \rho_l F + (1-F)\rho_g \\ \mu = \mu_l F + (1-F)\mu_g \end{cases} \tag{2.71}$$

式中，ρ_g 为气相密度；ρ_l 为液相密度；μ_g 为气相黏度；μ_l 为液相黏度。

2) 设置边界条件和初始条件并将储液箱进行网格划分

给定储液箱 X、Y 轴方向直径为 1m，Z 轴方向直径为 1.5m。储液箱壁面处具有黏性阻尼，黏性阻尼是影响液体晃动的主要因素之一，并且数值计算中采用了壁面函数。对储液箱进行网格划分，如图 2.10 所示。

采用有限体积法对结构化网格进行空间离散，采用二阶全隐式格式进行时间离散。数值计算中采用标准 k-ε 湍流模型，近壁区采用标准壁面函数。充液液体为甲基肼(MMH)，流体的物理参数如表 2.4 所示。充液比为 50%，储液箱中气体为空气，压力为一个大气压，模型考虑表面张力的影响，储液箱所处重力环境为 $g = 0.2\text{m/s}^2$ [14]，液体在原点处绕 X 轴负方向运动(右手定则)。其角速度变化曲线

(a) 正视图　　　　　　　　　　　　(b) 俯视图

图 2.10　储液箱网格划分

如图 2.11 所示，变化规律如式(2.72)所示，假设航天器 24s 进行 60°的旋转：

$$\omega_2 = \begin{cases} 0.01309t, & t \leqslant 4 \\ 0.05236, & 4 < t \leqslant 20 \\ -0.01309t + 0.31416, & 20 < t \leqslant 24 \end{cases} \qquad (2.72)$$

表 2.4　流体的物理参数

流体	甲基肼(MMH)	空气
密度 /(kg/m³)	870	1.225
动力黏性系数 /(Pa·s)	7.8×10^{-4}	1.7894×10^{-5}
气液表面张力系数/ (N/m)	3.511×10^{-2}	—

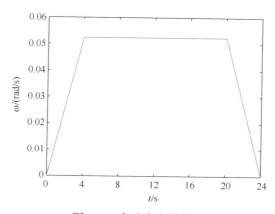

图 2.11　角速度变化曲线

3) 仿真并处理得到结果

(1) 湍流参数变化情况。

储液箱内液体晃动的湍动能和涡耗散变化情况如图 2.12 所示。

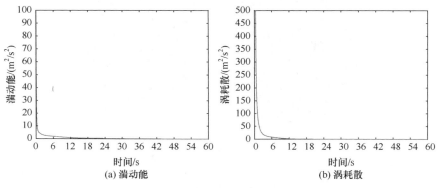

图 2.12　湍动能与涡耗散变化情况

从图 2.12 可以看出，当时间在 10s 之内时，湍流参数(包括湍动能和涡耗散)随着时间的推移急剧下降；当时间大于 10s 时，湍流参数随时间变化较小并且接近于零。

(2) 作用于储液箱的力矩(仿真 5 次，取 5 次的平均值)。

因为 CFD 分析液体晃动具有随机性，所以这里分别进行 5 次相同参数及初始条件的液体晃动仿真。储液箱内液体晃动造成储液箱 X 方向与 Y 方向平均力矩如图 2.13 所示，由图可知，液体在前 10s 内对储液箱的作用力矩较大，在 10s 之后，液体逐渐与储液箱共同运动并且绕储液箱壁均匀流动，从而对储液箱的力矩逐渐减小。

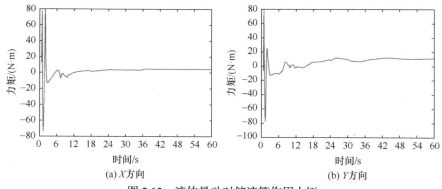

图 2.13　液体晃动对储液箱作用力矩

不同时刻在 $X=0$ 平面剖面的液体晃动形态如图 2.14 所示。从图 2.14 中可以看出，当时间小于 10s 时，液体晃动剧烈，对储液箱壁产生较大的冲击作用，当时间大于 10s 时，液体绕储液箱壁近似均匀流动，从而对储液箱壁产生的冲击作用较小，当时间大于 40s 时，液体慢慢下沉于储液箱底部。

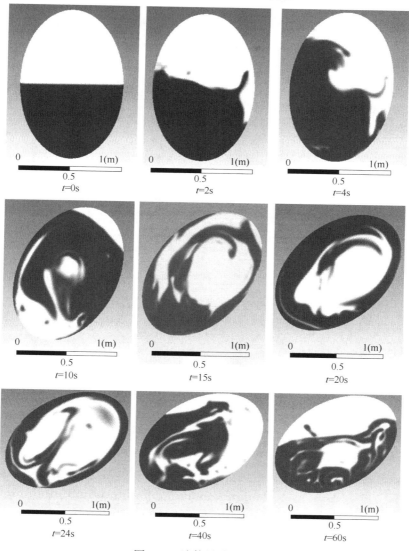

图 2.14　液体晃动形态图

3. 等效力学方法的液体晃动模型完善

在航天器进行大角度快速姿态机动时，采用等效力学方法建立的液体晃动模型不能完全表达液体晃动的规律，而单纯通过 CFD 方法可以模拟微重力环境下的液体晃动，但无法建立相关数学模型，难以进行控制器设计。因此，基于等效弹簧的刚液航天器动力学模型,依据 CFD 分析软件获得的液体晃动力矩参数结果对等效弹簧方法建立的液体晃动模型进行补充, 以获得更贴近晃动规律的液体晃动数学模型。

根据式(2.72)中的角速度变化曲线,计算角加速度 $\dot{\omega}$, 并代入式(2.66)中, 采用 MATLAB 中的 Simulink 模块进行数值仿真,从而求得液体晃动位移 η 。将 η 代入式(2.65)中,从而获得采用等效力学方法建立的液体晃动模型对 $\dot{\omega}$ 产生的影响。

依据 CFD 仿真分析结果,将液体晃动对储液箱产生的力矩代入式(2.73), 由 CFD 方法获得液体晃动模型对 $\dot{\omega}$ 产生的影响,进而比较两种方法对角加速度 $\dot{\omega}$ 产生的影响的差异。

$$J_l\dot{\omega} = -\omega^{\times}J_l\omega + M_{\text{CFD}} \tag{2.73}$$

式(2.73)中, M_{CFD} 为 CFD 仿真获得的力矩,通过仿真获得两种角加速度随时间变化的差值。因角加速度差值变化过程较为随机,无法进行有效的函数拟合,因此对差值进行快速傅里叶变换处理,求取其主要影响频率,将差值的最大振幅拟合成一个正弦函数,进而计算补充液体晃动力矩 M_l 。

基于等效弹簧方法求得的刚液动力学模型(2.65),通过加入 CFD 数值仿真获得补充液体晃动力矩 M_l ,进而获得带有补充项的刚液航天器动力学模型, 如式(2.74)所示:

$$J_l\dot{\omega} + \delta_l^{\text{T}}\ddot{\eta} = -\omega^{\times}\left(J_l\omega + \delta_l^{\text{T}}\dot{\eta}\right) + u(t) + M_l \tag{2.74}$$

式中, M_l 为液体晃动补充力矩。至此,式(2.74)为后文刚液航天器观测器及控制器设计提供了模型依据。

2.2.4　刚-柔-液复杂航天器动力学模型

现代大型航天器结构越来越复杂,不仅装配了大型的柔性帆板,还会储存大量液体燃料,从而提高其在轨寿命。不管是柔性帆板的振动还是液体燃料的晃动,都会影响航天器刚体姿态的变化,从而导致另一种介质的振动或晃动,产生刚-柔-液三者之间的相互耦合。因此,建立复杂航天器动力学模型对控制器的设计至关重要。

复杂航天器动力学模型是描述刚-柔-液复杂航天器角速度矢量的变化率与航天器所受合力矩的关系。根据前面建立的刚柔航天器动力学模型和刚液航天器动力学模型,同时考虑柔性帆板振动和液体晃动对刚体耦合的影响,本节采用动量矩守恒定理,建立复杂航天器动力学模型。

1. 刚-柔-液复杂航天器动力学建模

刚-柔-液复杂航天器模型简化模型如图 2.15 所示,模型参数与刚柔航天器动力学模型、刚液航天器动力学模型一致。

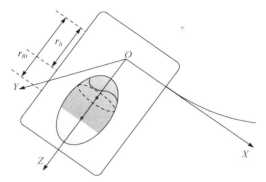

图 2.15　刚-柔-液复杂航天器简化模型

根据刚柔航天器、刚液航天器动力学模型，刚-柔-液复杂航天器动量矩可以表示为

$$H = H_m + H_c + H_s = J\omega + h_c + h_s \tag{2.75}$$

式中，$J = J_m - m(x)\int_0^L \left(r_{oc}^T r_{oc} I - r_{oc} r_{oc}^T\right)\mathrm{d}x + m_{l0}\left(r_{l0}^T r_{l0} I - r_{l0} r_{l0}^T\right) + \sum_{i=1}^2 m_{li}\left(r_{li}^T r_{li} I - r_{li} r_{li}^T\right)$ 为复杂航天器转动惯量。

根据系统总动量矩守恒可得

$$J\dot{\omega} = H^\times \omega - \dot{h}_s - \dot{h}_p \tag{2.76}$$

将式(2.47)、式(2.48)与式(2.66)、式(2.74)代入式(2.76)可得

$$J\dot{\omega} + \delta_f^T \ddot{\chi} + \delta_l^T \ddot{\eta} = -\omega^\times \left(J\omega + \delta_f^T \dot{\chi} + \delta_l^T \dot{\eta}\right) + u(t) + M_l \tag{2.77}$$

$$\delta_f \dot{\omega} + \ddot{\chi} + C_f \dot{\chi} + K_f \chi = 0 \tag{2.78}$$

$$\delta_l \dot{\omega} + M_\eta \ddot{\eta} + C_l \dot{\eta} + K_l \eta = 0 \tag{2.79}$$

式中，$\delta_f = -\begin{bmatrix} 0 & \xi & 0 \end{bmatrix}$ 为刚柔耦合矩阵；$C_f = \mathrm{diag}\{2\varepsilon_i \Omega_i\}$ 为柔性帆板的柔性矩阵；$K_f = \mathrm{diag}\{\Omega_i^2\}$ 为柔性帆板的刚度矩阵；ε_i 为第 i 阶模态的阻尼比；Ω_i 为模态的振动频率；$\delta_l^T = \begin{bmatrix} 0 & m_{l1}\cdot r_{z1} & 0 \\ -m_{l1}\cdot r_{z1} & 0 & 0 \\ 0 & m_{l2}\cdot r_{z2} & 0 \\ -m_{l2}\cdot r_{z2} & 0 & 0 \end{bmatrix}$ 为刚液耦合矩阵；$M_\eta = \begin{bmatrix} m_{l1} & m_{l1} & m_{l2} & m_{l2} \end{bmatrix}^T$ 为晃动液体质量矩阵；$C_l = \begin{bmatrix} c_{i1} & c_{i1} & c_{i2} & c_{i2} \end{bmatrix}^T$ 为晃动液体柔性矩阵；$K_l = \begin{bmatrix} k_{l1} & k_{l1} \end{bmatrix}$

$k_{l2} \quad k_{l2}]^{\mathrm{T}}$ 为晃动液体刚度矩阵；η 为晃动液体模态值；M_l 为液体晃动补充力矩。

2. 模型参数确定

假设航天器剩余 60kg 推进剂液体，不参与晃动的液体质量为 m_{l0}=50.92kg，前二阶晃动液体质量为 $m_{l1} = 20$kg，$m_{l2} = 0.8$kg，晃动液体质心与航天器的质心 Z 方向距离为 r_{z1}=1.127m，r_{z2}=0.994m，二阶晃动液体弹簧刚度为 $k_{l1} = 55.21$N/m，$k_{l2} = 7.27$N/m，二阶晃动液体阻尼为 c_{i1}=3.334N·s/m，c_{i2}=0.237N·s/m。将上述数值代入式(2.65)和式(2.66)中，结合 2.3.3 节求得的刚柔耦合参数，复杂航天器模型参数如下：

$$\delta_l = \begin{bmatrix} 0 & 22.54 & 0 \\ -22.54 & 0 & 0 \\ 0 & 0.7952 & 0 \\ -0.7952 & 0 & 0 \end{bmatrix}, \quad \delta_f = -\begin{bmatrix} 0 \\ \xi \\ 0 \end{bmatrix}^{\mathrm{T}}$$

ξ=[28.4005, 8.7379, 5.1163, 3.6206, 2.7999, 2.2819, 1.9273, 1.6672, 1.4681,

     1.3136, 1.1885, 2.0831]

M_η=diag$\{50.92, 50.92, 0.8, 0.8\}$

$$M_l = \begin{bmatrix} 7.4\sin 0.1825t \\ 9.76\sin 0.2868t \\ 0 \end{bmatrix}$$

C_l=diag$\{3.334, 3.334, 0.237, 0.237\}$

K_l=diag$\{55.21, 55.21, 7.27, 7.27\}$

C_f=diag$\{0.0012, 0.0078, 0.0217, 0.0426, 0.0704, 0.1052, 0.1470, 0.1957,$

        $0.2513, 0.3139, 0.3835, 0.4600\}$

K_f=diag$\{0.0154, 0.6031, 4.7283, 18.1561, 49.6154, 110.7178, 215.9834,$

        $382.8288, 631.5912, 985.50, 1470.7, 2116.2\}$

至此，求得了刚-柔-液复杂航天器动力学模型并计算了方程中的刚柔耦合参数及刚液耦合参数，为后文的柔性帆板振动的主动控制、液体晃动观测器的设计以及复杂航天器控制器的设计提供了依据。

2.3 小 结

复杂航天器的数学模型是研究基础，对复杂航天器的控制器设计问题起着至关重要的作用。本章描述了三种不同形式的复杂航天器运动学模型，并分别建立了刚柔航天器、刚液航天器、刚-柔-液复杂航天器动力学模型，结合某个特定卫星的尺寸，获得了柔性帆板的模态参数、液体晃动模态参数、刚柔及刚液耦合参数，为一般复杂航天器的模型建立提供了有效的方法，为后续控制器设计奠定了基础。

<h1 align="center">参 考 文 献</h1>

[1] 吴雨瑶. 基于修正型罗德里格参数模型的挠性航天器姿态控制. 哈尔滨: 哈尔滨工业大学博士学位论文, 2018.

[2] 邵士凯. 小型航天器及其编队有限时间姿态控制方法研究. 天津: 天津大学博士学位论文, 2017.

[3] 李东旭. 挠性航天器结构动力学. 北京: 科学出版社, 2010.

[4] 许芳芳. 卫星太阳能帆板的动力特性分析. 哈尔滨: 哈尔滨工程大学博士学位论文, 2014.

[5] 范本尧, 曹志先. 东方红三号通信广播卫星. 中国航天, 1997, (7): 5-9.

[6] Gasbarri P, Sabatini M, Pisculli A. Dynamic modelling and stability parametric analysis of a flexible spacecraft with fuel slosh. Acta Astronautica, 2016, 127: 141-159.

[7] 邓明乐, 岳宝增, 唐勇. 含液体燃料大幅晃动的航天器动力学与控制研究. 北京力学会第二十二届学术年会, 北京, 2016: 408-409.

[8] Abramson H N. The Dynamic Behavior of Liquids in Moving Containers. NASA SP-106. Washington: NASA Special Publication, 1966.

[9] 宋晓娟. 液体多模态晃动柔性航天器姿态机动复合控制研究. 北京: 北京理工大学博士学位论文, 2015.

[10] 唐飞, 李永, 耿永兵, 等. 球形贮箱内液体晃动流动现象分析. 全国第十八届空间及运动体控制技术学术会议, 西安, 2018: 1-9.

[11] 王为, 李俊峰, 王天舒. 航天器贮箱内液体晃动阻尼研究(一): 理论分析. 宇航学报, 2005, (6): 687-692.

[12] 王为, 李俊峰, 王天舒. 航天器贮箱内液体晃动阻尼研究(二): 数值计算. 宇航学报, 2006, (2): 177-180.

[13] Ibrahim R A, Pilipchuk V N, Ikeda T. Recent advances in liquid sloshing dynamics. Applied Mechanics Reviews, 2001, 54(2): 133-199.

[14] 杨旦旦. 微重力液体晃动及充液柔性航天器姿态动力学与控制研究. 北京: 北京理工大学博士学位论文, 2012.

第 3 章 复杂航天器姿态稳定控制

复杂航天器在姿态稳定过程中,对姿态稳定的快速性、高精度有很高的要求。当带有液体燃料的航天器进行姿态稳定控制时,会引起液体燃料晃动,同时会受到柔性帆板振动耦合影响,从而影响姿态稳定的快速性与控制精度。因此,在姿态稳定过程中,通过控制策略实现柔性振动与液体晃动影响下高精度姿态控制是需要研究的重点问题。本章针对复杂航天器在柔性振动与液体晃动影响下的姿态稳定问题,考虑外界干扰的影响,首先研究基于输入成形器的柔性振动抑制方法,减小柔性振动对高精度姿态控制的影响,并在此基础上设计自适应滑模控制器,实现高精度姿态控制。进一步,考虑到输入成形器是一种前馈滤波器,会导致姿态跟踪时间增加,为解决该问题,本章研究基于阻尼反馈项的方法,实现复杂航天器柔性振动抑制与姿态控制。

本章的主要内容安排如下:3.1 节对输入成形器方法进行概述;3.2 节完成基于输入成形器的姿态稳定控制器设计;3.3 节基于干扰观测器与阻尼反馈,设计姿态稳定控制器,实现复杂航天器柔性振动抑制与姿态稳定控制;3.4 节给出本章小结。

3.1 输入成形器方法概述

本节对输入成形器的基本原理进行相关概述,并介绍几种典型的输入成形器。

3.1.1 输入成形器基本原理

输入成形器是一种消除振动的前馈滤波器,由 Smith 在 1957 年首次提出[1],是指具有一定作用幅值及作用时间的脉冲序列,通过作用至柔性振动系统,改变控制输入的形状和作用位置点,保证每个脉冲产生的振动响应能够相互抵消,达到抑制柔性振动的目的。

输入成形器作用原理示意图如图 3.1 所示,其中,A_1 与 A_2 为输入成形器包含的两个脉冲,图 3.1(a)为 A_1 作用下的振动响应,图 3.1(b)为 A_2 作用下的振动响应,图 3.1(c)为两个振动叠加后的响应,两个响应大小相等,方向相反,故能够相互抵消,达到抑制振动的目的。因此,输入成形器的关键问题为设计所包含脉冲的幅值大小及作用时间,保证几个脉冲作用到系统后产生的响应能够相互抵消。为设计输入成形器的脉冲幅值及作用时间,需要建立一系列约束方程进行严格求解。

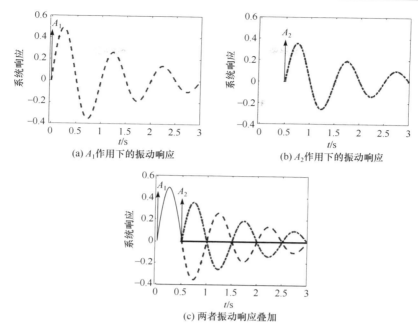

(a) A_1作用下的振动响应　　　　　　(b) A_2作用下的振动响应

(c) 两者振动响应叠加

图 3.1　输入成形器作用原理示意图

针对如下二阶振荡系统:

$$G(s) = \frac{\Omega_0^2}{s^2 + 2\xi\,\Omega_0 s + \Omega_0^2} \tag{3.1}$$

式中, $\Omega_0(>0)$ 为系统固有频率; $\xi(0 < \xi < 1)$ 为系统阻尼。

在加入单个脉冲后, 二阶振荡系统振动响应表达式为

$$y(t) = A\frac{\Omega_0}{\sqrt{1-\xi^2}}\mathrm{e}^{-\xi\Omega_0(t-t_0)}\sin\left(\Omega_0\sqrt{1-\xi^2}\,(t-t_0)\right) \tag{3.2}$$

式中, A 为脉冲振动幅值; t 为时间; t_0 为脉冲作用时间。

加入 n 个脉冲序列后, 二阶振荡系统振动响应表达式为

$$y(t) = \sum_{i=1}^{n}\left[\frac{A_i\Omega_0}{\sqrt{1-\xi^2}}\mathrm{e}^{-\xi\Omega_0(t-t_i)}\right]\sin\left(\Omega_0\sqrt{1-\xi^2}\,(t-t_i)\right) \tag{3.3}$$

由三角恒等式

$$\sum_{i=1}^{n}A_i\sin\left(\Omega_0 t+\phi_i\right) = \sqrt{\left(\sum_{i=1}^{n}A_i\cos\phi_i\right)^2+\left(\sum_{i=1}^{n}A_i\sin\phi_i\right)^2}\sin\left(\Omega_0 t+\psi\right)$$

则式(3.3)可化简为

$$y(t) = \frac{\Omega_0}{\sqrt{1-\xi^2}} e^{-\xi\Omega_0 t_n} \sqrt{\left(\sum_{i=1}^{n} A_i e^{-\xi\Omega_0(t_2-t_i)} \cos\left(t_i\Omega_0\sqrt{1-\xi^2}\right)\right)^2 + \left(\sum_{i=1}^{n} A_i e^{-\xi\Omega_0(t_2-t_i)} \sin\left(t_i\Omega_0\sqrt{1-\xi^2}\right)\right)^2}$$

(3.4)

式中，A_i 为第 i 个脉冲序列的振动幅值；t_i 为第 i 个脉冲序列的作用时间。下面基于式(3.4)建立约束方程，根据固有频率与阻尼，求解输入成形器脉冲幅值大小及作用时间，保证产生的振动能够相互抵消。

首先，设计输入成形器的最终目的为加入脉冲后的系统总振动响应为零，即 $y(t) = 0$，故建立以下约束方程：

$$\sum_{i=1}^{n} A_i e^{-\xi\Omega_0(t_2-t_i)} \cos\left(t_i\Omega_0\sqrt{1-\xi^2}\right) = 0$$
$$\sum_{i=1}^{n} A_i e^{-\xi\Omega_0(t_2-t_i)} \sin\left(t_i\Omega_0\sqrt{1-\xi^2}\right) = 0$$

(3.5)

然后，为了减小输入成形器带来的时间延迟，需要在初始时刻就加入第一个脉冲作用，即

$$t_1 = 0$$

(3.6)

最后，由于输入成形器是一种滤波器，加入输入成形器是为获得更加平缓的参考指令，并没有改变参考指令幅值，故基于此，建立如下条件：

$$\sum_{i=1}^{n} A_i = 1$$

(3.7)

式(3.5)～式(3.7)构成了求解输入成形器脉冲序列的约束方程。根据固有频率与阻尼，求解上述方程，可得脉冲序列幅值与作用时间，即输入成形器的脉冲序列。当输入成形器脉冲序列作用时间与幅值不同时，输入成形器鲁棒性不同，以下分别介绍几种典型的输入成形器。

3.1.2 几种典型的输入成形器

典型的输入成形器主要包含零振动(zero vibration，ZV)输入成形器[1]、零振动导数(zero vibration and derivative，ZVD)输入成形器[2]、极不灵敏(extra-insensitive，EI)输入成形器[3]和给定敏感性(specified insensitivity，SI)输入成形器[4]，以下分别介绍各种输入成形器的基本概念及特点。

1. ZV 输入成形器

ZV 输入成形器是最基础的输入成形器，包含两个脉冲，其中脉冲序列的幅值分别为 A_1、A_2，作用时间为 t_1 和 t_2，脉冲序列的幅值与作用时间由系统固有频

率与阻尼确定。基于 3.1.1 节一般输入成形器脉冲序列的求解过程，下面给出 ZV 输入成形器脉冲序列的约束条件。

首先，为实现加入脉冲后的系统总振动响应为零的目标，即 $y(t) = 0$，故建立以下约束方程：

$$\sum_{i=1}^{2} A_i e^{-\xi \Omega_0 (t_2 - t_i)} \sin\left(t_i \Omega_0 \sqrt{1-\xi^2}\right) = 0$$
$$\sum_{i=1}^{2} A_i e^{-\xi \Omega_0 (t_2 - t_i)} \cos\left(t_i \Omega_0 \sqrt{1-\xi^2}\right) = 0 \tag{3.8}$$

然后，为消除脉冲时间转换造成的延迟，需要在初始时刻就加入第一个脉冲作用，即

$$t_1 = 0 \tag{3.9}$$

最后，由于输入成形器是一种滤波器，加入 ZV 输入成形器的两个脉冲是为获得更加平缓的参考指令，并没有改变参考指令幅值，故基于此，建立如下条件：

$$A_1 + A_2 = 1 \tag{3.10}$$

求解方程(3.8)～(3.10)，限定全部增益为正，得到 ZV 输入成形器表达式为

$$\begin{bmatrix} A_i \\ t_i \end{bmatrix} = \begin{bmatrix} \dfrac{1}{1+K} & \dfrac{K}{1+K} \\ 0 & 0.5T_d \end{bmatrix} \tag{3.11}$$

式中，$K = e^{\frac{-\xi \pi}{\sqrt{1-\xi^2}}}$；$T_d = \dfrac{\pi}{\Omega_0 \sqrt{1-\xi^2}}$。

由式(3.8)可知，在加入 ZV 输入成形器(3.11)后，系统总振动响应为零。但是，在实际振动系统中，系统实际频率与固有频率存在偏差，而由式(3.11)可得，ZV 输入成形器是由固有频率 Ω_0 与阻尼 ξ 获得的，故在实际频率与固有频率存在偏差时加入 ZV 输入成形器后不能完全抑制系统振动。为分析输入成形器对柔性振动的抑制效果，一般选取输入成形器敏感性曲线，如图 3.2 所示。在输入成形器敏感性曲线中，横坐标为实际频率与固有频率之比，纵坐标为加入输入成形器后振动与不加输入成形器的振动之比(残余振动比)。一般地，当残余振动比小于 5%时，该输入成形器有效[3]，对应的实际频率与固有频率之比的变化范围为输入成形器的鲁棒范围，该鲁棒范围上下限的差值定义为输入成形器的鲁棒度。

图 3.2 给出了在固有频率 $\Omega_n = 20\pi$ 与阻尼 $\xi = 0.1$ 时[5]，ZV 输入成形器敏感性曲线。由图 3.2 可知，当实际频率等于固有频率时，加入 ZV 输入成形器(3.11)时，振动响应为零。当实际频率等于 0.97～1.03 倍固有频率时，加入 ZV 输入成形器，振动响应的残余振动比小于 5%，该输入成形器有效，对应的鲁棒度为 0.06。由

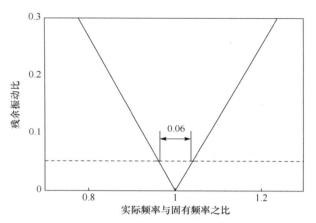

图 3.2　ZV 输入成形器敏感性曲线

式(3.11)可知，该输入成形器作用时间为 $0.5T_d$ ，作用时间较短。但是由输入成形器敏感性曲线可知，ZV 输入成形器鲁棒性较差，为解决该问题，给出以下输入成形器。

2. ZVD 输入成形器

为增强输入成形器的鲁棒性，ZVD 输入成形器在传统 ZV 输入成形器的基础上，通过增加系统响应对频率导数为零的约束，即当系统频率发生变化时，系统振动不敏感，提高输入成形器对系统频率变化的鲁棒性。当增加该约束条件时，两个脉冲不能满足上述约束条件，此时增加一个脉冲，故 ZVD 输入成形器共包含 3 个脉冲。下面给出脉冲序列求解时应满足的约束条件。

首先，为实现加入脉冲序列后振动响应为零，即 $y(t)=0$ ，建立以下约束方程：

$$\sum_{i=1}^{3} A_i e^{-\xi\Omega_0(t_3-t_i)}\sin\left(t_i\Omega_0\sqrt{1-\xi^2}\right)=0$$
$$\sum_{i=1}^{3} A_i e^{-\xi\Omega_0(t_3-t_i)}\cos\left(t_i\Omega_0\sqrt{1-\xi^2}\right)=0 \tag{3.12}$$

然后，为增强输入成形器的鲁棒性，加入响应对频率的导数为零的约束条件，对应以下约束方程：

$$\sum_{i=1}^{3} A_i t_i e^{-\xi\Omega_0(t_3-t_i)}\sin\left(t_i\Omega_0\sqrt{1-\xi^2}\right)=0$$
$$\sum_{i=1}^{3} A_i t_i e^{-\xi\Omega_0(t_3-t_i)}\cos\left(t_i\Omega_0\sqrt{1-\xi^2}\right)=0 \tag{3.13}$$

接着，为减小输入成形器带来的时间延迟，需要在初始时刻就加入第一个脉冲作用，即

$$t_1 = 0 \tag{3.14}$$

最后，为实现加入输入成形器后不能影响姿态稳定的任务需求，同式(3.10)建立如下条件：

$$A_1 + A_2 + A_3 = 1 \tag{3.15}$$

基于以上描述，建立式(3.12)～式(3.15)的约束方程，利用柔性振动模态的固有频率 Ω_0 与阻尼 ξ，通过求解上述约束方程，即可获得 ZVD 输入成形器的脉冲序列为

$$\begin{bmatrix} A_i \\ t_i \end{bmatrix} = \begin{bmatrix} \dfrac{1}{1+2K+K^2} & \dfrac{2K}{1+2K+K^2} & \dfrac{K^2}{1+2K+K^2} \\ 0 & 0.5T_d & T_d \end{bmatrix} \tag{3.16}$$

式中，$K = \mathrm{e}^{\frac{-\xi\pi}{\sqrt{1-\xi^2}}}$；$T_d = \dfrac{\pi}{\Omega_0\sqrt{1-\xi^2}}$。

为了分析 ZVD 输入成形器的鲁棒性，同样给出如图 3.3 所示的输入成形器敏感性曲线。图 3.3 给出了在固有频率 $\Omega_0 = 20\pi$ 与阻尼 $\xi = 0.1$ 时[5]，ZVD 输入成形器敏感性曲线。由图 3.3 可知，当实际频率等于固有频率时，加入 ZVD 输入成形器(3.16)时，振动响应为零。当实际频率等于 0.855～1.145 倍固有频率时，加入 ZVD 输入成形器后的振动响应的残余振动比小于 5%时，该输入成形器有效，对应的鲁棒度为0.29，与图 3.2 所示的 ZV 输入成形器相比，ZVD 输入成形器鲁棒性更强。同时，由式(3.11)与式(3.16)可知，ZVD 输入成形器作用时间为 ZV 输入成形器的 2 倍。

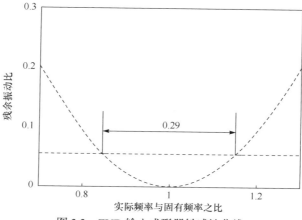

图 3.3　ZVD 输入成形器敏感性曲线

由此可见，ZVD 输入成形器比 ZV 输入成形器鲁棒性更强，但作用时间同样也更长，两者各有优缺点，需根据实际需求进行选择。类似地，若在 ZVD 输入成形器基础上继续增加系统响应对频率导数的阶数，则可以得到鲁棒性更强的输入成形器，但会大大增加作用时间，导致系统响应变慢。因此，为了进一步提高输入成形器的作用性能，提出一种新型的 EI 输入成形器[3]，其可以保证与 ZVD 输入成形器作用时间相同，但鲁棒性较之更强，下面给出 EI 输入成形器原理及特点的详细介绍。

3. EI 输入成形器

为进一步增强输入成形器鲁棒性，同时保证不增加输入成形器作用时间，提出 EI 输入成形器。该输入成形器将固有频率等于真实频率时振动为零的约束，改为固有频率等于真实频率时振动为较小值[3]，实现鲁棒性增强。EI 输入成形器包含三个脉冲，与 ZVD 输入成形器作用时间相同。与 ZVD 输入成形器相比，去掉了振动响应关于频率的导数为零的约束条件，增加了在实际频率为 Ω_1（$\Omega_1 < \Omega_0$）与 Ω_2（$\Omega_0 < \Omega_2$）时振动为零的约束条件，即

$$\begin{cases} \sum_{i=1}^{3} A_i e^{-\xi\Omega_1 t_i} \sin(t_i\Omega_1) = 0 \\ \sum_{i=1}^{3} A_i e^{-\xi\Omega_1 t_i} \cos(t_i\Omega_1) = 0 \\ \sum_{i=1}^{3} A_i e^{-\xi\Omega_2 t_i} \sin(t_i\Omega_2) = 0 \\ \sum_{i=1}^{3} A_i e^{-\xi\Omega_2 t_i} \cos(t_i\Omega_2) = 0 \end{cases} \tag{3.17}$$

与 ZVD 输入成形器类似，为了减小输入成形器带来的时间延迟，需要在初始时刻就加入第一个脉冲作用。同时，考虑到除抑制振动需求，航天器系统还需完成指定的姿态变化任务，而输入成形器的加入不能影响姿态稳定的任务需求，故基于此，建立如下条件：

$$\begin{cases} A_1 + A_2 + A_3 = 1 \\ t_1 = 0 \end{cases} \tag{3.18}$$

基于以上描述，建立式(3.17)和式(3.18)的约束方程，利用各阶柔性振动模态的固有频率及阻尼信息，通过求解该约束方程，即可获得输入成形器的表达形式为

$$\begin{bmatrix} A_i \\ t_i \end{bmatrix} = \begin{bmatrix} \dfrac{1+V_{tol}}{4} & \dfrac{1-V_{tol}}{2} & \dfrac{1+V_{tol}}{4} \\ 0 & 0.5T_d & T_d \end{bmatrix} \tag{3.19}$$

式中，$T_d = \pi / \left(\Omega_0 \sqrt{1 - \xi^2} \right)$ 为无阻尼振动的周期；V_{tol} 为允许的相对残余振动值。

为了分析 EI 输入成形器的鲁棒性，同样给出如图 3.4 所示的输入成形器敏感性曲线。图 3.4 给出了在固有频率 $\Omega_n = 20\pi$ 与阻尼 $\xi = 0.1$ 情况下，EI 输入成形器敏感性曲线。由图 3.4 可知，当实际频率等于 80% 与 1.2 倍固有频率，加入 EI 输入成形器(3.19)时，振动响应的残余振动比小于 5%，该输入成形器有效，对应的鲁棒度为 0.4，与图 3.3 所示的 ZVD 输入成形器相比，EI 输入成形器鲁棒性更强。由式(3.16)与式(3.19)可知，该输入成形器作用时间为 T_d，作用时间与 ZVD 输入成形器相同。

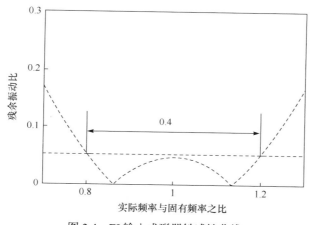

图 3.4　EI 输入成形器敏感性曲线

上述三种输入成形器的设计目标是设计作用时间短、鲁棒性强，然而鲁棒范围由系统的固有频率与阻尼决定。为设计给定的鲁棒范围与作用时间的输入成形器，给出以下输入成形器。

4. SI 输入成形器

SI 输入成形器的基本原理是给定输入成形器的鲁棒范围与作用时间，根据该约束条件与振动方程，求解输入成形器的脉冲序列。SI 输入成形器不同鲁棒范围的敏感性曲线如图 3.5 所示，其脉冲序列的求解方法主要分为两种：第一种方法通过逼近求解输入成形器的脉冲序列，在加入输入成形器后的振动比不加输入成形器的振动比较小(一般取为小于 5%[4])的约束条件下，通过最优化的方法，得到输入成形器的脉冲序列。第二种方法为直接求解输入成形器的脉冲序列。

图 3.5 给出了两条残余振动比小于 5% 的曲线与一条残余振动比为 10% 的曲线。由图可知，不对称的 SI 曲线中，实际频率大于固有频率的鲁棒范围是实际频率小于固有频率鲁棒范围的 5 倍，因此当实际频率大于固有频率时，SI 输入成形器

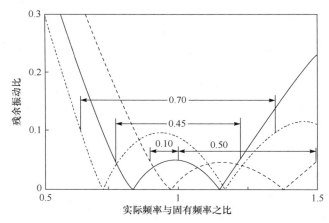

图 3.5　SI 输入成形器不同鲁棒范围的敏感性曲线

更有效。SI 输入成形器的优点是设计输入成形器之前，可以任意给定输入成形器的鲁棒范围与作用时间。另一个优点是，该输入成形器是不对称的，在实际频率大于固有频率时，鲁棒性较强。SI 输入成形器的缺点是与上述三种输入成形器相比，脉冲序列没有具体的表达形式，计算复杂，且不易于实现。

　　针对以上几种典型输入成形器的介绍，下面就各输入成形器的作用时间及鲁棒性展开相关总结。最简单的输入成形器为 ZV 输入成形器，该输入成形器作用时间短，但是鲁棒性差。为提高输入成形器的鲁棒性，通过加入振动导数为零的约束，设计鲁棒性较强的 ZVD 输入成形器。该输入成形器鲁棒性比 ZV 输入成形器强，但同时增加了输入成形器作用时间。进一步，给出 EI 输入成形器，该输入成形器通过加入当实际频率等于固有频率时柔性振动为较小值的约束，可以保证在与 ZVD 输入成形器作用时间相同的基础上提高输入成形器的鲁棒性。最后，为了获取限定鲁棒性与作用时间的输入成形器，给出 SI 输入成形器。该输入成形器根据给定的作用时间与鲁棒性，通过逼近或最优化的方法计算输入成形器脉冲序列的幅值与作用时间。但是该方法计算复杂，不易于实现。

3.2　基于输入成形器的姿态稳定控制器设计

　　考虑复杂航天器的特点，以姿态快速稳定为目标，研究柔性附件振动和液体燃料晃动抑制策略，以实现复杂航天器的姿态高精度快速稳定控制。复杂航天器姿态稳定控制框图如图 3.6 所示。

　　基于复杂航天器运动学及动力学模型，综合考虑柔性振动、液体晃动与外界干扰影响下的姿态稳定问题，首先，通过设计新型的快速鲁棒(fast and robust，FR)

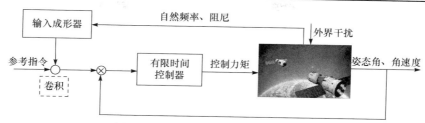

图 3.6　复杂航天器姿态稳定控制框图

输入成形器，实现航天器在较短时间内柔性振动的快速抑制；然后，设计自适应多变量终端滑模控制器，实现收敛时间更快、精度更高的控制器性能；最后，利用 Lyapunov 理论证明输入成形器-有限时间控制器综合影响下的系统稳定性，实现晃动及振动影响下航天器姿态的高精度快速稳定。

3.2.1　FR 输入成形器设计

由 3.1.2 节可知，输入成形器有以下优点：①输入成形器可以抑制由二阶振荡系统带来的柔性振动；②输入成形器的设计不依赖于系统的机动过程，由系统的固有频率与阻尼决定；③已有多种鲁棒输入成形器可以解决系统参数不确定的问题。为了进一步获得时间更短、鲁棒性更强的输入成形器，本节设计一种新型的输入成形器形式——FR 输入成形器，下面给出其基本原理及设计过程。

FR 输入成形器由 ZV 输入成形器与受到干扰的 ZV 输入成形器卷积得到。以下给出 FR 输入成形器具体设计过程。

ZV 输入成形器的拉普拉斯域表达式如下：

$$F_0(s) = A_1 + A_2 e^{-\tau_d s} \tag{3.20}$$

式中，$A_1 = \dfrac{1}{1+K}$；$A_2 = \dfrac{K}{1+K}$；$\tau_d = \dfrac{\pi}{\Omega_0 \sqrt{1-\xi^2}}$；$K = e^{-\pi\xi/\sqrt{1-\xi^2}}$。该式代表在零时刻的脉冲幅值为 A_1，在 τ_d 时刻的脉冲幅值为 A_2。

ZV 输入成形器与受到干扰的 ZV 输入成形器的拉普拉斯域表达式如下：

$$\begin{cases} F_1(s) = A_1 + A_2 e^{-\tau_d s} \\ F_2(s) = A_1 + A_2 e^{-\tau_d s/(1+\varepsilon)} \end{cases} \tag{3.21}$$

式中，$\varepsilon > 0$。

FR 输入成形器在拉普拉斯域表达式如下：

$$F_{12}(s) = F_1(s) \cdot F_2(s) = A_1^2 + A_1 A_2 e^{-\tau_d s} + A_1 A_2 e^{-\tau_d s/(1+\varepsilon)} + A_2^2 e^{-\tau_d s\left(1+\frac{1}{1+\varepsilon}\right)} \tag{3.22}$$

该输入成形器的脉冲序列如下：

$$\begin{bmatrix} A_i \\ t_i \end{bmatrix} = \begin{bmatrix} \dfrac{1}{1+2K+K^2} & \dfrac{K}{1+2K+K^2} & \dfrac{K}{1+2K+K^2} & \dfrac{K^2}{1+2K+K^2} \\ 0 & 0.5T_d/(1+\varepsilon) & 0.5T_d & 0.5T_d\left[1+1/(1+\varepsilon)\right] \end{bmatrix} \quad (3.23)$$

式中，$\varepsilon = 0.9981 \times 2\sqrt{V_{\text{tol}}}/\sigma$，$\sigma = \pi A_2/\sqrt{1-\xi^2}$，$V_{\text{tol}} \leqslant 0.05$。由式(3.16)和式(3.23)可知，该脉冲序列的作用时间比 ZVD 输入成形器作用时间减少了 $0.5T_d\big[1-1/(1+\varepsilon)\big]$，且在振动频率等于固有频率时，可以保证系统振动为零。ε 由振动抑制需求程度决定，下面给出其取值范围的计算过程。

针对柔性振动系统(3.4)，定义 $V(\tilde{\Omega}_0)$ 为系统残余振动比[6]，即加入 FR 与未加 FR 的振动幅值之比，$V(\tilde{\Omega}_0)$ 越小，表明振动抑制效果越好，其表达式为

$$\begin{aligned} V(\tilde{\Omega}_0) &= \mathrm{e}^{-\xi\Omega_0 t_4}\left(\left[\sum_{i=1}^{4} A_i \mathrm{Re}\left\{\mathrm{e}^{\Omega_0 t_i(\xi+\mathrm{j}\sqrt{1-\xi^2})}\right\}\right]^2 + \left[\sum_{i=1}^{4} A_i \mathrm{Im}\left\{\mathrm{e}^{\Omega_0 t_i(\xi+\mathrm{j}\sqrt{1-\xi^2})}\right\}\right]^2\right)^{1/2} \\ &= \mathrm{e}^{-\xi\Omega_0 t_4}\left|\sum_{i=1}^{4} A_i \mathrm{e}^{\Omega_0 t_i(\xi+\mathrm{j}\sqrt{1-\xi^2})}\right| \\ &= \mathrm{e}^{-\xi\Omega_n t_4}\left|F_1(s_p\tilde{\Omega}_0)\cdot F_2(s_p\tilde{\Omega}_0)\right| \\ &= K^{2\tilde{\Omega}_n/(1+\varepsilon)}\left|F_{12}(s_p\tilde{\Omega}_0)\right| \end{aligned} \quad (3.24)$$

式中，$\tilde{\Omega}_0 = \Omega_0/\Omega_n$，$\Omega_n$ 为实际振动频率；$s_p = -\xi\Omega_n - \mathrm{j}\Omega_n\sqrt{1-\xi^2}$ 为函数 $f(s) = s^2 + 2\xi\Omega_n s + \Omega_n^2 = (s-s_p)(s-\overline{s}_p)$ 的零点，$\overline{s}_p$ 为 s_p 的共轭；$K = \left|\mathrm{e}^{t_d s_p}\right|$；$F_1(s_p\tilde{\Omega}_0) = A_1 + A_2\mathrm{e}^{-\tau_d s_p\tilde{\Omega}_0}$；$F_2(s_p\tilde{\Omega}_0) = A_1 + A_2\mathrm{e}^{-\tau_d s_p\tilde{\Omega}_0/(1+\varepsilon)}$。

考虑到

$$\begin{aligned} F_1(s_p\tilde{\Omega}_0) &= A_1 + A_2\mathrm{e}^{-t_d s_p\left(1+\frac{\varepsilon}{2}\right)} \\ &= A_2\mathrm{e}^{-t_d s_p}\left(-1+\mathrm{e}^{-t_d s_p\frac{\varepsilon}{2}}\right) \\ &= -t_d s_p\frac{\varepsilon}{2}A_2\mathrm{e}^{-t_d s_p} + \Theta(\varepsilon^2) \end{aligned} \quad (3.25)$$

类似可得

$$F_2(s_p\tilde{\Omega}_0) = t_d s_p\frac{\varepsilon}{2}A_2\mathrm{e}^{-t_d s_p} + \Theta(\varepsilon^2) \quad (3.26)$$

将式(3.25)和式(3.26)代入式(3.24)可得

$$V(\tilde{\Omega}_0) = K^2 A_2^2 \frac{1}{K^2} \left(\pi \Big/ \sqrt{1-\xi^2}\right)^2 \left(\frac{\varepsilon}{2}\right)^2 + \Theta(\varepsilon^2)$$

$$= \left(\sigma \frac{\varepsilon}{2}\right)^2 + \Theta(\varepsilon^2) \tag{3.27}$$

式中，$\sigma = \pi A_2 \Big/ \sqrt{1-\xi^2}$。定义 V_{tol} 为所要求的最大残余振动比，当 $V_{tol} \leqslant \phi$ $(\phi > 0)$ 时，由式(3.27)可得 ε 的范围为

$$\varepsilon \leqslant 0.9981 \times 2\sqrt{\phi} / \sigma \tag{3.28}$$

　　由式(3.23)可知，ε 越大，输入成形器作用时间越短，但 V_{tol} 的值会越大，即振动抑制效果越差；ε 越小，V_{tol} 的值会越小，振动抑制效果越好，但输入成形器作用时间越长。当 $\varepsilon = 0$ 时，FR 输入成形器为 ZVD 输入成形器。由图 3.7 可知，当实际频率等于 94% 与 1.44 倍固有频率，加入 FR 输入成形器(3.23)时，振动响应的残余振动比小于 5%，该输入成形器有效，对应的鲁棒度为 0.5。

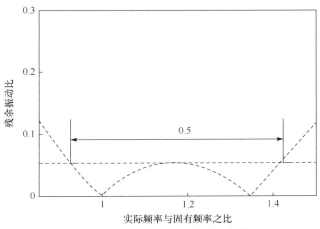

图 3.7　FR 输入成形器敏感性曲线

　　为了分析各种输入成形器的优缺点，给出如表 3.1 所示的各种输入成形器作用时间与鲁棒性对比。由表 3.1 可知，ZV 输入成形器作用时间最短，但是在残余振动抑制小于 5% 时，对实际频率等于固有频率的 97% 与 1.03 倍时有效，鲁棒度较小，鲁棒性最差；ZVD 输入成形器的作用时间是 ZV 输入成形器作用时间的 2 倍，鲁棒度为 0.29，鲁棒性较强；EI 输入成形器作用时间与 ZVD 输入成形器作用时间相同，鲁棒度为 0.40，但是增加了当实际频率等于固有频率时振动不为零的约束条件；FR 输入成形器的作用时间比 ZVD 输入成形器与 EI 输入成形器作用时间短，同时鲁棒度为 0.50，比 ZVD 输入成形器与 EI 输入成形器鲁棒性强。

表 3.1　各种输入成形器作用时间与鲁棒性对比

输入成形器类型	脉冲个数	脉冲序列	作用时间	鲁棒度
ZV	2	$\begin{bmatrix} A_i \\ t_i \end{bmatrix} = \begin{bmatrix} \dfrac{1}{1+K} & \dfrac{K}{1+K} \\ 0 & 0.5T_d \end{bmatrix}$	$0.5T_d$	0.06
ZVD	3	$\begin{bmatrix} A_i \\ t_i \end{bmatrix} = \begin{bmatrix} \dfrac{1}{1+2K+K^2} & \dfrac{2K}{1+2K+K^2} & \dfrac{K^2}{1+2K+K^2} \\ 0 & 0.5T_d & T_d \end{bmatrix}$	T_d	0.29
EI	3	$\begin{bmatrix} A_i \\ t_i \end{bmatrix} = \begin{bmatrix} \dfrac{1+V_{tol}}{4} & \dfrac{1-V_{tol}}{2} & \dfrac{1+V_{tol}}{4} \\ 0 & 0.5T_d & T_d \end{bmatrix}$	T_d	0.40
FR	4	$\begin{bmatrix} A_i \\ t_i \end{bmatrix} = \begin{bmatrix} \dfrac{1}{1+2K+K^2} & \dfrac{K}{1+2K+K^2} \\ 0 & 0.5T_d/(1+\varepsilon) \\ \dfrac{K}{1+2K+K^2} & \dfrac{K^2}{1+2K+K^2} \\ 0.5T_d & 0.5T_d[1+1/(1+\varepsilon)] \end{bmatrix}$	$0.5T_d[1+1/(1+\varepsilon)]$	0.50

3.2.2　姿态稳定控制器设计

本节针对复杂航天器模型，考虑 3.2.1 节 FR 输入成形器作用后的残余振动、液体晃动及外界干扰在内的综合干扰影响，进行姿态稳定控制器设计。

根据式(2.67)~式(2.69)所建的复杂航天器模型，得到运动学方程表达式为

$$\begin{cases} \dot{q}_v = \dfrac{1}{2}\left(q_0 I_3 + q_v^{\times}\right)\omega \\ \dot{q}_0 = -\dfrac{1}{2}q_v^{\mathrm{T}}\omega \end{cases} \tag{3.29}$$

复杂航天器动力学方程、柔性振动方法与液体晃动方程表达式为

$$\begin{aligned} &J\dot{\omega} + \delta_f^{\mathrm{T}}\ddot{\chi} + \delta_l^{\mathrm{T}}\ddot{\eta} = -\omega^{\times}\left(J\omega + \delta_f^{\mathrm{T}}\dot{\chi} + \delta_l^{\mathrm{T}}\dot{\eta}\right) + u + d \\ &\delta_f\dot{\omega} + \ddot{\chi} + C_f\dot{\chi} + K_f\chi = 0 \\ &\delta_l\dot{\omega} + M_\eta\ddot{\eta} + C_l\dot{\eta} + K_l\eta = 0 \end{aligned} \tag{3.30}$$

式中，$J = J_0 + \Delta J \in \mathbf{R}^{3\times3}$ 为复杂航天器转动惯量矩阵，J_0 为转动惯量的非奇异标称值，ΔJ 为转动惯量不确定；$d \in \mathbf{R}^3$ 为外界干扰力矩。

假设 3.1[7,8]　考虑到柔性振动有阻尼影响，假设机动过程中柔性振动模态 $\|\chi_i\|$ 及其导数 $\|\dot{\chi}_i\|$、$\|\ddot{\chi}_i\|$ 是有界的。此外，假设航天器所受到的外界干扰 d 及其

导数 $\dot{d}$ 是有界的，则存在常数 γ、L_1 与 L_2 使得 $\|d\|^2 \leqslant \gamma$，$\|d\| < L_1$，$\|\dot{d}\| < L_2$，其中，γ、L_1、L_2(均大于零)为未知常数。

引理 3.1[9]　假设 $V(x)$ 是定义在 $U \in \mathbf{R}^n$ 上的 C^1 光滑正定函数，若存在 $\alpha \in (0,1)$ 和 $\lambda \in \mathbf{R}^+$，使得 $\dot{V}(x) + \lambda V^\alpha(x) \leqslant 0$ 成立，则存在区域 $U_0 \in \mathbf{R}^n$，使 $\forall x_0 \in U_0$，$V(x)$ 都能在有限时间内达到 $V(x) = 0$，且到达时间满足

$$T_r \leqslant \frac{V^{1-\alpha}(x_0)}{\lambda(1-\alpha)}$$

式中，$V(x_0)$ 是 $V(x)$ 的初值；x_0 是初始状态。

引理 3.2[10]　对于任意连续可微的正定函数 $V(x)$，若存在参数 $\lambda_1 > 0$、$\lambda_2 > 0$、$0 < \alpha < 1$ 满足不等式 $\dot{V}(x) + \lambda_1 V(x) + \lambda_2 V^\alpha(x) \leqslant 0$，则系统状态能够在有限时间内稳定至原点，且到达时间满足

$$T_{\text{reach}} \leqslant \frac{1}{\lambda_1(1-\alpha)} \ln \frac{\lambda_1 V^{1-\alpha}(x_0) + \lambda_2}{\lambda_2}$$

式中，$V(x_0)$ 为 $V(x)$ 的初值。

依据复杂航天器动力学模型(3.30)，本部分进行有限时间姿态跟踪控制器的设计，为此需要简化复杂航天器动力学模型：

$$J_0\dot{\omega} = -\omega^\times J_0\omega + u + \Delta \tag{3.31}$$

式中，综合不确定 $\Delta = -\Delta J\dot{\omega} - \omega^\times \Delta J\omega - \delta_f^{\mathrm{T}}\ddot{\chi} - \delta_l^{\mathrm{T}}\ddot{\eta} - \omega^\times(\delta_f^{\mathrm{T}}\dot{\chi} + \delta_f^{\mathrm{T}}\eta) + d$ 包括 FR 输入成形器作用后的残余振动、液体晃动及外界干扰在内的综合干扰。由假设 3.1 可知，Δ 是有界的，即存在常数 γ 使得 $\|\Delta\| < \gamma$。

根据刚体航天器模型，设计如下终端滑模面[11]：

$$s = \omega + k\beta(q_v) \tag{3.32}$$

式中，$s = [s_1\ s_2\ s_3]^{\mathrm{T}} \in \mathbf{R}^3$；$\beta(q_v) = \left[\beta(q_1)\ \beta(q_2)\ \beta(q_3)\right]^{\mathrm{T}} \in \mathbf{R}^3$，$k > 0$。

$$\beta(q_v) = \begin{cases} \mathrm{sig}^r(q_v), & s = 0 \text{ 或 } \bar{s} \neq 0, \|q_v\| > \varepsilon' \\ a_{11}q_v + a_{12}\mathrm{sig}^2(q_v), & \bar{s} \neq 0, \|q_v\| \leqslant \varepsilon' \end{cases} \tag{3.33}$$

式中，$\bar{s} = \omega + k\mathrm{sig}^r(q_v)$；$\mathrm{sig}^r(q_v) = \|q_v\|^r(q_v/\|q_v\|)$；$0 < r < 1$；$a_{11} = (2-r)(\varepsilon')^{r-1}$；$a_{12} = (r-1)(\varepsilon')^{r-2}$；$\varepsilon' > 0$ 为正常数。

针对复杂航天器姿态稳定问题，基于终端滑模面(3.32)，设计如下自适应连续终端滑模控制器：

$$u = \omega^{\times} J_0 \omega - \sigma_1 s - \sigma_2 \text{sig}^{7/10}(s) - \frac{s}{2\varepsilon^2}\hat{\gamma} - \sigma_3 \frac{s}{4p\|s\|^2}\hat{\gamma}^{7/5} \tag{3.34}$$

式中，自适应律 $\hat{\gamma}$ 为

$$\dot{\hat{\gamma}} = -\sigma_3 \hat{\gamma} + p\frac{\|s\|^2}{2\varepsilon^2} \tag{3.35}$$

$\sigma_1 > 0$、$\sigma_2 > 0$、$\sigma_3 > 0$、$p > 0$、$\varepsilon > 0$ 为正常数。

定理 3.1　针对复杂航天器模型(3.29)和(3.31)，在假设 3.1 成立的条件下，设计自适应终端滑模控制器(3.34)与自适应律(3.35)，则可保证终端滑模面 s、姿态四元数 q 及角速度 ω 在有限时间内分别收敛到邻域 o_s、o_q 与 o_w，其中，$o_s = \max(o_1, o_2)$，$o_q = \max\left(\varepsilon_0, \sqrt[r]{\dfrac{o}{k}}\right)$，$o_w = o_s + ko_q^r$，$o_1 = \min\left(\left(\dfrac{\delta_2}{\sigma_1}\right)^{1/2}, \left(\dfrac{\delta_2}{\sigma_2}\right)^{17/10}\right)$，$o_2 = \max\left(o, \sqrt{\dfrac{\delta_1}{\sigma_1}}\right)$，$\delta_1 = \dfrac{\varepsilon^2}{2} + \dfrac{\sigma_3 \gamma^2}{2p}$，$\delta_2 = \delta_1 + \dfrac{\sigma_3}{4p}$，$k(>0)$ 与 $o(>0)$ 为较小的正常数。

证明　整个证明分两部分：首先证明滑模面在控制器作用下在有限时间内收敛到邻域，然后证明在到达滑模面后，姿态稳定在邻域，则定理 3.1 得证。

(1) 构造如下 Lyapunov 函数：

$$V_{31} = \frac{1}{2}s^{\mathrm{T}} J_0 s + \frac{1}{2}\tilde{\gamma}^2 \tag{3.36}$$

式中，$\tilde{\gamma} = \gamma - \hat{\gamma}$。由式(3.36)可知，$V_{31}$ 是一个连续正定的径向无界的函数，对式 (3.36)求导可得

$$
\begin{aligned}
\dot{V}_{31} &= s^{\mathrm{T}} J_0 \dot{s} - \frac{1}{p}\tilde{\gamma}\dot{\hat{\gamma}} \\
&= s^{\mathrm{T}}\left[h(t) + u + \Delta\right] - \tilde{\gamma}\left(\frac{\|s\|^2}{2\varepsilon^2} - \frac{\sigma_3}{p}\hat{\gamma}\right) \\
&= s^{\mathrm{T}}\left[-\sigma_1 s - \sigma_2 \text{sig}^{7/10}(s) - \frac{\hat{\gamma}s}{2\varepsilon^2} - \frac{\sigma_3 \hat{\gamma}^{7/5}s}{4p\|s\|^2} + \Delta\right] - \tilde{\gamma}\left(\frac{\|s\|^2}{2\varepsilon^2} - \frac{\sigma_3}{p}\hat{\gamma}\right) \\
&\leqslant -\sigma_1 \|s\|^2 - \sigma_2 \|s\|^{17/10} - \frac{\hat{\gamma}\|s\|^2}{2\varepsilon^2} + \|s\|\cdot\|\Delta\| - \frac{\sigma_3 \hat{\gamma}^{7/5}}{4p} - \frac{\tilde{\gamma}\|s\|^2}{2\varepsilon^2} + \frac{\sigma_3}{p}\tilde{\gamma}\hat{\gamma}
\end{aligned}
\tag{3.37}
$$

由于 $\|\Delta\|^2 \leqslant \gamma$，所以

$$\|s\| \cdot \|\varDelta\| \leqslant \gamma \|s\|^2 / (2\varepsilon^2) + \varepsilon^2 / 2$$

$$
\begin{aligned}
\dot{V}_{31} &\leqslant -\sigma_1 \|s\|^2 - \sigma_2 \|s\|^{17/10} - \frac{\hat{\gamma}\|s\|^2}{2\varepsilon^2} + \frac{\gamma\|s\|^2}{2\varepsilon^2} + \frac{\varepsilon^2}{2} \\
&\quad - \frac{\sigma_3 \hat{\gamma}^{7/5}}{4p} - \frac{\tilde{\gamma}\|s\|^2}{2\varepsilon^2} + \frac{\sigma_3}{p}\tilde{\gamma}(\gamma - \hat{\gamma}) \\
&\leqslant -\sigma_1 \|s\|^2 - \sigma_2 \|s\|^{17/10} + \frac{\varepsilon^2}{2} - \frac{\sigma_3 \hat{\gamma}^{7/5}}{4p} + \frac{\sigma_3}{p}(\tilde{\gamma}\gamma - \tilde{\gamma}^2) \\
&\leqslant -\sigma_1 \|s\|^2 - \sigma_2 \|s\|^{17/10} - \frac{\sigma_3 \hat{\gamma}^{7/5}}{4p} - \frac{\sigma_3 \tilde{\gamma}^2}{2p} + \delta_1
\end{aligned}
\tag{3.38}
$$

情形 1　当 $|\tilde{\gamma}| \geqslant 1$ 时，式(3.38)可整理为

$$
\begin{aligned}
\dot{V}_{31} &\leqslant -\sigma_1 \|s\|^2 - \sigma_2 \|s\|^{17/10} - \frac{\sigma_3 \tilde{\gamma}^2}{4p} - \frac{\sigma_3 \tilde{\gamma}^{17/10}}{4p} + \delta_1 \\
&\leqslant -\eta_1 V_{31} - \eta_2 V_{31}^{17/20} + \delta_2
\end{aligned}
\tag{3.39}
$$

式中，$\eta_1 = \min\left(\dfrac{2\sigma_1}{J_{\max}}, \dfrac{\sigma_3}{2}\right)$，$\eta_2 = \min\left(\sigma_2 \left(\dfrac{2}{J_{\max}}\right)^{17/20}, \dfrac{\sigma_3}{2^{23/20} p^{3/20}}\right)$。

情形 2　当 $|\tilde{\gamma}| < 1$ 时，式(3.38)可整理为

$$
\begin{aligned}
\dot{V}_{31} &\leqslant -\sigma_1 \|s\|^2 - \sigma_2 \|s\|^{17/10} - \frac{\sigma_3 \tilde{\gamma}^2}{4p} - \frac{\sigma_3 |\tilde{\gamma}|^{17/10}}{4p} + \delta_2 \\
&\leqslant -\eta_1 V_{31} - \eta_2 V_{31}^{17/20} + \delta_2
\end{aligned}
\tag{3.40}
$$

根据情形 1 与情形 2 可知，基于引理 3.2，在有限时间内，滑模面 s 收敛到邻域 o_s。

(2) 针对滑模面，构造下列 Lyapunov 函数：

$$\overline{V}_{31} = \frac{1}{2}\left[q_v^{\mathrm{T}} q_v + (1 - q_0)^2\right] \tag{3.41}$$

对式(3.41)求导可得

$$\dot{\overline{V}}_{31} = -\dot{q}_0 = \frac{1}{2} q_v^{\mathrm{T}} \omega \tag{3.42}$$

当 $\|q_v\| \geqslant \alpha$ 时，有

$$\omega + k q_v^r = \rho, \quad \|\rho\| \leqslant o_s \tag{3.43}$$

式中，o_s 为滑模面的收敛邻域。式(3.43)可以写为 $\omega + [k - (q_v^{-r})^{\mathrm{T}} \rho] q_v^r = 0$。

定义 $k' = k - (q_v^{-r})^{\mathrm{T}} \rho$，则

$$\omega = -k'q_v \tag{3.44}$$

将式(3.44)代入式(3.42)可得

$$\begin{aligned}
\dot{V}_{31} &= \frac{1}{2}q_v^{\mathrm{T}}(-k'q_v^r) \\
&= -\frac{1}{2}k'(q_v^{\mathrm{T}}q_v)^{(r+1)/2} \\
&\leqslant -\frac{1}{2}k'\bar{V}_{31}^{(r+1)/2}
\end{aligned} \tag{3.45}$$

基于引理 3.1，在有限时间内，姿态四元数跟踪误差收敛到邻域 o_q，角速度跟踪误差收敛到邻域 o_w。定理 3.1 得证。

3.2.3　仿真分析

在 MATLAB/Simulink 环境中，针对刚柔航天器姿态柔性振动与稳定控制问题，应用提出的 FR 输入成形器与自适应滑模控制器，验证该控制方法的有效性。

1. 仿真条件

复杂航天器真实的转动惯量及其标称值分别为

$$J = \begin{bmatrix} 350 & 6 & 7 \\ 5 & 270 & 3 \\ 4 & 6 & 190 \end{bmatrix} \mathrm{kg \cdot m^2}, \quad J_0 = \begin{bmatrix} 350 & 0 & 0 \\ 0 & 270 & 0 \\ 0 & 0 & 190 \end{bmatrix} \mathrm{kg \cdot m^2}$$

在仿真中，复杂航天器前两阶振动模态的频率分别为 $\Omega_1 = 0.7681\mathrm{rad/s}$、$\Omega_2 = 1.1038\mathrm{rad/s}$，阻尼分别为 $\xi_1 = 0.0056$、$\xi_2 = 0.0086$，外界干扰力矩采用正弦函数形式给定，具体如下：

$$d = \begin{bmatrix} 0.6\sin(0.4t) & 0.5\cos(0.5t) & 0.8\cos(0.7t) \end{bmatrix}^{\mathrm{T}} \mathrm{N \cdot m}$$

航天器期望姿态四元数为 $q_d(0) = \begin{bmatrix} 1 & 0 & 0 & 0 \end{bmatrix}^{\mathrm{T}}$，期望角速度为 $\omega_d = \begin{bmatrix} 0.1 & 0 & 0 \end{bmatrix}^{\mathrm{T}}\mathrm{rad/s}$。本体初始姿态四元数和初始角速度分别为 $q(0) = \begin{bmatrix} 0.8832 & 0.3 & -0.2 & -0.3 \end{bmatrix}^{\mathrm{T}}$，$\omega(0) = \begin{bmatrix} 0 & 0 & 0 \end{bmatrix}^{\mathrm{T}}\mathrm{rad/s}$。

根据式(3.23)，可得 FR 输入成形器的脉冲序列为

$$\begin{bmatrix} A_i \\ t_i \end{bmatrix}_{\mathrm{FR}} = \begin{bmatrix} 0.2544 & 0.25 & 0.25 & 0.2456 \\ 0 & 3.72 & 4.09 & 7.81 \end{bmatrix}$$

控制器参数为 $p = 10$，$r = 0.5$，$\sigma_1 = 200$，$\sigma_2 = 20$，$\sigma_3 = 2$，$\varepsilon = 0.1$，$\gamma(0) = 0$。

2. 仿真结果

本部分首先给出航天器对应的 FR 输入成形器，该输入成形器与参考指令卷积，形成了一个新的参考指令，当跟踪这个新的参考指令时，可以产生较小的振动。然后，将非奇异终端滑模控制器应用于姿态跟踪控制并进行了仿真。

图 3.8 给出了在没有输入成形器的情况下，在加入自适应滑模控制方案后，航天器的四元数与角速度跟踪误差。由图 3.8 的跟踪误差曲线可知，本节提出的终端滑模控制器可以在有限时间内实现参考指令跟踪。

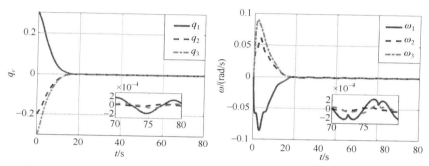

图 3.8　不加 FR 输入成形器的情况下航天器的四元数与角速度跟踪误差

图 3.9～图 3.11 给出了不加 FR 输入成形器情况下的滑模面、自适应律和控制力矩曲线。由图 3.9 可知，在不加 FR 输入成形器情况下，滑模面在有限时间内收敛到一个邻域。由图 3.10 可知，控制增益随自适应算法的变化而变化，避免了控制参数的过估计。然而，由图 3.11 可知，提出的自适应滑模控制器可以在有限时

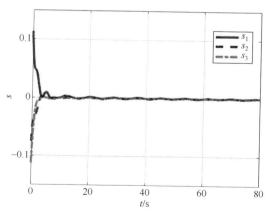

图 3.9　不加 FR 输入成形器滑模面

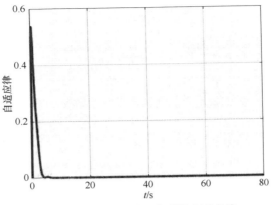

图 3.10　不加 FR 输入成形器自适应律

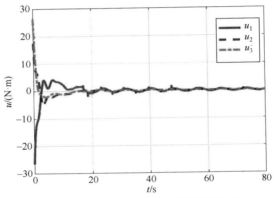

图 3.11　不加 FR 输入成形器控制力矩

间内实现姿态稳定，但是柔性振动仍然存在，该振动会减弱姿态跟踪精度。为解决该问题，下面给出应用输入成形器的方法实现柔性振动抑制与高精度姿态稳定控制。

图 3.12 给出了加入 FR 输入成形器的四元数与角速度曲线。结果表明，该控制器能在有限时间内保证姿态稳定，同时当柔性振动得到抑制时，控制精度从 10^{-4} 提高到了 10^{-5}。

图 3.13～图 3.15 分别给出了加入 FR 输入成形器后的滑模面、自适应律和控制力矩曲线。由图 3.13 可知，在加入 FR 输入成形器后，滑模面在有限时间内收敛到一个邻域。由图 3.14 可知，控制增益随自适应算法的变化而变化，避免了控制参数的过估计。由图 3.15 可知，当加入 FR 输入成形器与设计控制器时，可以实现有限时间姿态稳定。

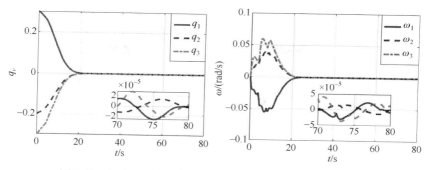

图 3.12 加入 FR 输入成形器后航天器四元数与角速度曲线

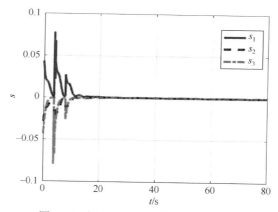

图 3.13 加入 FR 输入成形器后滑模面

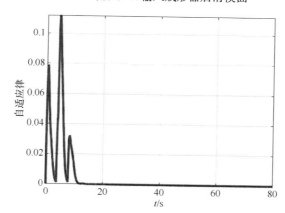

图 3.14 加入 FR 输入成形器后自适应律

图 3.16 给出了不加入、加入 ZVD 输入成形器与加入 FR 输入成形器后复杂航天器柔性振动变化情况。结果表明，在航天器柔性振动频率受到干扰的情况下，

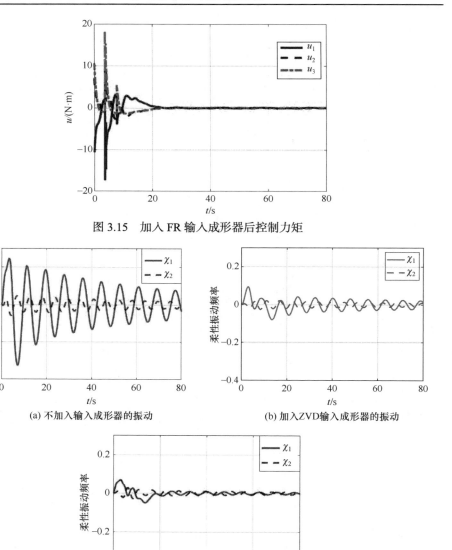

图 3.15　加入 FR 输入成形器后控制力矩

(a) 不加入输入成形器的振动　　　　　　(b) 加入ZVD输入成形器的振动

(c) 加入FR输入成形器后刚柔航天器的振动

图 3.16　不加入、加入 ZVD 输入成形器与加入 FR 输入成形器后的振动

　　所提出的输入成形器可以有效地抑制柔性振动。与传统的 ZVD 输入成形器相比，所提出的 FR 输入成形器可以更有效地抑制柔性振动。

　　本节针对复杂航天器在姿态跟踪过程中产生的柔性振动、液体燃料晃动问题，完成 FR 输入成形器与自适应终端滑模控制器设计。由仿真结果可知，所设计的输入成形器抑制柔性效果更好。同时，所设计的姿态稳定控制器能够实现在模型不确定、外界干扰及液体燃料晃动情况下的高精度姿态跟踪控制。

3.3　基于阻尼反馈的姿态稳定控制器设计

3.2 节基于输入成形器的终端滑模控制器可以实现主动柔性振动抑制，但是输入成形器是一种前馈滤波[12]，会增加姿态稳定作用时间，与快速姿态控制稳定目标矛盾[13]；另一种是基于压电陶瓷的柔性振动抑制方法，该方法能够有效抑制柔性振动，但是由于航天器结构限制及节省燃料的目标，该方法在实际应用中受到很大限制[14]。为了实现整个闭环系统的稳定、节省燃料、快速姿态稳定的控制目标，对液体燃料晃动进行了观测，本节提出基于阻尼反馈的柔性振动抑制控制器，姿态稳定框图如图 3.17 所示。

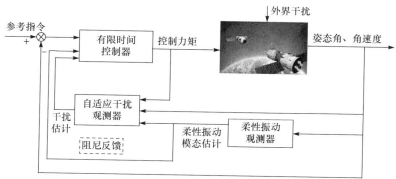

图 3.17　基于阻尼反馈的航天器姿态稳定控制框图

本节基于复杂航天器运动学及动力学模型，综合考虑柔性振动、液体晃动与不确定环境影响下的姿态稳定问题，首先设计干扰观测器与柔性振动观测器，实现对综合不确定与柔性振动的观测，为控制器设计提供补偿，提高复杂航天器姿态控制精度；然后基于阻尼反馈，设计姿态稳定控制器，实现复杂航天器姿态稳定控制。

3.3.1　干扰观测器与柔性振动观测器设计

干扰观测器是估计未知扰动和不确定性的有效方法，在控制问题中得到了广泛应用。针对复杂航天器模型不确定、外界干扰及液体晃动不确定的问题，本节基于复杂航天器模型(3.30)，分别设计如下柔性振动观测器与干扰观测器。

依据复杂航天器动力学模型(3.30)，可以得到

$$
\begin{aligned}
&J_0\dot{\omega}+\delta_f^{\mathrm{T}}\ddot{\chi}=-\omega^{\times}(J_0\omega+\delta_f^{\mathrm{T}}\dot{\chi})+u+\vartheta\\
&\delta_f\dot{\omega}+\ddot{\chi}+C_f\dot{\chi}+K_f\chi=0
\end{aligned}
\tag{3.46}
$$

式中，综合不确定 $\vartheta=-\Delta J\dot{\omega}-\omega^{\times}\Delta J\omega-\delta_l^{\mathrm{T}}\ddot{\eta}-\omega^{\times}\delta_f^{\mathrm{T}}\dot{\eta}+d$ 包括模型不确定、外界干扰、液体晃动在内的综合干扰。由假设 3.1 可知，ϑ 是有界的，即存在常数 γ 使得 $\|\vartheta\|<\gamma$。

为了实现柔性振动有效观测，将模型进一步处理。定义 $\psi=\dot{\chi}+\delta_f\omega$，将 ψ 代入复杂航天器动力学模型(3.46)，可以得到

$$
\begin{aligned}
J_0\dot{\omega}&=-\omega^{\times}(J_0\omega+\delta_f^{\mathrm{T}}\psi+\delta_l^{\mathrm{T}}\dot{\eta})-\delta_l^{\mathrm{T}}\ddot{\eta}+u+\vartheta+\delta_f^{\mathrm{T}}(C_f\psi+K_f\chi-C_f\delta_f\omega)\\
&=h(t)+u+\vartheta\\
\dot{\chi}&=\psi-\delta_f\omega\\
\dot{\psi}&=-(C_f\psi+K_f\chi-C_f\delta_f\omega)
\end{aligned}
\tag{3.47}
$$

式中，标称部分 $h(t)=-\omega^{\times}(J_0\omega+\delta_f^{\mathrm{T}}\psi)-\delta_f^{\mathrm{T}}C_f\delta_f\omega+\delta_f^{\mathrm{T}}(C_f\psi+K_f\eta)$。

基于系统(3.47)，设计如下干扰观测器，用于估计综合不确定 ϑ：

$$
\begin{aligned}
&\dot{\hat{\vartheta}}=-l(t)\frac{e_s}{\|e_s\|}-\gamma_1 e_s-\gamma_2\|\omega^{\times}\|^2\mathrm{sgn}(e_s)-\frac{1}{2}\gamma_3^2 e_s^3\\
&e_s=J_0\dot{e}+c_1 e\\
&J_0\dot{z}=\hat{h}(t)-c_1 e-c_2 e\|\omega\|+u+\hat{\vartheta}
\end{aligned}
\tag{3.48}
$$

式中，$e=z-\omega$ 为状态观测误差；$\hat{\vartheta}$ 用来观测综合不确定 ϑ；$\hat{h}(t)=-\omega^{\times}(J_0\omega+\delta^{\mathrm{T}}\hat{\psi})+\delta^{\mathrm{T}}(C\hat{\psi}+K\hat{\chi}-C\delta\omega)$，$\gamma_i>0(i=1,2,3)$，$c_1>0$，$c_2>0$，函数 $\mathrm{sgn}(e_s)=\big[\mathrm{sgn}(e_{s1})$ $\mathrm{sgn}(e_{s2})$ $\mathrm{sgn}(e_{s3})\big]^{\mathrm{T}}$。

自适应律为

$$
\dot{l}(t)=-kl(t)+\rho\|e_s\|
\tag{3.49}
$$

基于复杂航天器柔性振动模型(3.46)，设计柔性振动观测器：

$$
\begin{bmatrix}\dot{\hat{\chi}}\\\dot{\hat{\psi}}\end{bmatrix}=\begin{bmatrix}0&I\\-K&-C\end{bmatrix}\begin{bmatrix}\hat{\chi}\\\hat{\psi}\end{bmatrix}+\begin{bmatrix}-\delta\\C\delta\end{bmatrix}\omega
\tag{3.50}
$$

式中，$\hat{\chi}$ 与 $\hat{\psi}$ 分别用于估计柔性振动 ϑ 与 ψ；$k(>0)$、$\rho(>0)$ 为正常数；$\hat{\vartheta}$ 为 ϑ 的估计值。

定理 3.2　针对外界干扰及模型不确定影响下的复杂航天器姿态控制系统 (3.46)，在假设 3.1 成立的条件下，设计柔性振动观测器(3.50)与干扰观测器(3.48)，自适应增益选取如式(3.49)所示，并选择合适的符号参数，则可以保证干扰观测误差及柔性振动观测误差收敛至平衡点附近邻域内。

证明　由柔性振动观测器即式(3.50)及柔性振动可得

$$\begin{bmatrix} \dot{\tilde{\chi}} \\ \dot{\tilde{\psi}} \end{bmatrix} = \begin{bmatrix} 0 & I \\ -K & -C \end{bmatrix} \begin{bmatrix} \tilde{\chi} \\ \tilde{\psi} \end{bmatrix} \tag{3.51}$$

将式(3.48)代入复杂航天器运动方程，可得

$$J_0 \dot{e} = \tilde{h}(t) - c_1 e - c_2 e \|\omega\| + \hat{\xi} - \xi \tag{3.52}$$

式中，$\tilde{h}(t) = -\omega^\times \delta^T \tilde{\psi} + \delta^T (C\tilde{\psi} + K\tilde{\chi})$。

将式(3.52)代入式(3.48)，可以得到

$$e_s = \hat{\vartheta} - \vartheta + \tilde{h}(t) \tag{3.53}$$

由式(3.48)和式(3.53)可知，e_s 的导数为

$$\begin{aligned} \dot{e}_s &= \dot{\hat{\vartheta}} - \dot{\vartheta} + \dot{\tilde{h}}(t) \\ &= -l(t)\frac{e_s}{\|e_s\|} - \gamma_1 e_s - \frac{1}{2}\gamma_2 \|\omega^\times\|^2 \mathrm{sgn}(e_s) \\ &\quad - \frac{1}{2}\gamma_3^2 e_s^3 - \dot{\vartheta} - \omega^\times \delta^T \dot{\tilde{\psi}} + \delta^T (C\dot{\tilde{\psi}} + K\dot{\tilde{\chi}}) \end{aligned} \tag{3.54}$$

将式(3.51)代入式(3.54)，可得

$$\begin{aligned} \dot{e}_s &= -l(t)\frac{e_s}{\|e_s\|} - \gamma_1 e_s - \gamma_2 \|\omega^\times\|^2 \mathrm{sgn}(e_s) \\ &\quad - \frac{1}{2}\gamma_3^2 e_s^3 - \dot{\vartheta} - \omega^\times \delta^T \dot{\tilde{\psi}} + \delta^T (C\dot{\tilde{\psi}} + K\dot{\tilde{\chi}}) \\ &= -l(t)\frac{e_s}{\|e_s\|} - \gamma_1 e_s - \gamma_2 \|\omega^\times\|^2 \mathrm{sgn}(e_s) - \frac{1}{2}\gamma_3^2 e_s^3 \\ &\quad - \dot{\vartheta} - \omega^\times \delta^T (-K\tilde{\chi} - C\tilde{\psi}) + \delta^T C(-K\tilde{\chi} - C\tilde{\psi}) + \delta^T K\tilde{\psi} \end{aligned} \tag{3.55}$$

考虑如下 Lyapunov 函数：

$$V_{32} = V_{es} + V_{\tilde{\chi}} \tag{3.56}$$

式中

$$V_{es} = \frac{1}{2}e_s^T e_s + \frac{1}{2\rho}\tilde{l}^2(t)$$

$$V_{\tilde{\chi}} = \frac{1}{2}\alpha \begin{bmatrix} \tilde{\chi} \\ \tilde{\psi} \end{bmatrix}^{\mathrm{T}} \begin{bmatrix} K+\beta C & \beta I \\ \beta I & I \end{bmatrix} \begin{bmatrix} \tilde{\chi} \\ \tilde{\psi} \end{bmatrix} + \frac{1}{2}\alpha \begin{bmatrix} \tilde{\chi} \\ \tilde{\psi} \end{bmatrix}^{\mathrm{T}} \begin{bmatrix} \tilde{\chi}^3 \\ \tilde{\psi}^3 \end{bmatrix}$$

$\tilde{l}(t) = L_1 - l(t)$；$R = \begin{bmatrix} K+\beta C & \beta I \\ \beta I & I \end{bmatrix}$；$\alpha(>0)$、$\beta(>0)$ 为正常数。

由式(3.56)可得 V_{es} 的导数为

$$\begin{aligned}
\dot{V}_{es} &= e_s^{\mathrm{T}} \dot{e}_s - \frac{1}{\rho}\tilde{l}(t)\dot{l}(t) \\
&= e_s^{\mathrm{T}}\Bigg[-l(t)\frac{e_s}{\|e_s\|} - \gamma_1 e_s - \gamma_2 \|\omega^\times\|^2 \operatorname{sgn}(e_s) - \frac{1}{2}\gamma_3^2 e_s^3 - \dot{\vartheta} \\
&\quad - \omega^\times \delta^{\mathrm{T}}(-K\tilde{\chi} - C\tilde{\psi}) + \delta^{\mathrm{T}} C(-K\tilde{\chi} - C\tilde{\psi}) + \delta^{\mathrm{T}} K\tilde{\psi} \Bigg] \\
&\quad - (L_1 - l(t))\|e_s\| + \frac{k}{\rho}\tilde{l}(t)l(t)
\end{aligned} \tag{3.57}$$

由于 $\tilde{l}(t)l(t) = \tilde{l}(t)(l - \tilde{l}(t)) = -\tilde{l}^2(t) + l\tilde{l}(t) \leqslant -\tilde{l}^2(t) + \frac{1}{2\delta_0}\tilde{l}^2(t) + \frac{\delta_0}{2}l^2$，其中，

$\delta_0 > \dfrac{1}{2}$，因此，式(3.57)为

$$\begin{aligned}
\dot{V}_{es} &= e_s^{\mathrm{T}}\Bigg[-l(t)\frac{e_s}{\|e_s\|} - \gamma_1 e_s - \gamma_2 \|\omega^\times\|^2 \operatorname{sgn}(e_s) - \frac{1}{2}\gamma_3^2 e_s^3 - \dot{\vartheta} \\
&\quad - \omega^\times \delta^{\mathrm{T}}(-K\tilde{\chi} - C\tilde{\psi}) + \delta^{\mathrm{T}} C(-K\tilde{\chi} - C\tilde{\psi}) + \delta^{\mathrm{T}} K\tilde{\psi} \Bigg] \\
&\quad - (L_1 - l(t))\|e_s\| - \frac{k}{\rho}\left(1 - \frac{1}{2\delta_0}\right)\tilde{l}^2(t) + \zeta
\end{aligned} \tag{3.58}$$

式中，$\zeta = \dfrac{\delta_0}{2}l^2$。

进一步，式(3.57)可以简化为

$$\begin{aligned}
\dot{V}_{es} \leqslant &-(\gamma_1 - o)e_s^{\mathrm{T}} e_s - p_0 \tilde{l}^2(t) + p_1 \|\tilde{\chi}\|^4 + p_2 \|\tilde{\psi}\|^4 \\
&+ p_3 \|\tilde{\chi}\|^2 + p_4 \|\tilde{\psi}\|^2 + \zeta
\end{aligned} \tag{3.59}$$

式中，$p_0 = \dfrac{k}{\rho}\left(1 - \dfrac{1}{2\delta_0}\right)$，$p_1 = \dfrac{1}{4\gamma_2^2 \gamma_3^2}\|\delta^{\mathrm{T}} K\|^4$，$p_2 = \dfrac{1}{4\gamma_2^2 \gamma_3^2}\|\delta^{\mathrm{T}} C\|^4$，$p_3 = \dfrac{1}{2o}\|\delta^{\mathrm{T}} CK\|^2$，

$p_4 = \dfrac{1}{2o}\|\delta^{\mathrm{T}}(CC + K)\|^2$。

由式(3.56)可知，$V_{\tilde{\chi}}$ 的导数为

$$
\begin{aligned}
\dot{V}_{\tilde{\chi}} &= \alpha \begin{bmatrix} \tilde{\chi} \\ \tilde{\psi} \end{bmatrix}^{\mathrm{T}} \begin{bmatrix} -\beta K & 0 \\ 0 & \beta I - C \end{bmatrix} \begin{bmatrix} \tilde{\chi} \\ \tilde{\psi} \end{bmatrix} + \alpha \begin{bmatrix} \dot{\tilde{\chi}} \\ \dot{\tilde{\psi}} \end{bmatrix}^{\mathrm{T}} \begin{bmatrix} \tilde{\eta}^3 \\ \tilde{\psi}^3 \end{bmatrix} \\
&= \alpha \begin{bmatrix} \tilde{\chi} \\ \tilde{\psi} \end{bmatrix}^{\mathrm{T}} P \begin{bmatrix} \tilde{\chi} \\ \tilde{\psi} \end{bmatrix} + \alpha \begin{bmatrix} \dot{\tilde{\chi}} \\ \dot{\tilde{\psi}} \end{bmatrix}^{\mathrm{T}} Q \begin{bmatrix} \tilde{\chi}^3 \\ \tilde{\psi}^3 \end{bmatrix}
\end{aligned}
\tag{3.60}
$$

式中，$P = \begin{bmatrix} -\beta K & 0 \\ 0 & \beta I - C \end{bmatrix}$，$Q = \begin{bmatrix} 0 & I \\ -K & -C \end{bmatrix}$。

由式(3.56)、式(3.57)和式(3.60)可得

$$
\begin{aligned}
\dot{V}_{32} &\leqslant -(\gamma_1 - o)e_s^{\mathrm{T}} e_s - p_0 \tilde{l}^2(t) - (\alpha \underline{\lambda}_Q - p_1)\|\tilde{\chi}\|^4 - (\alpha \underline{\lambda}_Q - p_2)\|\tilde{\psi}\|^4 \\
&\quad - (\alpha \underline{\lambda}_P - p_3)\|\tilde{\chi}\|^2 - (\alpha \underline{\lambda}_P - p_4)\|\tilde{\psi}\|^2 + \zeta
\end{aligned}
\tag{3.61}
$$

式中，$\underline{\lambda}_A$ 为矩阵 A 的最小特征值，$\alpha(>0)$ 为足够大的正常数。

由式(3.61)可得

$$
\dot{V}_{32} \leqslant -\varepsilon V_{32} + \zeta
\tag{3.62}
$$

式中，$\varepsilon = \min\left\{ 2(\gamma_1 - o), 2p_0 \rho, \dfrac{2(\alpha \lambda_Q - p_1)}{\alpha \bar{\lambda}_R}, \dfrac{2(\alpha \lambda_Q - p_2)}{\alpha \bar{\lambda}_R}, \dfrac{2(\alpha \lambda_P - p_3)}{\alpha}, \dfrac{2(\alpha \lambda_P - p_4)}{\alpha} \right\}$。

因此，e_s 与 $\tilde{\chi}$ 收敛到邻域。接下来证明 e 收敛到邻域。当 e_s 收敛到邻域后，由式 (3.48) 与 Lyapunov 函数可知，e 趋于零。定理 3.2 得证。

3.3.2　姿态稳定控制器设计

本节基于上述综合观测器，设计姿态稳定控制器，该控制器可以实现在不需要压电材料的情况下的姿态稳定与柔性振动抑制。由于该控制器不需要压电材料，可以节省燃料；同时当控制器抑制柔性振动后，姿态稳定控制精度也会提高。

基于柔性振动观测器(3.50)与干扰观测器(3.48)，设计如下姿态稳定控制器：

$$
\begin{aligned}
u &= -\hat{h}(t) - k_1 q_v - k_2 \omega + k_3 \delta_f^{-1} \hat{\chi} \\
&\quad + k_4 \delta_f^{-1} J_0(\hat{\psi} - \delta_f \omega) + \hat{\vartheta}
\end{aligned}
\tag{3.63}
$$

式中，$\hat{h}(t) = -\omega^{\times} J_0 \omega - \delta_f^{\mathrm{T}} C_f \delta_f \omega + \delta_f^{\mathrm{T}}(C_f \hat{\psi} + K_f \hat{\chi})$，$k_i > 0$ $(i = 1, 2, 3, 4)$。

在控制器(3.63)中，$-k_1 q_v - k_2 \omega$ 用于实现姿态稳定控制。由复杂航天器动力学方程与柔性振动方程(3.46)可知，当 $\dot{\omega} \neq 0$ 时，加入 $k_4 \delta_f^{-1} J_0(\hat{\psi} - \delta_f \omega)$ 时，对应角速度导数加入 $k_4 \delta_f^{-1} \dot{\chi}$，对应柔性振动方程为

$$
\ddot{\chi} + (C_f + k_4 I)\dot{\chi} + K_f \chi = 0
\tag{3.64}
$$

当 $\dot{\omega}=0$ ，加入 $k_3\delta_f^{-1}\hat{\chi}$ 时，将对应角速度导数加入 $\dfrac{k_3}{k_2}\delta_f^{-1}\chi$ ，对应柔性振动方程为

$$\ddot{\chi}+\left(C_f+k_4I+\frac{k_3}{k_2}I\right)\dot{\chi}+K_f\chi=0 \tag{3.65}$$

对应阻尼项为 $C_f+k_4I+\dfrac{k_3}{k_2}I$ ，柔性振动阻尼项增大，柔性振动减小。

定理 3.3 针对外界干扰及模型不确定影响下的复杂航天器姿态控制系统(3.47)，在假设 3.1 成立的条件下，基于柔性振动观测器(3.50)与干扰观测器(3.48)，设计如式(3.63)所示控制器，如果存在 $k_i>0$ $(i=1,2,3)$ 使得

$$Q_b=\begin{bmatrix} 0 & -2E+\dfrac{k_4}{2k_2}(\delta_f^{-1})^{\mathrm{T}}J_0\delta_f^{-1} \\ \dfrac{k_4}{k_2}(J_0\delta_f^{-1})^{\mathrm{T}}J_0\delta_f^{-1}K+\dfrac{k_4}{2k_2}(\delta_f^{-1})^{\mathrm{T}}J_0\delta_f^{-1} & \dfrac{k_4}{k_2}(J_0\delta_f^{-1})^{\mathrm{T}}J_0\delta_f^{-1}C_f \end{bmatrix}>0$$

则姿态四元数 q_v 、角速度 ω 与柔性振动 χ 分别收敛到平衡点附近邻域。

证明 考虑以下 Lyapunov 函数：

$$V_{33}=V_a+V_b+V_{es}+V_{\tilde{x}} \tag{3.66}$$

式中

$$V_a=k_1\left[q_v^{\mathrm{T}}q_v+(1-q_0)^2\right]+\frac{1}{2}\omega^{\mathrm{T}}J_0\omega+\frac{1}{2}\begin{bmatrix}\chi\\\psi\end{bmatrix}^{\mathrm{T}}P\begin{bmatrix}\chi\\\psi\end{bmatrix}$$

$$V_b=\frac{1}{2}\begin{bmatrix}\chi\\\dot{\eta}\end{bmatrix}^{\mathrm{T}}Q\begin{bmatrix}\chi\\\dot{\eta}\end{bmatrix},\quad V_{es}=\frac{1}{2}e_s^{\mathrm{T}}J_0e_s$$

$$V_{\tilde{x}}=\frac{1}{2}\alpha\begin{bmatrix}\tilde{\chi}\\\tilde{\psi}\end{bmatrix}^{\mathrm{T}}\begin{bmatrix}K+\beta C & \beta I\\\beta I & I\end{bmatrix}\begin{bmatrix}\tilde{\chi}\\\tilde{\psi}\end{bmatrix}+\frac{1}{2}\alpha\begin{bmatrix}\tilde{\chi}\\\tilde{\psi}\end{bmatrix}^{\mathrm{T}}\begin{bmatrix}\tilde{\chi}^3\\\tilde{\psi}^3\end{bmatrix}$$

其中， $P=k_3\begin{bmatrix}(\delta\delta^{\mathrm{T}})^{-1} & 0\\0 & 2C\end{bmatrix}$ 与 $Q=\begin{bmatrix}Q_1 & 0\\0 & Q_2\end{bmatrix}=\begin{bmatrix}2I & 0\\0 & \dfrac{k_4}{k_2}(J_0\delta^{-1})^{\mathrm{T}}J_0\delta^{-1}\end{bmatrix}$ 为正定矩阵。

接下来证明 $\dot{V}_{33}<0$ 。

由于 $\dfrac{1}{2}\left[q_v^{\mathrm{T}}q_v+(1-q_0)^2\right]=1-q_0$ ，所以 $\dot{V}_a$ 为

$$\dot{V}_a = k_1 q_v^{\mathrm{T}} \omega + \omega^{\mathrm{T}}(h(t) + u + d) + k_3 \begin{bmatrix} \eta \\ \psi \end{bmatrix}^{\mathrm{T}}$$

$$\cdot P\left(\begin{bmatrix} 0 & I \\ -K & -C \end{bmatrix} \begin{bmatrix} \eta \\ \psi \end{bmatrix} + \begin{bmatrix} -\delta \\ C\delta \end{bmatrix} \omega \right) \tag{3.67}$$

根据 $\omega^{\mathrm{T}}\omega^{\times} = 0$ 、控制器(3.63)与 $\dot{\tilde{\eta}} = \tilde{\psi}$ ， $\dot{V}_a$ 为

$$\dot{V}_a = -k_2 \omega^{\mathrm{T}} \omega + \omega^{\mathrm{T}} e_s$$

$$- \begin{bmatrix} \eta \\ \psi \end{bmatrix}^{\mathrm{T}} P_a \begin{bmatrix} \eta \\ \psi \end{bmatrix} - k_3 \omega^{\mathrm{T}} \begin{bmatrix} \delta^{-1}\tilde{\eta} \\ -2\delta^{\mathrm{T}}C^2\tilde{\psi} \end{bmatrix} \tag{3.68}$$

$$+ k_4 \omega^{\mathrm{T}} J_0 \delta^{-1} \dot{\eta} - k_4 \omega^{\mathrm{T}} J_0 \delta^{-1} \tilde{\psi}$$

式中，$P_a = k_3 \begin{bmatrix} 0 & -(\delta^{-1})^{\mathrm{T}}\delta^{-1} \\ 2CK & 2C^2 \end{bmatrix}$ 为正定矩阵。

根据不等式 $ab \leqslant \|a\|\|b\|$ $(a, b \in \mathbf{R}^n)$，式(3.68)可以写为

$$\dot{V}_a \leqslant -k_2 \omega^{\mathrm{T}} \omega + 4\rho \omega^{\mathrm{T}} \omega + \frac{1}{4\rho}\| e_s \|^2 + \frac{1}{4\rho} k_3^2 \|\delta^{-1}\|^2 \|\tilde{\eta}\|^2$$

$$+ k_4^2 \frac{1}{4\rho}\| J_0 \delta^{-1} \|^2 \|\tilde{\psi}\|^2 - \begin{bmatrix} \eta \\ \psi \end{bmatrix}^{\mathrm{T}} P_a \begin{bmatrix} \eta \\ \psi \end{bmatrix} + k_4 \omega^{\mathrm{T}} J_0 \delta^{-1} \dot{\eta}$$

$$= -(k_2 - 5\rho) \omega^{\mathrm{T}} \omega + p_1 \|\tilde{\psi}\|^2 + p_2 \|\tilde{\eta}\|^2 + \frac{1}{4\rho}\|e_s\|^2 \tag{3.69}$$

$$- \begin{bmatrix} \eta \\ \psi \end{bmatrix}^{\mathrm{T}} P_a \begin{bmatrix} \eta \\ \psi \end{bmatrix} + k_4 \omega^{\mathrm{T}} J_0 \delta^{-1} \dot{\eta}$$

式中，$p_1 = \frac{1}{\rho} k_3^2 \|\delta^{\mathrm{T}}C^2\|^2 + \frac{1}{4\rho} k_4^2$，$p_2 = \frac{1}{4\rho} k_3^2 \|\delta^{-1}\|^2$ 。

由式(3.66)可得，$\dot{V}_b$ 为

$$\dot{V}_b = \begin{bmatrix} \eta \\ \dot{\eta} \end{bmatrix}^{\mathrm{T}} Q\left(\begin{bmatrix} 0 & I \\ -K & -C \end{bmatrix} \begin{bmatrix} \eta \\ \dot{\eta} \end{bmatrix} + \begin{bmatrix} 0 \\ -\delta\dot{\omega} \end{bmatrix} \right)$$

$$= -\begin{bmatrix} \eta \\ \dot{\eta} \end{bmatrix}^{\mathrm{T}} Q_a \begin{bmatrix} \eta \\ \dot{\eta} \end{bmatrix} - \dot{\eta}^{\mathrm{T}} Q_2 \delta\dot{\omega} \tag{3.70}$$

式中，$Q_a = \begin{bmatrix} 0 & -2E \\ \dfrac{k_4}{k_2}(J_0\delta^{-1})^{\mathrm{T}}J_0\delta^{-1}K & \dfrac{k_4}{k_2}(J_0\delta^{-1})^{\mathrm{T}}J_0\delta^{-1}C \end{bmatrix}$ 为正定矩阵。

将控制器(3.63)代入式(3.70)可得

$$\dot{\omega} = J_0^{-1}(-k_1 q_v - k_2\omega + k_3\delta^{-1}\eta + 2k_3\delta^{\mathrm{T}}C^2\psi$$
$$+ k_4 J_0^{-1}\delta^{-1}\dot{\eta} - k_3\delta^{-1}\tilde{\eta} - 2k_3\delta^{\mathrm{T}}C^2\tilde{\psi} - k_4 J_0^{-1}\delta^{-1}\tilde{\psi} + e_s) \tag{3.71}$$

由 $\psi = \delta\omega + \dot{\eta}$ ，将式(3.71)代入式(3.70)可得

$$\dot{V}_b = -\begin{bmatrix}\eta\\\dot{\eta}\end{bmatrix}^{\mathrm{T}} Q_a \begin{bmatrix}\eta\\\dot{\eta}\end{bmatrix} + V_{b1} + V_{b2} \tag{3.72}$$

式中

$$V_{b1} = k_1\dot{\eta}^{\mathrm{T}}Q_2\delta J_0^{-1}q_v + k_2\dot{\eta}^{\mathrm{T}}Q_2\delta J_0^{-1}\omega - k_3\dot{\eta}^{\mathrm{T}}Q_2\delta J_0^{-1}\delta^{-1}\dot{\eta}$$
$$- 2k_3\dot{\eta}^{\mathrm{T}}Q_2\delta J_0^{-1}(\delta^{-1})^{\mathrm{T}}C^2\psi - k_4\dot{\eta}^{\mathrm{T}}Q_2\dot{\eta}$$
$$V_{b2} = -\dot{\eta}^{\mathrm{T}}Q_2\delta J_0^{-1}(-k_3\delta^{-1}\tilde{\eta} - k_4 J_0\delta^{-1}\tilde{\psi} + \tilde{\xi})$$
$$\leqslant 5\theta\dot{\eta}^{\mathrm{T}}\dot{\eta} + q_1\|\tilde{\psi}\|^2 + q_2\|\tilde{\eta}\|^2 + q_3\|e_s\|^2$$

式中，$\theta > 0$ 为较小的正常数，$q_1 = \dfrac{1}{4\theta}k_4^2\|Q_2\|^2 + \dfrac{1}{4\theta}\left\|Q_2\delta J_0^{-1}\delta^{\mathrm{T}}C\right\|^2$，$q_2 = \dfrac{1}{4\theta}k_3^2\|Q_2\|^2$，

$q_3 = \dfrac{1}{4\theta}\left\|Q_2\delta J_0^{-1}\delta^{\mathrm{T}}K\right\|^2$。

由式(3.69)和式(3.70)，可得

$$\dot{V}_a + \dot{V}_b = -(k_2 - 4\rho)\omega^{\mathrm{T}}\omega + r_1\|\tilde{\psi}\|^2 + r_2\|\tilde{\eta}\|^2$$
$$- \begin{bmatrix}\eta\\\psi\end{bmatrix}^{\mathrm{T}} P_a \begin{bmatrix}\eta\\\psi\end{bmatrix} - \begin{bmatrix}\eta\\\dot{\eta}\end{bmatrix}^{\mathrm{T}} Q_a \begin{bmatrix}\eta\\\dot{\eta}\end{bmatrix} + k_1\dot{\eta}^{\mathrm{T}}Q_2\delta J_0^{-1}q_v \tag{3.73}$$
$$+ 2k_4\omega^{\mathrm{T}}J_0\delta^{-1}\dot{\eta} - k_3\dot{\eta}^{\mathrm{T}}Q_2\delta J_0^{-1}\delta^{-1}\eta$$
$$- k_4\dot{\eta}^{\mathrm{T}}Q_2\dot{\eta} + r_3\|e_s\|^2$$

式中，$r_1 = p_1 + q_1$，$r_2 = p_2 + q_2$，$r_3 = \dfrac{1}{4\rho} + q_3$。

由于 $Q_2 = \dfrac{k_4}{k_2}(J_0\delta^{-1})^{\mathrm{T}}J_0\delta^{-1}$，式(3.73)为

$$\dot{V}_a + \dot{V}_b = -\rho\omega^{\mathrm{T}}\omega - (k_2 - 7\rho)\left(\omega - \frac{k_4}{k_2 - 7\rho}J_0\delta^{-1}\dot{\eta}\right)^{\mathrm{T}}\left(\omega - \frac{k_4}{k_2 - 7\rho}J_0\delta^{-1}\dot{\eta}\right)$$
$$+ r_1\|\tilde{\psi}\|^2 + r_2\|\tilde{\eta}\|^2 + r_3\|e_s\| - \begin{bmatrix}\eta\\\psi\end{bmatrix}^{\mathrm{T}} P_a \begin{bmatrix}\eta\\\psi\end{bmatrix} - \begin{bmatrix}\eta\\\dot{\eta}\end{bmatrix}^{\mathrm{T}} Q_b \begin{bmatrix}\eta\\\dot{\eta}\end{bmatrix} \tag{3.74}$$
$$+ k_1\dot{\eta}^{\mathrm{T}}Q_2\delta J_0^{-1}q_v - \left(\frac{k_4^2}{k_2} - \frac{k_4^2}{k_2 - 7\rho}\right)\dot{\eta}^{\mathrm{T}}Q_2\dot{\eta}$$

式中，$Q_b > 0$，如定理 3.3 所示。

由式(3.60)和式(3.74)，可得 $\dot{V}_{33}$ 为

$$\dot{V}_{33} \leqslant -\rho\omega^T\omega - \theta_1'\|\tilde{\psi}\|^2 - \theta_2'\|\tilde{\eta}\|^2 - \begin{bmatrix}\eta\\\psi\end{bmatrix}^T P_a\begin{bmatrix}\eta\\\psi\end{bmatrix}$$
$$-\frac{1}{2}\begin{bmatrix}\eta\\\dot{\eta}\end{bmatrix}^T Q_b\begin{bmatrix}\eta\\\dot{\eta}\end{bmatrix} + \upsilon\dot{\eta}^T\dot{\eta} + \theta_3'\|q_v\|^2 - \gamma\|e_s\|^2 \tag{3.75}$$

式中，$\theta_1' = \alpha\lambda_{C-\beta I} - r_1$，$\theta_2' = \alpha\beta\lambda_K - r_2$，$\theta_3' = \dfrac{1}{4\upsilon}k_1^2\left\|Q_2\delta J_0^{-1}\right\|^2$。

式(3.75)为

$$\dot{V}_{33} \leqslant -\rho\omega^T\omega - \theta_1\|\tilde{\psi}\|^2 - \theta_2\|\tilde{\eta}\|^2 - \theta_3\|e_s\|^2$$
$$-\begin{bmatrix}\eta\\\psi\end{bmatrix}^T P_a\begin{bmatrix}\eta\\\psi\end{bmatrix} - \frac{1}{2}\begin{bmatrix}\eta\\\dot{\eta}\end{bmatrix}^T Q_b\begin{bmatrix}\eta\\\dot{\eta}\end{bmatrix} - 2q_v^T q_v - (1-q_0)^2 + \varepsilon \tag{3.76}$$
$$\leqslant -\mu V_{33} + \varepsilon$$

式中，$\theta_1 = \theta_1' - r_3\|\delta^T C\|$，$\theta_2 = \theta_2' - r_3\|K\|$，$\theta_3 = \gamma - r_3$，$\kappa = 2 + \theta_3'$，$\mu = \min\left\{\dfrac{1}{k_1},\right.$ $\dfrac{2\rho}{\lambda_{J_0}}, \dfrac{2\theta_1}{\alpha\lambda_N}, \dfrac{2\theta_2}{\alpha\lambda_N}, \dfrac{2\theta_3}{\lambda_{J_0}}, \dfrac{2\lambda_{P'}}{\lambda_P}, \left.\dfrac{\lambda_{Q'}}{\lambda_Q}\right\}$，$\varepsilon = \zeta + \kappa$。因此，姿态四元数 q_v、角速度 ω、柔性振动 η 收敛到邻域。定理 3.3 得证。

3.3.3　仿真分析

本节在 MATLAB/Simulink 环境中，针对刚柔航天器姿态柔性振动与稳定控制问题，应用基于干扰观测器与阻尼反馈的复杂航天器姿态稳定控制方法，验证该控制方法的有效性。

1. 仿真条件

复杂航天器真实的转动惯量及其标称值分别为

$$J = \begin{bmatrix}350 & 6 & 7\\5 & 270 & 3\\4 & 6 & 190\end{bmatrix}\text{kg}\cdot\text{m}^2, \quad J_0 = \begin{bmatrix}350 & 0 & 0\\0 & 270 & 0\\0 & 0 & 190\end{bmatrix}\text{kg}\cdot\text{m}^2$$

在仿真中，复杂航天器前三阶振动模态的频率分别为 $\Omega_1 = 0.7681\text{rad/s}$，$\Omega_2 = 1.1038\text{rad/s}$，$\Omega_3 = 1.8733\text{rad/s}$，阻尼分别为 $\xi_1 = 0.0056$，$\xi_2 = 0.0086$，$\xi_3 =$

0.0013，外界干扰力矩采用正弦函数形式给定，具体如下：

$$d = \begin{bmatrix} 0.6\sin(0.4t) & 0.5\cos(0.5t) & 0.8\cos(0.7t) \end{bmatrix}^{T} \text{N·m}$$

航天器期望姿态四元数为$q_d(0) = \begin{bmatrix} 1 & 0 & 0 \end{bmatrix}^{T}$，期望角速度为$\omega_d = \begin{bmatrix} 0 & 0 & 0 \end{bmatrix}^{T} \text{rad/s}$。本体初始姿态四元数和初始角速度分别为$q(0) = \begin{bmatrix} 0.8832 & 0.3 & -0.2 & -0.3 \end{bmatrix}^{T}$，$\omega(0) = \begin{bmatrix} 0 & 0 & 0 \end{bmatrix}^{T} \text{rad/s}$。

控制器参数选取$k_1 = 15$，$k_2 = 100$，$k_3 = 110$，$k_4 = 2$，$\gamma_1 = 200$，$\gamma_2 = 1$，$\gamma_3 = 0.1$，$c_1 = 1$，$c_2 = 0.001$，$k = 1$，$\rho = 0.1$。

在仿真过程中，考虑如下三种情形，即不加入阻尼反馈、加入压电材料与加入阻尼反馈，测试姿态稳定的作用时间与柔性振动的情况，验证本章提出的控制方法的有效性。不加阻尼反馈控制器为

$$u_1 = -\hat{h}(t) - k_1 q_v - k_2 \omega - \hat{\vartheta} \tag{3.77}$$

式中，控制器参数选取与本章提出的控制器参数选取相同，不同点在于$k_3 = 0$，$k_4 = 0$。

加入压电材料后，基于压电材料的控制器为[15]

$$\begin{aligned}
u_p &= -\hat{h}(t) - k_1 q_v - k_2 \omega - \hat{\vartheta} \\
\ddot{\chi} + C_f \dot{\chi} + K_f \chi + \delta_f \dot{\omega} &= B_a K_f h_f \\
\ddot{h}_f + C\dot{h}_f + K h_f &= B_s K_f h
\end{aligned} \tag{3.78}$$

式中，$C = C_f$，$K = K_f$，$B_a = B_s = 0.76K^{-1}$。

2. 仿真结果

图 3.18 和图 3.19 给出了不加入阻尼反馈、加入压电材料与加入阻尼反馈时，刚-柔-液复杂航天器姿态与角速度对比。由图 3.18 和图 3.19 可知，在加入阻尼反馈控制器后，实现了航天器姿态稳定控制，当柔性振动得到如图所示抑制后，实现了姿态稳定精度由10^{-4}提高到了10^{-5}。

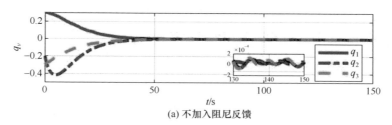

(a) 不加入阻尼反馈

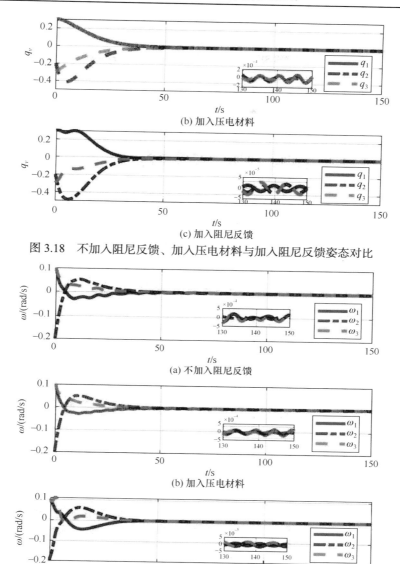

(b) 加入压电材料

(c) 加入阻尼反馈

图 3.18　不加入阻尼反馈、加入压电材料与加入阻尼反馈姿态对比

(a) 不加入阻尼反馈

(b) 加入压电材料

(c) 加入阻尼反馈

图 3.19　不加入阻尼反馈、加入压电材料与加入阻尼反馈角速度对比

图 3.20 和图 3.21 给出了自适应干扰观测器与柔性振动观测器输出曲线。由图 3.20 和图 3.21 可知,上述自适应干扰观测器与柔性振动观测器可以同时实现干扰与柔性振动估计。

图 3.22 给出了航天器控制器不加入阻尼反馈、加入压电材料与加入阻尼反馈后控制力矩对比。由图 3.22 可知,在 10s 内,由于控制器需要实现姿态稳定的同

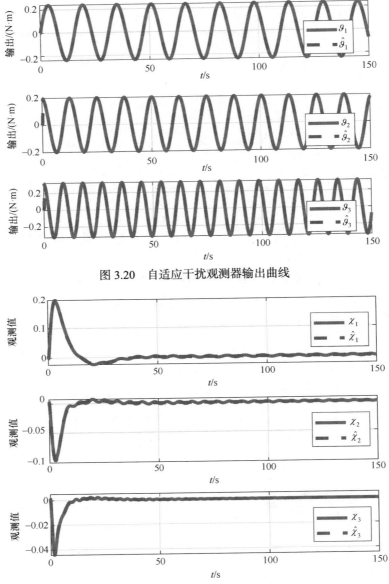

图 3.20　自适应干扰观测器输出曲线

图 3.21　柔性振动观测器曲线

时实现柔性振动抑制，因此相对于不加阻尼反馈的控制器，较不平滑。在 10s 后，柔性振动被抑制，控制力矩曲线较平滑。

图 3.23 给出了在控制器(3.63)作用下，不加入阻尼反馈、加入压电材料与加入阻尼反馈时复杂航天器第一阶、第二阶与第三阶柔性振动曲线对比。由图 3.23 可知，在加入阻尼反馈后，复杂航天器第一阶、第二阶与第三阶柔性振动得到有效抑制。

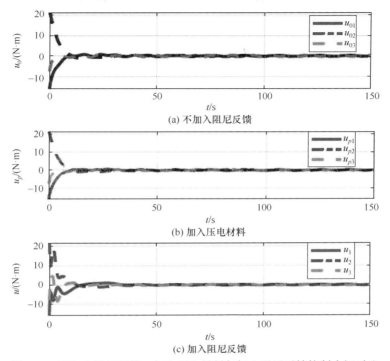

图 3.22　不加入阻尼反馈、加入压电材料与加入阻尼反馈控制力矩对比

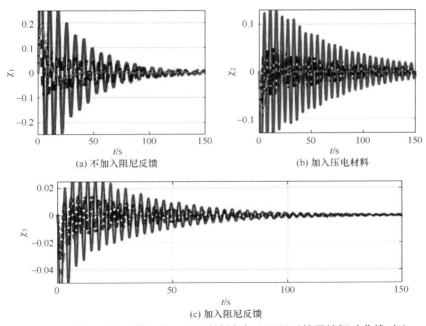

图 3.23　不加入阻尼反馈、加入压电材料与加入阻尼反馈柔性振动曲线对比

3.4　小　　结

本章介绍了复杂航天器柔性振动与液体晃动影响下的姿态稳定控制问题，综合考虑模型不确定与外界干扰的影响，首先对输入成形器方法进行了简要概述，并介绍了几种常见的输入成形器。然后考虑在实际飞行过程中航天器频率与固有频率不同，完成 FR 输入成形器设计，考虑到模型不确定、外界干扰与液体晃动的影响，完成自适应多变量终端滑模控制器设计，实现了复杂航天器的主动柔性振动抑制与有限时间姿态稳定控制。此外，为保证闭环系统的稳定性，考虑到模型不确定、外界干扰与液体晃动的影响，设计了基于阻尼反馈的柔性振动抑制方法，实现了在不需要压电材料情况下复杂航天器的主动柔性振动抑制与姿态稳定控制。

参 考 文 献

[1] Smith O. Posicast control of damped oscillatory systems. Proceedings of the IRE, 1957, 45(9): 1249-1255.

[2] Singer N, Seering W. Preshaping command inputs to reduce system vibration. Journal of Dynamic Systems, Measurement and Control, 1990, 112(1): 76-82.

[3] Singhose W, Derezinski S, Singer N. Extra-insensitive input shapers for controlling flexible spacecraft. Journal of Guidance Control and Dynamics, 2012, 19(2): 385-391.

[4] Singhose W E, Seering W P, Singer N C. Input shaping for vibration reduction with specified insensitivity to modeling errors. Proceedings of Japan-USA Symposium on Flexible Automation, Boston, 1996: 1-4.

[5] Vaughan J, Yano A, Singhose W. Comparison of robust input shapers. Journal of Sound and Vibration, 2007, 315(4-5): 797-815.

[6] Kozak K, Singhose W, Ebert-Uphoff I. Performance measures for input shaping and command generation. Journal of Dynamic Systems, Measurement, and Control, 2006, 128(3): 731-736.

[7] Wu B, Wang D, Poh E K. Decentralized robust adaptive control for attitude synchronization under directed communication topology. Journal of Guidance, Control, and Dynamics, 2011, 34(4): 1276-1282.

[8] Xiao B, Hu Q L, Friswell M I. Active fault-tolerant attitude control for flexible spacecraft with loss of actuator effectiveness. International Journal of Adaptive Control and Signal Processing, 2013, 27(11): 925-943.

[9] Zong Q, Shao S K. Decentralized finite-time attitude synchronization for multiple rigid spacecraft via a novel disturbance observer. ISA Transactions, 2016, 65: 150-163.

[10] Zhu Z, Xia Y Q, Fu M Y. Attitude stabilization of rigid spacecraft with finite-time convergence. International Journal of Robust and Nonlinear Control, 2011, 21(6): 686-702.

[11] Zhu W W, Zong Q, Tian B L. Adaptive tracking and command shaped vibration control, of

flexible spacecraft. IET Control, Theory and Applications, 2019, 13(8): 1121-1128.

[12] Hu Q L. Input shaping and variable structure control for simultaneous precision positioning and vibration reduction of flexible spacecraft with saturation compensation. Journal of Sound and Vibration, 2008, 318(1-2): 18-35.

[13] Pai M C. Closed-loop input shaping control of vibration in flexible structures using discrete-time sliding mode. International Journal of Robust and Nonlinear Control, 2011, 21(7): 725-737.

[14] Wang Q S, Duan Z S, Lv Y Z. Distributed attitude synchronization control for multiple flexible spacecraft without modal variable measurement. International Journal of Robust and Nonlinear Control, 2018, 28(10): 3435-3453.

[15] Du H B, Li S H. Attitude synchronization control for a group of flexible spacecraft. Automatica, 2014, 50(2): 646-651.

第4章 复杂航天器姿态机动轨迹优化与稳定跟踪控制

复杂航天器姿态大角度快速机动对机动的快速性、姿态指向精度和稳定度，以及柔性帆板低振动、液体燃料低晃动强度有很高的要求。为满足快速机动要求，航天器需要短时间内快速调整姿态，这势必会导致航天器储液箱内液体燃料的剧烈晃动及柔性帆板振动，而刚-柔-液三者耦合作用的存在，会严重影响系统的稳定性，这对航天器的稳定性及高精度控制提出了巨大的挑战[1-3]。同时，航天器姿态机动过程中，受执行机构及所负载荷等物理约束影响，存在多种约束条件，且为了保证所携带传感器的正常工作，其测量光轴需避免宇宙空间中其他光体(如太阳、月亮等)的影响。此外，由于未知的空间环境影响，很可能会引起角速度陀螺仪损坏或部分故障，或为了降低成本，部分航天器在研制过程中就未安装角速度敏感器，从而导致难以准确进行姿态角速度测量，或角速度状态完全不可测量。因此，如何综合考虑机动"快速性"与"稳定性"之间的矛盾，在满足多约束条件下进行姿态机动轨迹优化设计，并在角速度不可测条件下通过控制策略进行轨迹的高精度稳定跟踪控制是需要研究的重点问题。

本章主要内容安排如下：4.1节针对航天器机动过程中的复杂多约束多目标问题，采用Gauss伪谱法，实现兼顾快速性及稳定性的姿态机动轨迹优化设计；4.2节考虑角速度不可测问题，设计有限时间观测器及角速度数值计算算法，实现对不可测角速度的有限时间估计；4.3节针对姿态机动轨迹的跟踪控制问题，研究基于多变量自适应积分滑模的控制方法，实现对优化姿态机动轨迹的稳定跟踪控制；4.4节给出本章小结。

4.1 航天器姿态机动轨迹优化

4.1.1 姿态机动轨迹设计与稳定跟踪控制总体框架

复杂航天器姿态优化与快速机动控制的结构如图4.1所示，整个系统由三个核心部分构成。第一部分：为获取快速稳定的姿态机动轨迹，利用优化手段，将姿态快速性、晃动及振动抑制的需求作为优化目标，建立包括角速度、角加速度及控制输入的多约束条件，基于Gauss伪谱法获得满足机动敏捷性指标要求下，最大限度地降低振动及晃动强度的姿态机动轨迹，初步保证姿态机动的稳定性及快速性。第二部分：为实现对不可测角速度的估计，设计不依赖系统模型的有限时间观测器，并利用数值计算方法获得角速度估计值。第三部分：基于所设计的姿态优化轨迹及角速度估计值，考虑未知外界干扰及残余振动等综合上界在实际中难以获取的问题，设计自适应多变量连续螺旋滑模控制器，无需干扰上界信息，提高控制精度，实现对期望姿态机动轨迹的有限时间快速高精度跟踪控制。

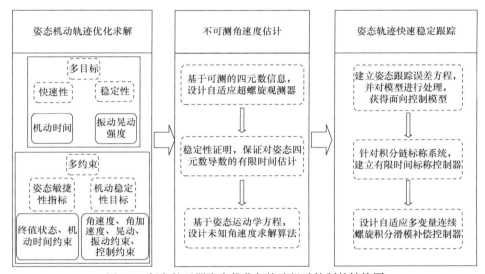

图 4.1　复杂航天器姿态优化与快速机动控制的结构图

下面将在给定姿态机动任务的情形下，考虑机动快速性及稳定性需求，介绍姿态机动的优化模型、多约束条件及多目标函数，建立姿态机动轨迹优化求解问题，并通过 Gauss 伪谱法结合序列二次规划进行求解，完成满足多目标多约束的姿态机动轨迹优化设计。

4.1.2　姿态机动轨迹设计多目标多约束条件建立

1. 姿态运动学及动力学模型

航天器机动过程中姿态角及角速度的变化必须时刻满足姿态运动学及动力学方程，考虑到空间环境干扰力矩影响，在第 2 章姿态模型即式(2.76)～式(2.78)的基础上，得到如式(4.1)～式(4.4)所示的航天器姿态模型：

$$
\begin{cases}
\dot{q}_v = \dfrac{1}{2}\left(q_0 I_3 + q_v^{\times}\right)\omega \\[2mm]
\dot{q}_0 = -\dfrac{1}{2}q_v^{\mathrm{T}}\omega
\end{cases}
\tag{4.1}
$$

$$J\dot{\omega} + \delta_f^{\mathrm{T}}\ddot{\chi} + \delta_l^{\mathrm{T}}\ddot{\eta} = -\omega^{\times}\left(J\omega + \delta_f^{\mathrm{T}}\dot{\chi} + \delta_l^{\mathrm{T}}\dot{\eta}\right) + u(t) + T \tag{4.2}$$

$$\delta_f\dot{\omega} + \ddot{\chi} + C_f\dot{\chi} + K_f\chi = 0 \tag{4.3}$$

$$\delta_l\dot{\omega} + M_\eta\ddot{\eta} + C_l\dot{\eta} + K_l\eta = 0 \tag{4.4}$$

式中，T 为空间环境干扰力矩，其他参数在第 2 章均已进行详细解释，此处不再赘述。

2. 空间环境干扰力矩分析

在进行卫星姿态机动轨迹设计时，需要对式(4.2)中空间环境干扰力矩 T 进行计算估计，以最大限度地保证轨迹设计的准确性。在实际工程中，空间环境干扰力矩 T 主要包括重力梯度力矩 T_g、太阳光压力矩 T_s、大气阻力力矩 T_q 和地磁力矩 T_m，下面将进行详细介绍。

1) 重力梯度力矩

假设卫星轨道为圆轨道，本体坐标轴为惯量主轴(惯量积为零)。当卫星本体坐标系相对于轨道坐标系的姿态角度 φ、θ、ϕ 为小角度时，重力梯度力矩 $T_g = \begin{bmatrix} T_{gx} & T_{gy} & T_{gz} \end{bmatrix}^{\mathrm{T}}$ 在本体坐标系下表示为

$$\begin{cases} T_{gx} = -3\omega_0^2(J_y - J_z)\varphi \\ T_{gy} = -3\omega_0^2(J_x - J_z)\theta \\ T_{gz} = 0 \end{cases} \tag{4.5}$$

式中，ω_0 为轨道角速度；J_x、J_y、J_z 分别为转动惯量矩阵 J 对角线上对应的值。

当卫星姿态在大角度机动或者卫星本体系偏离轨道坐标系较大情况下，采用四元数形式表示的重力梯度为

$$\begin{cases} T_{gx} = 3\omega_0^2\left(J_z - J_y\right)\left[2\left(q_2q_3 + q_0q_1\right)\left(q_0^2 + q_3^2 - q_1^2 - q_2^2\right)\right] \\ T_{gy} = 3\omega_0^2\left(J_x - J_z\right)\left[2\left(q_1q_3 - q_0q_2\right)\left(q_0^2 + q_3^2 - q_1^2 - q_2^2\right)\right] \\ T_{gz} = 3\omega_0^2\left(J_y - J_x\right)\left[4\left(q_1q_3 - q_0q_2\right)\left(q_2q_3 + q_0q_1\right)\right] \end{cases} \tag{4.6}$$

2) 太阳光压力矩

太阳光压力矩是由太阳辐射压力的压心与卫星质心不重合导致的，太阳光压力矩与卫星距离的平方成反比，基本与轨道高度无关，近似为常数。假设太阳垂直照射卫星表面，此时太阳光压的估计式为

$$F_s = \frac{I_0}{c}\left[-(1+R) + \frac{2}{3}M\right]S \tag{4.7}$$

式中，$I_0 = 1395\,\mathrm{W/m^2}$ 为太阳辐射通量；c 为光速；R 为反射系数，可取为 0.24；M 为漫反射系数，一般取为零；S 为光照面积。由计算可得 $F_s = -5.766 \times 10^{-6} S$。取卫星三个面光照面积为 $S = \begin{bmatrix} 0.25 & 0.25 & 0.15 \end{bmatrix}^\mathrm{T}\,\mathrm{m^2}$，并且综合考虑太阳光辐射向量与卫星本体系坐标转换关系，取太阳光压 $F_s = \begin{bmatrix} F_{sx} & F_{sy} & F_{sz} \end{bmatrix}^\mathrm{T}$ 的平均值为

$$F_{sx} = 1.6 \times 10^{-6}\,\mathrm{N}$$

$$F_{sy} = 1.2 \times 10^{-6}\,\mathrm{N}$$

$$F_{sz} = 1 \times 10^{-6}\,\mathrm{N}$$

则太阳光压力矩可以表示为

$$T_s = L_s F_s \tag{4.8}$$

式中，L_s 为太阳到卫星表面的垂直距离。

3）大气阻力力矩

航天器运行时，其受到的气动力可以表示为

$$F_q = \frac{1}{2} C_d \rho S v^2 v_d \tag{4.9}$$

式中，C_d 为阻力系数；ρ 为大气密度；v 为来流相对航天器的速度；v_d 为来流方向单位矢量。v 的计算公式为

$$v^2 = \frac{\mu}{r} \left(1 - \frac{3\omega_e}{\omega_0} \cos i \right) \tag{4.10}$$

式中，$\mu = 3.986 \times 10^{14}\,\mathrm{m^3/s^2}$；$r$ 为航天器到地心的距离；ω_e 为地球自旋角速度；ω_0 为轨道角速度；i 为卫星轨道倾角。来流方向单位矢量 v_d 在轨道坐标系的分量为 $v_o = \begin{bmatrix} -1 & \alpha_0 & 0 \end{bmatrix}^\mathrm{T}$，其中，$\alpha_0 = \frac{1.5\omega_e}{\omega_0} \sin i \cos(\omega_0 t)$，$t$ 为从升交点开始计算的时间。v_d 在本体坐标系的分量为 $v_o' = A_{bo} \begin{bmatrix} -1 & \alpha & 0 \end{bmatrix}^\mathrm{T}$，其中 A_{bo} 为轨道坐标系到本体坐标系的旋转矩阵。因此，在航天器本体坐标系中，得到大气阻力力矩 $T_q = \begin{bmatrix} T_{qx} & T_{qy} & T_{qz} \end{bmatrix}^\mathrm{T}$ 为

$$T_q = \frac{1}{2} C_d \rho S v^2 l v_b \tag{4.11}$$

式中，$l = \begin{bmatrix} l_x & l_y & l_z \end{bmatrix}^\mathrm{T}$ 为航天器质心到压心的矢径。

4）地磁力矩

在轨道坐标系中，地磁场的强度表示为

$$B_o = \frac{\mu_m}{r^3} \begin{bmatrix} \sin\theta_m \cos(\omega_0 t + \eta_m) \\ -\cos\theta_m \\ 2\sin\theta_m \sin(\omega_0 t + \eta_m) \end{bmatrix} \tag{4.12}$$

式中，地球偶极子强度 μ_m=8.1×10^{15}T·m^3；轨道角速度 ω_0 = 9.9182×10^{-4}rad/s；磁轨道倾角 θ_m=30°−11.5°=18.5°，瞬时轨道与磁赤道升交点到轨道与地理赤道升交点的角度沿轨道方向为常值取 η_m=15°。

在航天器本体坐标系下地磁场强度为

$$B_b = A_{bo} B_o \tag{4.13}$$

式中，A_{bo} 为从卫星轨道坐标系到卫星本体坐标系的转换矩阵。

假设卫星上的等效磁矩为 $M = \begin{bmatrix} M_x & M_y & M_z \end{bmatrix}^T$，则作用于卫星上的磁力矩 $T_m = \begin{bmatrix} T_{mx} & T_{my} & T_{mz} \end{bmatrix}^T$ 为

$$\begin{aligned} T_{mx} &= M_y B_z - M_z B_y \\ T_{my} &= M_z B_x - M_x B_z \\ T_{mz} &= M_x B_y - M_y B_x \end{aligned} \tag{4.14}$$

3. 多约束条件

1) 控制约束

由于航天器执行机构(如飞轮、推力器等)的输出幅值有限，在机动过程中要求三个方向的输出幅值均不得超过最大力矩约束，表示为

$$|u_i| \leqslant u_{\max}, \quad i = 1, 2, 3 \tag{4.15}$$

2) 姿态角速度约束

考虑到航天器测量载荷(如陀螺仪等)等任务需求，为了获得准确的测量数据，需要姿态角速度限制在一定范围内进行变化，如 X 射线定时探测器(X-ray timing explorer，XTE)航天器就需要在速率陀螺仪的约束范围内进行操纵[4]。因此，航天器姿态机动过程中，需要根据任务需求对姿态角速度进行一定约束，表示为

$$|\omega_i| \leqslant \omega_{\max}, \quad i = 1, 2, 3 \tag{4.16}$$

3) 姿态角加速度约束

由柔性帆板振动模型(4.3)及液体燃料晃动模型(4.4)可以看出，姿态角加速度变化会影响振动及晃动幅度，角加速度过大会导致剧烈的振动及晃动强度，进而由于刚体与柔液之间的耦合作用，对航天器的稳定性产生巨大影响。因此，需要对姿态角加速度进行一定约束，以避免航天器突然加/减速对系统稳定性造成影响，表示为

$$|\dot{\omega}_i| \le a_{\max}, \quad i = 1, 2, 3 \tag{4.17}$$

4) 姿态约束

为保证航天任务的实施，如深空探测及对地观测等，航天器上经常配备各种测量仪器，而由于空间中其他光体(如太阳、月亮等)的存在，为保证仪器测量的准确性，必须避免测量元件的光轴与其他光体视轴重合，示意图如图 4.2 所示，假设 r_B 为测量仪器的光轴矢量，r_I 为惯性坐标系下其他光体的方向矢量，θ 为测量仪器的视野大小。因此，为了保证测量元件的有效工作，矢量 r_B 与 r_I 之间的夹角必须大于 θ。首先，惯性坐标系下光轴矢量表示为

$$R_i = R(q)^{\mathrm{T}} r_B = \left(q_0^2 - q_v^{\mathrm{T}} q_v \right) r_B + 2 \left(q_v^{\mathrm{T}} r_B \right) q + 2 q_0 \left(q_v^{\times} r_B \right) \tag{4.18}$$

式中，$R(q)$ 为本体坐标系到惯性坐标系的旋转矩阵。针对向量 $x = \begin{bmatrix} x_1 & x_2 & x_3 \end{bmatrix}^{\mathrm{T}}$，定义 $x^{\times}$ 为斜对称矩阵，表示为

$$x^{\times} = \begin{bmatrix} 0 & -x_3 & x_2 \\ x_3 & 0 & -x_1 \\ -x_2 & x_1 & 0 \end{bmatrix} \tag{4.19}$$

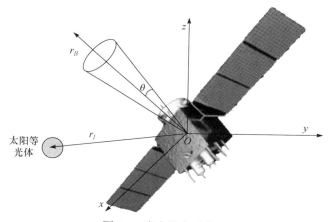

图 4.2 姿态约束示意图

基于式(4.18)，姿态约束可以表示为

$$r_I R_i < \cos\theta \tag{4.20}$$

进一步，可以得到姿态约束为

$$q^{\mathrm{T}} \begin{bmatrix} r_I R_i^{\mathrm{T}} + R_i r_I^{\mathrm{T}} - \left(r_I^{\mathrm{T}} R_i \right) I_3 & R_i^{\times} r_I \\ \left(R_i^{\mathrm{T}} r_I \right)^{\mathrm{T}} & r_I^{\mathrm{T}} R_i \end{bmatrix} Q < \cos\theta \tag{4.21}$$

4. 多性能指标

姿态机动轨迹优化的目标为在满足机动快速性的基础上，最大限度地降低振动及晃动强度，保证系统稳定性。定义柔性振动强度为 $E_1(t) = \dot{\chi}^{\mathrm{T}}(t)\dot{\chi}(t) + \chi^{\mathrm{T}}(t) \cdot K_f \chi(t)$，液体晃动强度为 $E_2(t) = \dot{\eta}^{\mathrm{T}}(t)\dot{\eta}(t) + \eta^{\mathrm{T}}(t)K_l\eta(t)$。综合考虑机动快速性及稳定性需求，设计性能指标函数为

$$J_{\min} = \int_{t_0}^{t_f} \left[\alpha_1 + (E_1 + E_2) \right] \mathrm{d}t \tag{4.22}$$

式中，t_0 为姿态机动初始时刻；t_f 为姿态机动终值时刻；α_1 为权值，通过改变 α_1 的值能改变机动时间及振动晃动强度对性能指标的主导作用，获得不同需求下的姿态机动优化轨迹。

5. 姿态机动轨迹优化问题描述

复杂航天器在姿态机动过程中，需要快速达到预定的姿态，但快速的姿态变换会加剧航天器中的液体晃动和柔性帆板振动程度，进而影响整个航天器姿态的稳定性。因此，为综合平衡复杂航天器姿态快速机动过程中快速性与稳定性之间的矛盾，针对上述航天器姿态动力学及运动学模型，即式(4.2)～式(4.4)，综合考虑控制输入约束(4.15)、角速度约束(4.16)、角加速度约束(4.17)、姿态约束(4.21)及空间干扰力矩(4.5)～(4.14)影响，在给定机动初始及终值姿态、快速性要求下，通过优化求解完成姿态机动轨迹设计，实现航天器既快又稳的姿态机动。

4.1.3 基于 Gauss 伪谱法的姿态机动轨迹设计

Gauss 伪谱法是一种解决复杂优化问题的有效方法，近年来被广泛应用[5-8]。本节基于 Gauss 伪谱法，对多目标多约束条件(4.15)～(4.21)下的航天器姿态轨迹设计问题进行离散化处理，从而将其转化为一个非线性规划问题。

1. 区间变换

上述描述的姿态机动轨迹优化问题的时间区间 $t \in \left[t_0, t_f \right]$，基于 Gauss 伪谱法对上述问题进行求解时，需将时间区间转换到 $\tau \in \left[-1, 1 \right]$。因此，进行如式(4.23)所示的映射变换：

$$\tau = \frac{2t}{t_f - t_0} - \frac{t_f + t_0}{t_f - t_0} \tag{4.23}$$

为表述方便，轨迹优化问题在映射变换式(4.23)下，可变为式(4.24)～式(4.27)所示的形式：

$$\min \quad J_{\min} = \Phi\left(x(\tau_0),\ t_0, x(\tau_f),\ t_f\right) + \frac{t_f - t_0}{2} \int_{\tau_0}^{\tau_f} G\left(x(\tau), u(\tau), \tau; t_0, t_f\right)\mathrm{d}\tau \tag{4.24}$$

$$\dot{x}(\tau) = \frac{t_0 - t_f}{2} F\left(x(\tau), u(\tau), \tau; t_0, t_f\right), \quad \tau \in [-1,1] \tag{4.25}$$

$$\Psi\left(x(\tau_0), x(\tau_f); t_0, t_f\right) = 0 \tag{4.26}$$

$$C\left(x(\tau), u(\tau), \tau; t_0, t_f\right) \leqslant 0 \tag{4.27}$$

式中，$J_{\min}$ 代表轨迹优化的目标函数；式(4.25)代表姿态运动学及动力学模型，即式(4.2)～式(4.4)；式(4.26)中的 Ψ 代表轨迹优化问题的边值约束；式(4.27)中的 C 代表机动过程的控制输入约束(4.15)、角速度约束(4.16)、角加速度约束(4.17)、姿态约束(4.21)及空间干扰力矩(4.5)～(4.14)。

2. 最优控制问题的转化

设基于 Gauss 伪谱法对问题进行离散处理时，选取的离散点个数为 $N+2$，记为 $\tau_0, \tau_1, \cdots, \tau_N, \tau_f$，其中，$\tau_0 = -1$，$\tau_f = 1$，$\tau_k (k = 1, 2, \cdots, N)$ 为如下 N 阶 Legendre 多项式的零点，也称为 Legendre-Gauss(LG)点。

$$P_N(\tau) = \frac{1}{2^N N!} \frac{\mathrm{d}^N}{\mathrm{d}\tau^N}\left(\tau^2 - 1\right)^N \tag{4.28}$$

这些零点位于[-1,1]，且在两端分布比较密集，能很好地避免数值逼近中可能导致的龙格现象。基于上述定义，状态变量和控制变量可通过式(4.29)和式(4.30)进行逼近：

$$x(\tau) \approx X(\tau) = \sum_{i=0}^{N} X(\tau_i) L_i(\tau) \tag{4.29}$$

$$u(\tau) \approx U(\tau) = \sum_{k=1}^{N} U(\tau_k) \overline{L}_k(\tau) \tag{4.30}$$

式中，$L_i(\tau)$ 和 $\overline{L}_k(\tau)$ 分别表示以 $\tau_i (i = 0, 1, \cdots, N)$ 和 $\tau_k (k = 1, 2, \cdots, N)$ 为节点的拉格朗日插值基函数，定义为

$$L_i(\tau) = \prod_{j=0, j \neq i}^{N} \frac{\tau - \tau_j}{\tau_i - \tau_j}, \quad \overline{L}_k(\tau) = \prod_{j=1, j \neq k}^{N} \frac{\tau - \tau_j}{\tau_k - \tau_j} \tag{4.31}$$

由式(4.29)～式(4.31)不难发现，基于拉格朗日插值多项式逼近的状态和控制在插值节点处与实际的状态和控制是等价的，即 $x(\tau_i) = X(\tau_i), u(\tau_k) = U(\tau_k)$。注意式(4.29)，其并没有包含终端状态约束，而对于航天器姿态机动轨迹设计问题，其终端状态约束是必须要满足的，利用 Gauss 伪谱法对问题进行离散时，终端状

态约束为

$$X(\tau_f) = X(\tau_0) + \frac{t_f - t_0}{2} \sum_{k=1}^{N} \alpha_k F\left(X(\tau_k), U(\tau_k), \tau_k; t_0, t_f\right) \tag{4.32}$$

式中，α_k 为 Gauss 求积公式的权系数，计算公式为

$$\alpha_k = \int_{-1}^{1} \overline{L}_k(\tau) \mathrm{d}\tau = \frac{2}{\left(1 - \tau_k^2\right)\left[\dot{P}_N(\tau_k)\right]^2} \tag{4.33}$$

式中，$\dot{P}_N$ 表示 N 阶 Legendre 多项式的微分。进一步，对式(4.29)求导可得

$$\dot{x}(\tau) \approx \dot{X}(\tau) = \sum_{i=0}^{N} \dot{L}_i(\tau) x(\tau_i) \tag{4.34}$$

式中，拉格朗日多项式在 LG 点处的微分，可通过微分矩阵 $D \in \mathbf{R}^{N \times (N+1)}$ 求得，当插值节点个数给定时，该矩阵为一常值，矩阵 D 可通过式(4.35)计算：

$$D_{ki} = \dot{L}_i(\tau_k) = \begin{cases} \dfrac{(1+\tau_k)\dot{P}_N(\tau_k) + P_N(\tau_k)}{(\tau_k - \tau_i)\left[(1+\tau_i)\dot{P}_N(\tau_i) + P_N(\tau_i)\right]}, & i \neq k \\[4mm] \dfrac{(1+\tau_i)\ddot{P}_N(\tau_i) + 2\dot{P}_N(\tau_i)}{2\left[(1+\tau_i)\dot{P}_N(\tau_i) + P_N(\tau_i)\right]}, & i = k \end{cases} \tag{4.35}$$

经过上述变换，最优控制问题的微分约束式(4.25)可近似为式(4.36)所示的代数约束：

$$\sum_{i=0}^{N} D_{ki} X(\tau_i) - \frac{t_f - t_0}{2} F\left(X(\tau_k), U(\tau_k); t_0, t_f\right) = 0 \tag{4.36}$$

终端状态的微分约束通过式(4.32)近似，再入飞行过程中，轨迹的边值约束(4.26)、路径约束(4.27)可利用插值节点处的约束进行逼近，得到

$$\Psi\left(X_0, t_0, X_f, t_f\right) = 0 \tag{4.37}$$

$$C\left[\left(X_k, U_k, \tau_k; t_0, t_f\right)\right] \leqslant 0 \tag{4.38}$$

进一步，利用 Gauss 求积公式，对轨迹优化问题的目标函数(4.24)进行逼近，可得

$$\min J = \Phi\left(x(\tau_0), t_0, x(\tau_f), t_f\right) + \frac{t_f - t_0}{2} \sum_{k=1}^{N} \alpha_k G\left(X_k, U_k, \tau_k; t_0, t_f\right) \tag{4.39}$$

经过上述转化，轨迹优化问题(4.24)~(4.27)的求解可转化为对下述非线性规划问题的求解：求插值节点处的状态变量 $X(\tau_i)(i = 0,1,2,\cdots,N)$、$X(\tau_f)$，控制变

量 $U(\tau_k)(k=1,2,\cdots,N)$ 及初始时刻 t_0 和终值时刻 t_f，使系统轨迹在满足终端状态约束(4.32)、动力学方程约束(4.36)、边值约束(4.37)和路径约束(4.38)的条件下，性能指标(4.39)最优。

3. 非线性规划问题的求解

经 Gauss 伪谱法离散后的非线性规划问题是一个复杂的优化问题，不恰当的初值猜测将导致问题难以收敛或陷于局部最优。此外，上述非线性规划问题待求变量的数量级差别很大，进一步加剧了问题的求解难度。因此，首先对上述非线性规划问题进行缩放处理。

1) 缩放处理

在对上述非线性规划问题的求解过程中，为了使计算结果更好地收敛到最优解，一个有效的缩放准则是保证优化变量的值具有相似的数量级。为此，对机动过程中的状态量和控制量进行如式(4.40)所示的缩放变换：

$$\tilde{U}_i = \frac{U_i}{U_{\max}}, \quad \tilde{W}_i = \frac{W_i}{W_{\max}}, \quad \tilde{\dot{W}}_i = \frac{\dot{W}_i}{a_{\max}} \tag{4.40}$$

式中，角度的单位为 rad。

2) 初值猜测

直接法是在求解轨迹优化问题中一种常用的初值生成策略：首先，选用较少的插值节点，对问题进行求解；然后，为了获得更高的求解精度，在下一步的计算中选取更多的插值节点，并以较少节点产生的轨迹作为此次计算的初值，对问题进行计算。本研究中采用此种初值生成策略。

3) 非线性规划问题的求解

目前对非线性规划问题求解的各种方法中，序列二次规划算法以其整体的收敛性和局部超一次收敛，被认为是求解非线性规划问题最有效的方法之一。对上述大规模的非线性规划问题求解，选用集成了该算法的非线性规划求解器 SNOPT[9,10]。

考虑复杂航天器大角度机动过程中的多目标多约束条件，将姿态快速性、晃动及振动抑制的需求作为优化需求，通过 Gauss 伪谱法结合序列二次规划算法，获得在满足机动敏捷性指标要求下，最大限度地降低振动及晃动强度的姿态机动轨迹，为后续大角度姿态快速稳定机动控制奠定基础。

4.2　有限时间姿态角速度估计

本节针对角速度无法进行测量的问题，考虑到超螺旋算法的高精度与快速收敛特性，首先设计自适应超螺旋状态观测器，实现对姿态四元数导数的有限时间估计，且不依赖于数学模型。基于观测器估计值及姿态运动学模型，设计角速度求解算法，获得角速度的估计值，为后续控制器设计奠定基础。

4.2.1　有限时间状态观测器设计

为进行有限时间状态观测器设计，首先进行以下假设。

假设 4.1　考虑到航天器姿态慢变的特性，其姿态是连续变化的，假设航天器在运行过程中姿态不会发生突变，其姿态四元数是二阶连续可导的，且满足 $\|\ddot{q}\| \leqslant l_{31}$，其中，$l_{31} \geqslant 0$ 为未知正常数。

为了估计不可测角速度，首先根据可测的姿态四元数，设计如式(4.41)所示的有限时间观测器，实现对姿态四元数导数的估计：

$$\begin{cases} \dot{\hat{q}} = -\xi_{41} \dfrac{e}{\|e\|^{1/2}} + h_{41} \\ \dot{h}_{41} = -\dfrac{\xi_{42}}{2} \dfrac{e}{\|e\|} \end{cases} \tag{4.41}$$

式中，$\hat{q} \in \mathbf{R}^4$ 为姿态四元数 q 的估计值，$e = \hat{q} - q \in \mathbf{R}^4$ 为四元数估计误差，自适应增益 ξ_{41}、ξ_{42} 设计为

$$\begin{cases} \dot{\xi}_{41} = \begin{cases} \kappa_{41}\sqrt{\dfrac{b_{41}}{2}}, & \|e\| > \sigma_T \\ 0, & \|e\| \leqslant \sigma_T \end{cases} \\ \xi_{42} = \sigma_3 \xi_{41} \end{cases} \tag{4.42}$$

式中，κ_{41}、b_{41}、σ_3 为任意正常数；σ_T 为任意小的边界值。

对四元数估计误差 e 进行求导，并代入式(4.41)可得

$$\begin{cases} \dot{e} = -\xi_{41} \dfrac{e}{\|e\|^{1/2}} + h_q \\ \dot{h}_q = -\dfrac{\xi_{42}}{2} \dfrac{e}{\|e\|} - \ddot{q} \end{cases} \tag{4.43}$$

定理 4.1　考虑复杂航天器姿态四元数，假设 4.1 成立的条件下，设计如式(4.41)和式(4.42)所示的自适应超螺旋观测器，如果选择的观测器参数满足 $\kappa_{41} > 0$，$\kappa_{42} > 0$，$b_{41} > 0$，$b_{42} > 0$，$\sigma_3 = \dfrac{\kappa_{42}}{\kappa_{41}}\sqrt{\dfrac{b_{42}}{b_{41}}}$，那么姿态四元数估计误差 e 及其导数 $\dot{e}$ 会在有限时间收敛到 0，即可以实现 $\hat{q} = q$，$\dot{\hat{q}} = \dot{q}$。

证明　定义 Lyapunov 函数为

$$
V_{41} = (\rho_3 + 4\sigma_3^2)z_1^{\mathrm{T}}z_1 + z_2^{\mathrm{T}}z_2 - 2\sigma_3(z_1^{\mathrm{T}}z_2 + z_2^{\mathrm{T}}z_1)
$$
$$
+ \frac{1}{2b_{41}}(\xi_{41} - \xi_{41}^*)^2 + \frac{1}{2b_{42}}(\xi_{42} - \xi_{42}^*)^2 \tag{4.44}
$$

其中，$z = [z_1 \ z_2]^{\mathrm{T}} = \left[\dfrac{e}{\|e\|^{1/2}} \ h_q\right]^{\mathrm{T}}$；$\xi_{41}^*(>0)$、$\xi_{42}^*(>0)$、$b_{42}(>0)$ 为设计的参数。

定义新变量：

$$
V_{40} = (\rho_3 + 4\sigma_3^2)z_1^{\mathrm{T}}z_1 + z_2^{\mathrm{T}}z_2 - 2\sigma_3(z_1^{\mathrm{T}}z_2 + z_2^{\mathrm{T}}z_1) = z^{\mathrm{T}}Nz \tag{4.45}
$$

式中，$N = \begin{bmatrix} \rho_3 + 4\sigma_3^2 & -2\sigma_3 \\ -2\sigma_3 & 1 \end{bmatrix}$。由式(4.45)及 N 的定义可知，如果 $\rho_3 > 0$，σ_3 为任意值，那么 N 就是正定的。

对式(4.45)求导，并代入式(4.43)可得

$$
\dot{V}_{40} = \dot{z}^{\mathrm{T}}Nz + z^{\mathrm{T}}N\dot{z} \leqslant -\frac{1}{\|e\|^{1/2}}z^{\mathrm{T}}Qz \tag{4.46}
$$

式中

$$
Q = \begin{bmatrix} \rho_3\xi_{41} + 2\sigma_3(2\sigma_3\xi_{41} - \xi_{42}) + 4\sigma_3 l_1 & \left(\dfrac{\xi_{42}}{2} - \sigma_3\xi_{41} - \dfrac{\rho_3}{2} - 2\sigma_3^2\right) - l_1 \\ \left(\dfrac{\xi_{42}}{2} - \sigma_3\xi_{41} - \dfrac{\rho_3}{2} - 2\sigma_3^2\right) - l_1 & 4\sigma_3 \end{bmatrix}
$$

为了保证矩阵 Q 为正定的，设置 $\xi_{42} = 2\sigma_3\xi_{41}$。如果 ξ_{41} 满足

$$
\xi_{41} > -\frac{\sigma_3(4l_1 + 1)}{\rho_3} + \frac{(2l_1 + \rho_3 + 4\sigma_3^2)^2}{12\sigma_3\rho_3} \tag{4.47}
$$

那么 Q 的最小特征值满足 $\lambda_{\min}(Q) \geqslant 2\sigma_3$。假设式(4.47)成立，基于式(4.45)和式(4.46)可得

$$
\dot{V}_{40} \leqslant -\frac{\sigma_3\lambda_{\min}^{1/2}(N)}{\lambda_{\max}(N)}V_{40}^{1/2} \tag{4.48}
$$

定义 $e_{\xi_{41}} = \xi_{41} - \xi_{41}^*$，$e_{\xi_{42}} = \xi_{42} - \xi_{42}^*$，$\kappa_{42} > 0$，对式(4.44)求导可得

$$
\dot{V}_{41} = \dot{V}_{40} + \frac{1}{b_{41}}e_{\xi_{41}}\dot{\xi}_{41} + \frac{1}{b_{42}}e_{\xi_{42}}\dot{\xi}_{42}
$$
$$
\leqslant -\frac{\sigma_3\lambda_{\min}^{1/2}(P)}{\lambda_{\max}(P)}V_{40}^{1/2} - \frac{\kappa_{41}}{\sqrt{2b_{41}}}\left|e_{\xi_{41}}\right| - \frac{\kappa_{42}}{\sqrt{2b_{42}}}\left|e_{\xi_{42}}\right| + \frac{1}{b_{41}}e_{\xi_{41}}\dot{\xi}_{41} \tag{4.49}
$$

$$+ \frac{1}{b_{42}} e_{\xi_{42}} \dot{\xi}_{42} + \frac{\kappa_{41}}{\sqrt{2b_{41}}} \left| e_{\xi_{41}} \right| + \frac{\kappa_{42}}{\sqrt{2b_{42}}} \left| e_{\xi_{42}} \right|$$

$$\leqslant -\eta_0 V_{41}^{1/2} + \frac{1}{b_{41}} e_{\xi_{41}} \dot{\xi}_{41} + \frac{1}{b_{42}} e_{\xi_{42}} \dot{\xi}_{42} + \frac{\kappa_{41}}{\sqrt{2b_{41}}} \left| e_{\xi_{41}} \right| + \frac{\kappa_{42}}{\sqrt{2b_{42}}} \left| e_{\xi_{42}} \right|$$

式中，$\eta_0 = \min\left(-\frac{\sigma_3 \lambda_{\min}^{1/2}(P)}{\lambda_{\max}(P)}, \kappa_{41}, \kappa_{42} \right)$。由自适应律表达式(4.42)可以得到，$\xi_{41}$、$\xi_{42}$ 是有界的。因此，存在 $\xi_{41}^* > 0$、$\xi_{42}^* > 0$ 使得对 $\forall t \geqslant 0$，存在 $\xi_{41} - \xi_{41}^* < 0$、$\xi_{42} - \xi_{42}^* < 0$。所以，式(4.49)可以转化为

$$\dot{V}_{41} \leqslant -\eta_0 V_{41}^{1/2} - \left| e_{\xi_{41}} \right| \left(\frac{1}{b_{41}} \dot{\xi}_{41} - \frac{\kappa_{41}}{\sqrt{2b_{41}}} \right) - \left| e_{\xi_{42}} \right| \left(\frac{1}{b_{42}} \dot{\xi}_{42} - \frac{\kappa_{42}}{\sqrt{2b_{42}}} \right) \tag{4.50}$$

因此，可以明显看出，如果自适应参数设计为

$$\begin{cases} \dot{\xi}_{41} = \kappa_{41} \sqrt{\dfrac{b_{41}}{2}} \\ \xi_{42} = \sigma_3 \xi_{41} \end{cases} \tag{4.51}$$

式中，$\sigma_3 = \dfrac{\kappa_{42}}{\kappa_{41}} \sqrt{\dfrac{b_{42}}{b_{41}}}$。基于式(4.50)和式(4.51)，可以得到

$$\dot{V}_{41} \leqslant -\eta_0 V_{41}^{1/2} \tag{4.52}$$

根据式(4.52)可得，观测器估计误差 e 及其导数 $\dot{e}$ 会在有限时间收敛到零，收敛时间为

$$T_{41} \leqslant \frac{2 V_{41}^{1/2}(x_0)}{\eta_0} \tag{4.53}$$

式中，$V_{41}(x_0)$ 为 $V_{41}(x)$ 的初值。

由式(4.46)～式(4.52)的推导可以看出，式(4.52)成立的前提是式(4.47)必须成立。在初始时刻，估计误差 e 较大，此时，自适应参数 ξ_{41} 将根据自适应律(4.51)增大，直到式(4.47)成立，从而根据式(4.46)～式(4.52)的进一步推导，得到 e 在有限时间收敛。在这之后就没必要再增大 ξ_{41}、ξ_{42}，因此这之后自适应律设置如式(4.42)所示。证毕。

注 4.1 从理论层面上，只要参数选取满足 $\kappa_{41} > 0$、$\kappa_{42} > 0$、$b_{41} > 0$、$b_{42} > 0$，那么所设计的状态观测器(4.41)就能够保证估计误差在有限时间收敛。在仿真过程中，参数的变化会影响系统的控制性能。由式(4.53)可以看出，η_0 越大，收敛时间越短，但是估计精度会越低。因此，在收敛快速性与估计精度之间存在矛盾。

由 η_0 的表达式可以看出，$\sigma_3\uparrow$、$\kappa_{41}\uparrow$ 或 $\kappa_{42}\uparrow\Rightarrow\eta_0\uparrow$。基于 σ_3 的表达式可以得到，$\kappa_{41}\uparrow$、$\kappa_{42}\downarrow$、$b_{42}\uparrow$ 或 $b_{41}\downarrow\Rightarrow\sigma_3\uparrow$。因此，$\kappa_{41}$、$b_{42}$ 取值越大，b_{41} 取值越小，对应的收敛时间越短，但是估计精度也会越低，故在实际仿真中通过不断试错，根据不同需求来选择合适的参数。

4.2.2　角速度求解

基于 4.2.1 节设计的自适应超螺旋滑模观测器(4.41)，可以在有限时间内得到姿态四元数导数的估计值，而角速度仍然是未知的。本节基于观测器的估计值及姿态运动学方程(4.1)，进行未知角速度的求解。

姿态运动学方程(4.1)可以转化为

$$\begin{bmatrix} -2\dot{q}_0 \\ 2\dot{q}_1 \\ 2\dot{q}_2 \\ 2\dot{q}_3 \end{bmatrix} = \begin{bmatrix} q_1 & q_2 & q_3 \\ q_0 & -q_3 & q_2 \\ q_3 & q_0 & -q_1 \\ -q_2 & q_1 & q_0 \end{bmatrix}\begin{bmatrix} \omega_1 \\ \omega_2 \\ \omega_3 \end{bmatrix} = M\begin{bmatrix} \omega_1 \\ \omega_2 \\ \omega_3 \end{bmatrix} \tag{4.54}$$

式中，$M\in\mathbf{R}^{4\times3}$。由于矩阵 M 不是方阵，无法对其进行求逆，因此无法进行角速度求解。对式(4.54)进行以下处理：

$$\begin{bmatrix} -2\dot{q}_0 \\ 2\dot{q}_1 \\ 2\dot{q}_2 \\ 2\dot{q}_3 \end{bmatrix} = \begin{bmatrix} q_1 & q_2 & q_3 & -q_0 \\ q_0 & -q_3 & q_2 & q_1 \\ q_3 & q_0 & -q_1 & q_2 \\ -q_2 & q_1 & q_0 & q_3 \end{bmatrix}\begin{bmatrix} \omega_1 \\ \omega_2 \\ \omega_3 \\ 0 \end{bmatrix} = \bar{M}\begin{bmatrix} \omega_1 \\ \omega_2 \\ \omega_3 \\ 0 \end{bmatrix} \tag{4.55}$$

式中，$\bar{M}\in\mathbf{R}^{4\times4}$，且 $\det\left(\bar{M}\right)=\sum\limits_{i=0,1,2,3}q_i^2$。由式(4.55)可以得到

$$\begin{bmatrix} \omega_1 \\ \omega_2 \\ \omega_3 \\ 0 \end{bmatrix} = \begin{bmatrix} q_1 & q_2 & q_3 & -q_0 \\ q_0 & -q_3 & q_2 & q_1 \\ q_3 & q_0 & -q_1 & q_2 \\ -q_2 & q_1 & q_0 & q_3 \end{bmatrix}^{-1}\begin{bmatrix} -2\dot{q}_0 \\ 2\dot{q}_1 \\ 2\dot{q}_2 \\ 2\dot{q}_3 \end{bmatrix} \tag{4.56}$$

因此，基于式(4.56)及观测器(4.41)，可以得到

$$\begin{bmatrix} \hat{\omega}_1 \\ \hat{\omega}_2 \\ \hat{\omega}_3 \\ \Theta \end{bmatrix} = \begin{bmatrix} \hat{q}_1 & \hat{q}_2 & \hat{q}_3 & -\hat{q}_0 \\ \hat{q}_0 & -\hat{q}_3 & \hat{q}_2 & \hat{q}_1 \\ \hat{q}_3 & \hat{q}_0 & -\hat{q}_1 & \hat{q}_2 \\ -\hat{q}_2 & \hat{q}_1 & \hat{q}_0 & \hat{q}_3 \end{bmatrix}^{-1}\begin{bmatrix} -2\dot{\hat{q}}_0 \\ 2\dot{\hat{q}}_1 \\ 2\dot{\hat{q}}_2 \\ 2\dot{\hat{q}}_3 \end{bmatrix} \tag{4.57}$$

式中，$\hat{\omega}=\begin{bmatrix} \hat{\omega}_1 & \hat{\omega}_2 & \hat{\omega}_3 \end{bmatrix}^{\mathrm{T}}$ 为未知角速度 ω 的估计值；Θ 是由 $\dot{q}$ 的估计误差导致的。

至此，实现了未知角速度 ω 估计值的求解，$\hat{\omega}$ 将用于后续姿态控制器设计。

本节通过设计不依赖系统模型的有限时间观测器，并利用数值计算方法，解决了航天器角速度不可测的问题，实现了未知角速度的有效估计，为后续姿态机动控制器的设计奠定了基础。

4.3　航天器姿态机动稳定跟踪控制

在 4.1 节所设计姿态机动优化轨迹及 4.2 节对不可测角速度估计的基础上，本节将考虑外界未知干扰及角速度估计误差的影响，首先建立航天器姿态跟踪误差系统，进行面向控制的建模。然后设计有限时间积分滑模控制器，包括两个部分：第一部分针对无干扰影响下的标称系统，设计标称控制器，保证航天器系统状态在有限时间收敛；第二部分考虑干扰影响，设计积分滑模补偿控制器，以估计并补偿干扰影响，且无需干扰上界已知，触够提高控制精度，实现对期望姿态机动轨迹的有限时间快速高精度跟踪控制。航天器姿态机动稳定跟踪控制结构如图 4.3 所示。

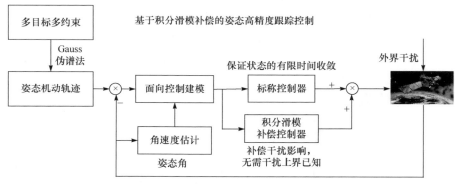

图 4.3　航天器姿态机动稳定跟踪控制结构图

4.3.1　面向控制建模

基于 4.2 节可知，角速度估计值 $\hat{\omega}$ 能够实现对 ω 的有限时间准确估计，但在未精确估计之前，存在的估计误差仍然会对系统稳定性产生一定影响，故在进行姿态控制时需要考虑误差。定义角速度估计误差为 $\ell(\omega)$，即 $\omega = \hat{\omega} + \ell(\omega)$。考虑角速度估计误差，则航天器动力学模型变为

$$J\dot{\hat{\omega}} + \delta_f^{\mathrm{T}}\ddot{\chi} + \delta_l^{\mathrm{T}}\ddot{\eta} = -\hat{\omega}^{\times}(J\hat{\omega} + \delta_f^{\mathrm{T}}\dot{\chi} + \delta_f^{\mathrm{T}}\dot{\eta}) + u + d + o(\ell(\omega)) \tag{4.58}$$

式中，$o(\ell(\omega)) = -\hat{\omega}^{\times}J\ell(\omega) - \ell(\omega)^{\times} - J\dot{\ell}(\omega)$。由定理 4.1 可知，$\ell(\omega)$ 是有界的，且

会在有限时间收敛到零。

为进行姿态优化轨迹跟踪控制，首先需要建立航天器姿态跟踪模型。考虑如式(4.1)～式(4.4)所示的耦合航天器运动学及动力学模型，定义期望坐标系 F_d 相对于地心惯性坐标系 F_I 的期望姿态四元数为 $q_d = \begin{bmatrix} q_{d0} & q_{dv}^{\mathrm{T}} \end{bmatrix}^{\mathrm{T}}$，其中，向量部分为 $q_{dv} = \begin{bmatrix} q_{d1} & q_{d2} & q_{d3} \end{bmatrix}^{\mathrm{T}}$，且满足 $\|q_d\| = 1$。定义期望坐标系 F_d 相对于地心惯性坐标系 F_I 的期望角速度为 $\omega_d = \begin{bmatrix} \omega_{d1} & \omega_{d2} & \omega_{d3} \end{bmatrix}^{\mathrm{T}}$。定义的期望姿态满足

$$\begin{cases} \dot{q}_{dv} = \dfrac{1}{2}\left(q_{d0}I_3 + q_{dv}^{\times}\right)\omega_d \\ \dot{q}_{d0} = -\dfrac{1}{2}q_{dv}^{\mathrm{T}}\omega_d \end{cases} \tag{4.59}$$

为了实现对期望姿态的跟踪控制，建立航天器本体坐标系 F_b 和期望坐标系 F_d 之间的误差四元数为 $q_e = \begin{bmatrix} q_{e0} & q_{ev}^{\mathrm{T}} \end{bmatrix}^{\mathrm{T}}$，$q_{ev} = \begin{bmatrix} q_{e1} & q_{e2} & q_{e3} \end{bmatrix}^{\mathrm{T}}$ 且满足 $\|q_e\| = 1$，以及两个坐标系之间的误差角速度为 $\omega_e = \begin{bmatrix} \omega_{e1} & \omega_{e2} & \omega_{e3} \end{bmatrix}^{\mathrm{T}}$。上述变量满足如下关系：

$$\begin{cases} q_{ev} = q_{d0}q_v - q_{dv}^{\times}q_v - q_0 q_{dv} \\ q_{e0} = q_{dv}^{\mathrm{T}}q_v + q_0 q_{d0} \\ \omega_e = \omega - R\omega_d \end{cases} \tag{4.60}$$

式中，R 是由期望坐标系 F_d 到航天器本体坐标系 F_b 的旋转矩阵，且满足

$$\begin{cases} R = \left(q_{e0}^2 - q_{ev}^{\mathrm{T}}q_{ev}\right)I_3 + 2q_{ev}q_{ev}^{\mathrm{T}} - 2q_{e0}q_{ev}^{\times} \\ \|R\| = 1, \quad \dot{R} = -\omega_e^{\times}R \end{cases} \tag{4.61}$$

因此，可得复杂航天器姿态跟踪误差动态方程为

$$\begin{cases} \dot{q}_{ev} = \dfrac{1}{2}\left(q_{e0}I_3 + q_{ev}^{\times}\right)\omega_e \\ \dot{q}_{e0} = -\dfrac{1}{2}q_{ev}^{\mathrm{T}}\omega_e \\ J\dot{\omega}_e + \delta_f^{\mathrm{T}}\ddot{\chi} + \delta_l^{\mathrm{T}}\ddot{\eta} = -\omega^{\times}\left(J\omega + \delta_f^{\mathrm{T}}\dot{\chi} + \delta_f^{\mathrm{T}}\dot{\eta}\right) + J\left(\omega_e^{\times}R\omega_d - R\dot{\omega}_d\right) + u + \mathrm{dd} \\ \ddot{\chi} + C\dot{\chi} + K\chi + \delta\dot{\omega} = 0 \\ M_{\eta}\ddot{\eta} + C_l\dot{\eta} + K_l\eta + \delta_l\dot{\omega} = 0 \end{cases} \tag{4.62}$$

式中，$\mathrm{dd} = d + o(\ell(\omega)) \in \mathbf{R}^3$。为了更方便地表示航天器姿态动力学，基于式(4.62)，可以得到

$$\dot{q}_{ev} = T\omega_e \tag{4.63}$$

式中，$T = \dfrac{1}{2}\left(q_{e0}I_3 + q_{ev}^{\times}\right)$。因此，可以得到

$$\omega_e = Y\dot{q}_{ev} \tag{4.64}$$

式中，$Y = T^{-1}$。对式(4.63)进行求导，并代入式(4.62)可得

$$J^{*}\ddot{q}_{ev} = N^{*}(q_{ev}, q_{e0})\dot{q}_{ev} + M^{*}(q_{ev}, q_{e0}, \omega_d) + Y^{\mathrm{T}}u + D \tag{4.65}$$

式中，$J^{*} = Y^{\mathrm{T}}J_0 Y \in \mathbf{R}^{3\times 3}$，综合不确定 D 包含系统外界干扰、输入成形器抑制后的残余振动 χ_c 及液体晃动影响，表示为 $D = Y^{\mathrm{T}}\left(\mathrm{dd} - \delta^{\mathrm{T}}\ddot{\chi}_c - \omega^{\times}\delta^{\mathrm{T}}\dot{\chi}_c - \delta_l^{\mathrm{T}}\ddot{\eta} - \omega^{\times}\delta_f^{\mathrm{T}}\dot{\eta}\right)$。系统动态项 $N^{*} \in \mathbf{R}^{3\times 3}$、$M^{*} \in \mathbf{R}^{3\times 3}$ 定义如下：

$$
\begin{aligned}
N^{*} &= -Y^{\mathrm{T}}J_0\dot{Y} - Y^{\mathrm{T}}\left(Y\dot{q}_{ev}\right)^{\times}J_0 Y \\
M^{*} &= -Y^{\mathrm{T}}\left(R\omega_d\right)^{\times}J_0 Y\dot{q}_{ev} - Y^{\mathrm{T}}\left(Y\dot{q}_{ev}\right)^{\times}J_0 R\omega_d - Y^{\mathrm{T}}\left(R\omega_d\right)^{\times}J_0 R\omega_d \\
&\quad + Y^{\mathrm{T}}J_0\left(\omega_e^{\times}R\omega_d - R\dot{\omega}_d\right)
\end{aligned} \tag{4.66}
$$

为描述方便，定义变量

$$z_1 = q_{ev}, \quad z_2 = \dot{q}_{ev} \tag{4.67}$$

那么，系统(4.65)可以表示为

$$
\begin{cases}
\dot{z}_1 = z_2 \\
J^{*}\dot{z}_2 = N^{*}z_2 + M^{*} + Y^{\mathrm{T}}u + D
\end{cases} \tag{4.68}
$$

假设 4.2　考虑到柔性振动有阻尼影响，因此假设机动过程中柔性振动模态 $\|\chi_i\|$ 及其导数 $\|\dot{\chi}_i\|$、$\|\ddot{\chi}_i\|$ 是有界的。此外，假设航天器所受到的外界干扰 $d(t)$ 是导数有界的。因此，综合不确定 D 的导数也将是有界的，即满足 $\|\dot{D}\| \leqslant L_3$，其中，$L_3$ 为未知正常数。

因此，控制目标描述为：基于航天器模型(4.68)，设计连续控制器 u，保证对外界干扰、柔性附件振动及液体燃料晃动影响的有效补偿，实现复杂航天器姿态机动优化轨迹的快速稳定跟踪。

4.3.2　姿态机动稳定跟踪控制器设计

针对航天器模型(4.68)，设计反馈控制器：

$$u = \left(Y^{\mathrm{T}}\right)^{-1}\left(-N^{*}z_2 - M^{*} + \varpi\right) \tag{4.69}$$

式中，ϖ 为虚拟控制量，其由标称控制器 ϖ_{norm} 及补偿控制器 ϖ_{dis} 组成：

$$\varpi = \varpi_{\mathrm{norm}} + \varpi_{\mathrm{dis}} \tag{4.70}$$

式中，标称控制器 ϖ_{norm} 用于保证无干扰及系统不确定影响下姿态稳定跟踪控制，而对干扰及残余振动等综合不确定影响，则通过补偿控制器 ϖ_{dis} 进行处理，保证对综合不确定的抑制。基于式(4.68)及式(4.69)，可以得到

$$\begin{cases} \dot{z}_1 = z_2 \\ J^* \dot{z}_2 = \varpi + D \end{cases} \tag{4.71}$$

下面分别介绍标称控制器 ϖ_{norm} 及补偿控制器 ϖ_{dis} 的设计过程。

1) 标称控制器 ϖ_{norm} 的设计

针对系统(4.71)，不考虑外界干扰、系统不确定及残余振动等影响，可得标称系统为

$$\begin{cases} \dot{z}_1 = z_2 \\ J^* \dot{z}_2 = \varpi_{\text{norm}} \end{cases} \tag{4.72}$$

引理 4.1　针对如式(4.73)所示的积分链系统：

$$\begin{cases} \dot{x}_1 = x_2 \\ \dot{x}_2 = x_3 \\ \quad\vdots \\ \dot{x}_n = \tau \end{cases} \tag{4.73}$$

定义 $k_1, k_2, \cdots, k_n > 0$ 使得多项式 $s^n + k_n s^{n-1} + \cdots + k_2 s + k_1$ 是 Hurwitz 稳定的，且存在 $\varepsilon \in (0,1)$ 使得对于每个 $r \in (1-\varepsilon, 1)$，如果采用如下反馈控制器：

$$\tau = -k_1 \|x_1\|^{r_1} \frac{x_1}{\|x_1\|} - \cdots - k_n \|x_n\|^{r_n} \frac{x_n}{\|x_n\|} \tag{4.74}$$

式中，$r_1, r_2, \cdots, r_n$ 满足

$$r_{i-1} = \frac{r_i r_{i+1}}{2r_{i+1} - r_i}, \quad i = 2, 3, \cdots, n \tag{4.75}$$

且 $r_n = r$、$r_{n+1} = 1$，那么系统(4.73)在有限时间收敛到平衡点。

考虑航天器标称系统(4.72)，设计如式(4.76)所示的标称控制器：

$$\varpi_{\text{norm}} = \left(J^*\right)^{-1} \left(-k_1 \|z_1\|^{r_1} \frac{z_1}{\|z_1\|} - k_2 \|z_2\|^{r_2} \frac{z_2}{\|z_2\|} \right) \tag{4.76}$$

式中，k_1、$k_2 > 0$。由引理 4.1 可知，标称控制器(4.76)能够保证航天器系统(4.72)姿态在有限时间收敛。系统(4.72)未考虑外界干扰及残余振动等综合不确定影响，因此下面给出补偿控制器设计过程，用来对系统综合不确定进行相应补偿。

2) 补偿控制器 ϖ_{dis} 的设计

针对航天器动力学模型,建立积分滑模面,并基于积分滑模面设计自适应多变量连续螺旋滑模控制器(adaptive multivariable continuous twisting controller, AMCTC),以补偿系统综合不确定影响。本部分所设计的 AMCTC 有效减小了传统螺旋滑模控制的强抖振,且自适应律设计可以保证无需综合不确定上界已知,更符合工程实际[11]。

基于航天器动力学模型(4.71),设计如式(4.77)所示的积分滑模面:

$$s = J^* z_2 - J^* z_2(0) - \int_0^t \Pi(\tau)\mathrm{d}\tau \tag{4.77}$$

式中,$\Pi(\tau) = \varpi_{\text{norm}} + \dot{J}^* z_2 - \dot{J}^* z_2(0)$;$z_2(0)$ 为状态 z_2 的初值;标称控制器 ϖ_{norm} 设计如式(4.76)所示。由于传统滑模控制器仅能保证在滑模面上滑动过程的鲁棒性,不能保证趋近滑模面过程的鲁棒性,而由积分滑模面(4.77)可以看出,当 $t = 0$ 时,滑模面 $s = 0$,即在此滑模面下,系统初始状态就位于滑模面上,避免了趋近滑模的过程,因此积分滑模面(4.77)能够保证整个过程的鲁棒性。

对滑模面(4.77)求导,并代入式(4.72)可得

$$\dot{s} = \varpi + D - \varpi_{\text{norm}} \tag{4.78}$$

由式(4.78)可得,当系统状态到达滑模面后,即当 $s = \dot{s} = 0$ 时,式(4.78)的等效控制 ϖ_{eq} 表示为

$$\varpi_{\text{eq}} = \varpi_{\text{norm}} - D \tag{4.79}$$

将式(4.79)代入航天器动力学模型(4.71)可得

$$\begin{cases} \dot{z}_1 = z_2 \\ J^* \dot{z}_2 = \varpi_{\text{norm}} \end{cases} \tag{4.80}$$

比较式(4.80)及式(4.72)可以看出,当系统状态到达滑模面后,受综合不确定影响下的系统动态(4.80)与标称系统动态(4.72)完全一样,且由引理 4.1 可知,标称控制器(4.76)能够保证姿态跟踪误差 q_{ev} 及姿态角速度跟踪误差 ω_e 在有限时间收敛到零。因此,此时控制目标则变为设计补偿控制器 ϖ_{dis},保证系统状态能够在有限时间收敛到滑模面(4.77)。

将式(4.70)和式(4.71)代入式(4.78)可得

$$\dot{s} = \varpi_{\text{dis}} + D \tag{4.81}$$

式中,ϖ_{dis} 用来补偿综合不确定影响,并保证系统状态在有限时间到达滑模面。对式(4.81)进一步积分可得

$$\ddot{s} = v + D \tag{4.82}$$

式中，虚拟控制量 $v = \dot{\varpi}_{\mathrm{dis}}$。基于自适应螺旋滑模理论，设计如式(4.83)所示的虚拟控制量 v：

$$v = -\hat{\alpha}\left(\frac{s}{\|s\|} + 0.5\frac{\dot{s}}{\|\dot{s}\|}\right) \tag{4.83}$$

式中，$\dot{s}$ 可由有限时间微分器获得；$\hat{\alpha}$ 由式(4.84)所示的自适应律获得：

$$\dot{\hat{\alpha}} = \begin{cases} \dfrac{\dfrac{\rho_1}{\sqrt{2\gamma_1}}\,\mathrm{sgn}(V_{42} - \mu)}{\dfrac{1}{\gamma_1} - \dfrac{2\hat{\alpha}s^{\mathrm{T}}s + \|s\|\dot{s}^{\mathrm{T}}\dot{s}}{\left|\hat{\alpha} - \alpha^*\right|^3}}, & \hat{\alpha} \geqslant \alpha_m \\ \eta_a, & \hat{\alpha} < \alpha_m \end{cases} \tag{4.84}$$

式中，V_{42} 定义如式(4.88)所示；ρ_1、η_a 为任意正常数；μ、α_m 为任意小的正常数；$\alpha^* > 0$ 为充分大的常数；γ_1 为待设计参数。因此，补偿控制器 ϖ_{dis} 为

$$\varpi_{\mathrm{dis}} = \int_0^t v\,\mathrm{d}\tau \tag{4.85}$$

由式(4.85)可以看出，不连续项出现在虚拟控制量 v 中，而真实控制输入 ϖ_{dis} 为连续的，因此整个控制输入 $\varpi = \varpi_{\mathrm{norm}} + \varpi_{\mathrm{dis}}$ 为连续的，从而可以有效减小抖振。从式(4.84)中可以看出，如果参数 α^* 选取足够大，那么式(4.84)可以简化为

$$\dot{\hat{\alpha}} = \begin{cases} \dfrac{\rho_1\sqrt{\gamma_1}}{2}\,\mathrm{sgn}(V_{42} - \mu), & \hat{\alpha} \geqslant \alpha_m \\ \eta_a, & \hat{\alpha} < \alpha_m \end{cases} \tag{4.86}$$

定理 4.2　针对外界干扰及模型不确定影响下的刚柔航天器姿态控制系统(4.62)，假设综合不确定具有未知上界，那么存在一系列正常数 ρ_1、η、μ、α_m 及 α^*、γ_1，使得如果控制输入设计如式(4.85)所示，自适应增益选取如式(4.84)所示，那么系统状态将在有限时间内收敛到滑模面 s 的小邻域内，邻域范围为 $\lambda_{\max}\{P_1\}\left(\|s\|^{1/2} + \|s\|\right)^4 \leqslant \mu$，其中，$\mu$ 为任意小的正常数，P_1 定义如式(4.92)所示。

证明　下面分两步进行定理 4.2 的证明。首先，假设综合不确定上界 L 已知，证明系统收敛特性；然后，在第一步的基础上，进一步证明上界 L 未知情形下的系统收敛特性。

(1) 为书写方便，定义新变量 $x_1 = s$，$x_2 = \dot{s}$，那么式(4.81)和式(4.82)可以转化为

$$\begin{cases} \dot{x}_1 = x_2 \\ \dot{x}_2 = v + \dot{D} \end{cases} \tag{4.87}$$

设计如下 Lyapunov 函数：

$$V_{42} = \alpha^2 x_1^{\mathrm{T}} x_1 + \gamma x_1^{\mathrm{T}} \|x_1\|^{1/2} x_2 + \alpha \|x_1\| x_2^{\mathrm{T}} x_2 + \frac{1}{4} \|x_2\|^4 \tag{4.88}$$

式中，γ 为待设计正常数。式(4.88)可重新书写为

$$V_{42} = \|x_1\| z^{\mathrm{T}} A z + \frac{1}{4} \|x_2\|^4 \tag{4.89}$$

式中，$z = \left[\dfrac{x_1}{\|x_1\|^{1/2}} \quad x_2 \right]^{\mathrm{T}}$，矩阵 A 为

$$A = \begin{bmatrix} \alpha^2 & \gamma/2 \\ \gamma/2 & \alpha \end{bmatrix} \tag{4.90}$$

为保证矩阵 A 的正定，参数 γ 需满足 $|\gamma| < 2\alpha^{3/2}$。考虑到 $\lambda_{\min}\{A\}\|z\|^2 \leqslant z^{\mathrm{T}} A z \leqslant \lambda_{\max}\{A\}\|z\|^2$ 及 $2\|x_1\|\|x_2\|^2 \leqslant \|x_1\|^2 + \|x_2\|^4$，由式(4.89)可以得到

$$\begin{aligned} V_{42} &\leqslant \lambda_{\max}\{A\}\left(\|x_1\|^2 + \|x_1\|\|x_2\|^2 \right) + \frac{1}{4}\|x_2\|^4 \\ &\leqslant \lambda_{\max}\{A\}\left(\|x_1\|^2 + \frac{\|x_1\|^2 + \|x_2\|^4}{2} \right) + \frac{1}{4}\|x_2\|^4 \\ &= \frac{3}{2}\lambda_{\max}\{A\}\|x_1\|^2 + \frac{1}{2}\left(\lambda_{\max}\{A\} + \frac{1}{2} \right)\|x_2\|^4 = \theta^{\mathrm{T}} P_1 \theta \end{aligned} \tag{4.91}$$

式中，$\theta = \left[\|x_1\| \quad \|x_2\|^2 \right]^{\mathrm{T}}$，矩阵 P_1 为

$$P_1 = \begin{bmatrix} \dfrac{3}{2}\lambda_{\max}\{A\} & 0 \\ 0 & \dfrac{1}{2}\left(\lambda_{\max}\{A\} + \dfrac{1}{2} \right) \end{bmatrix} \tag{4.92}$$

由式(4.92)可知，如果矩阵 $A > 0$，那么矩阵 $P_1 > 0$。由于

$$\lambda_{\min}\{P_1\}\|\theta\|^2 \leqslant \theta^{\mathrm{T}} P_1 \theta \leqslant \lambda_{\max}\{P_1\}\|\theta\|^2 \tag{4.93}$$

式(4.91)可以写为

$$\lambda_{\min}\{A\}\left(\|x_1\|^2 + \|x_1\|\|x_2\|^2 \right) + \frac{1}{4}\|x_2\|^4 \leqslant V_{42} \leqslant \lambda_{\max}\{P_1\}\|\theta\|^2 \leqslant \lambda_{\max}\{P_1\}\left(\|x_1\|^{1/2} + \|x_2\| \right)^4 \tag{4.94}$$

由此可见，Lyapunov 函数 V_{42} 是正定的。对 V_{42} 进行求导，可得

$$
\begin{aligned}
\dot{V}_{42} &= 2\alpha^2 x_1^{\mathrm{T}} \dot{x}_1 + \frac{3}{2}\gamma \|x_1\|^{1/2} x_2^{\mathrm{T}} \dot{x}_1 + \gamma \|x_1\|^{1/2} x_1^{\mathrm{T}} \dot{x}_2 \\
&\quad + \alpha\left(\frac{x_1^{\mathrm{T}} \dot{x}_1}{\|x_1\|} x_2^{\mathrm{T}} x_2 + 2\|x_1\| x_2^{\mathrm{T}} \dot{x}_2 \right) + x_2^{\mathrm{T}} \dot{x}_2 \|x_2\|^2 \\
&= \left(2\alpha^2 x_1^{\mathrm{T}} + \frac{3}{2}\gamma \|x_1\|^{1/2} x_2^{\mathrm{T}} + \alpha \frac{x_1^{\mathrm{T}} \|x_2\|^2}{\|x_1\|} \right) \dot{x}_1 \\
&\quad + \left(\gamma \|x_1\|^{1/2} x_1^{\mathrm{T}} + 2\alpha \|x_1\| x_2^{\mathrm{T}} + x_2^{\mathrm{T}} \|x_2\|^2 \right) \dot{x}_2 \\
&= -\gamma\left[\alpha + 0.5\alpha \frac{x_1^{\mathrm{T}} x_2}{\|x_1\| \|x_2\|} - \frac{x_1^{\mathrm{T}} \dot{D}}{\|x_1\|} \right] \|x_2\|^{3/2} \\
&\quad - \|x_2\|\left[\alpha\left(\alpha - \frac{2 x_2^{\mathrm{T}} \dot{D}}{\|x_2\|} \right) \|x_1\| - \frac{3}{2}\gamma \|x_1\|^{1/2} \|x_2\| + \left(\frac{1}{2}\alpha - \frac{x_2^{\mathrm{T}} \dot{D}}{\|x_2\|} \right) \|x_2\|^2 \right]
\end{aligned}
\tag{4.95}
$$

由于 $\alpha > 2L$，且 $\|\dot{D}\| \leqslant L$，式(4.95)可以写为

$$
\begin{aligned}
\dot{V}_{42} &\leqslant -\|x_2\|\left[\alpha(\alpha - 2L)\|x_1\| - \frac{3}{2}\gamma \|x_1\|^{1/2} \|x_2\| + \left(\frac{1}{2}\alpha - L \right)\|x_2\|^2 \right] - \gamma\left(\frac{1}{2}\alpha - L \right)\|x_1\|^{3/2} \\
&= -\gamma(1/2\alpha - L)\|x_1\|^{3/2} - \|x_2\| B^{\mathrm{T}} P B
\end{aligned}
\tag{4.96}
$$

式中，$B = \left[\|x_1\|^{1/2} \quad \|x_2\| \right]^{\mathrm{T}}$，矩阵 P 为

$$
P = \begin{bmatrix} 2\alpha\left(\dfrac{1}{2}\alpha - L \right) & -\dfrac{3}{4}\gamma \\[2mm] -\dfrac{3}{4}\gamma & \dfrac{1}{2}\alpha - L \end{bmatrix}
\tag{4.97}
$$

如果参数 α、γ 满足下列条件：

$$
\alpha > 2L, \quad 0 < \gamma < \frac{4\sqrt{2}}{3}\sqrt{\alpha}\left(\frac{1}{2}\alpha - L \right)
\tag{4.98}
$$

那么矩阵 P 是正定的，且由式(4.98)可以看出，$\dot{V}_{42}$ 是负定的。由于矩阵 P 为正定的，以下不等式是成立的：

$$
\lambda_{\min}\{P\}\left(\|x_1\| + \|x_2\|^2 \right) \leqslant P^{\mathrm{T}} B P \leqslant \lambda_{\max}\{P\}\left(\|x_1\| + \|x_2\|^2 \right)
\tag{4.99}
$$

那么，根据式(4.94)和式(4.99)，式(4.96)可以写为

$$\dot{V}_{42} \leqslant -\gamma \left(\frac{1}{2}\alpha - L \right) \|x_1\|^{3/2} - \|x_2\| \lambda_{\min}\{P\} \left(\|x_1\| + \|x_2\|^2 \right)$$

$$\leqslant -\gamma \|x_1\|^{3/2} \left(\frac{1}{2}\alpha - L \right) - \|x_2\|^3 \lambda_{\min}\{P\}$$

$$\leqslant -K \left(\|x_1\|^{3/2} + \|x_2\|^3 \right) \tag{4.100}$$

$$\leqslant -\frac{K}{2^{2/3}} \left(\|x_1\|^{1/2} + \|x_2\| \right)^3$$

$$\leqslant -\frac{K}{2^{2/3}\lambda_{\max}\{P_1\}} V_{42}^{3/4}$$

式中，$K = \min\left\{ \lambda_{\min}\{P\}, \gamma\left(\frac{1}{2}\alpha - L \right) \right\}$。由此可见，如果综合不确定上界 L 是已知的，那么式(4.98)是可以满足的，因此由式(4.100)可以得出，系统状态将会在有限时间收敛到零。

(2) 基于第(1)步，建立如下 Lyapunov 函数：

$$V_{43} = V_{42} + \frac{1}{4\gamma_1}(\hat{\alpha} - \alpha^*)^4 \tag{4.101}$$

回顾第(1)步的证明过程，在计算式(4.95)中 $\dot{V}_{42}$ 时假设 α 为常数。此时，$\hat{\alpha}$ 为时变值，且假设式(4.98)成立，对 V_{43} 求导可得

$$\dot{V}_{43} \leqslant -\frac{K}{2^{2/3}\lambda_{\max}\{P_1\}} V_{42}^{3/4} + \frac{1}{\gamma_1}\left(\hat{\alpha} - \alpha^* \right)^3 \dot{\hat{\alpha}} + \left(2\hat{\alpha}x_1^{\mathrm{T}}x_1 + \|x_1\|x_2^{\mathrm{T}}x_2 \right)\dot{\hat{\alpha}}$$

$$\leqslant -r\left(V_{42}^{3/4} + \left| \hat{\alpha} - \alpha^* \right|^3 \right) + \frac{\rho_1}{\sqrt{2\gamma_1}}\left| \hat{\alpha} - \alpha^* \right|^3 + \frac{1}{\gamma_1}\left(\hat{\alpha} - \alpha^* \right)^3 \dot{\hat{\alpha}} + \left(2\hat{\alpha}x_1^{\mathrm{T}}x_1 + \|x_1\|x_2^{\mathrm{T}}x_2 \right)\dot{\hat{\alpha}}$$

$$\tag{4.102}$$

式中，$r = \min\left\{ \frac{K}{2^{2/3}\lambda_{\max}\{P_1\}}, \frac{\rho_1}{\sqrt{2\gamma_1}} \right\}$。基于杨氏不等式，式(4.102)中的第一项可以转化为

$$-r\left(V_{42}^{3/4} + \left| \hat{\alpha} - \alpha^* \right|^3 \right) \leqslant -r\left(V_{42} + \left| \hat{\alpha} - \alpha^* \right|^4 \right)^{3/4}$$

$$\leqslant -r\left(V_{42} + \frac{\left| \hat{\alpha} - \alpha^* \right|^4}{4\gamma_1} \right)^{3/4} \tag{4.103}$$

$$= -r V_{43}^{3/4}$$

式中，$\gamma_1 \geqslant 1/4$。因此，式(4.102)转化为

$$\dot{V}_{43} \leqslant -rV_{43}^{3/4} + \kappa \tag{4.104}$$

式中，$\kappa = \left|\hat{\alpha} - \alpha^*\right|^3 \left[\dfrac{\rho_1}{\sqrt{2\gamma_1}} + \dot{\hat{\alpha}}\left(\dfrac{2\hat{\alpha}x_1^{\mathrm{T}}x_1 + \|x_1\|x_2^{\mathrm{T}}x_2}{\left|\hat{\alpha} - \alpha^*\right|^3} + \dfrac{1}{\gamma_1}\mathrm{sgn}\left(\hat{\alpha} - \alpha^*\right)\right)\right]$。下面分三种

情形进行自适应律分析。

情形 1　假设 $V_{42} > \mu$，$\hat{\alpha} \geqslant \alpha_m$，基于式(4.84)和式(4.101)，可以得到

$$\dot{\hat{\alpha}} = \dfrac{\rho_1/\sqrt{2\gamma_1}}{\dfrac{1}{\gamma_1} - \dfrac{2\hat{\alpha}x_1^{\mathrm{T}}x_1 + \|x_1\|x_2^{\mathrm{T}}x_2}{\left|\hat{\alpha} - \alpha^*\right|^3}} \tag{4.105}$$

将式(4.105)代入 κ 的表达式，可以得到 $\kappa=0$。为了避免式(4.105)的奇异性，增益 γ_1 的取值范围设定为

$$\dfrac{1}{4} \leqslant \gamma_1 \leqslant \dfrac{\varepsilon_0^3}{\max\limits_{x_1,x_2\in\Omega}\left(2\hat{\alpha}x_1^{\mathrm{T}}x_1 + \|x_1\|x_2^{\mathrm{T}}x_2 + o\right)} \tag{4.106}$$

式中，$\varepsilon_0 > 0$，满足 $\alpha^* - \varepsilon_0 > 2L$；$o$ 为略大于 0 的正常数；Ω 为包含原点的有界集合。由式(4.105)和式(4.106)可以看出，$\dot{\hat{\alpha}} > 0$，因此增益 $\hat{\alpha}$ 将会根据式(4.105)不断增加，直到满足条件(4.98)，那么由第(1)步可以得到，只要条件(4.98)满足，那么可得式(4.104)成立，且 $\kappa=0$，因此 $\dot{V}_{43} \leqslant -rV_{43}^{3/4}$，故系统状态可以在有限时间内收敛到邻域 $V_{42} \leqslant \mu$。

情形 2　当 $V_{42} \leqslant \mu$、$\hat{\alpha} \geqslant \alpha_m$ 时，由自适应律表达式(4.84)可得

$$\dot{\hat{\alpha}} = \dfrac{-\rho_1/\sqrt{2\gamma_1}}{\dfrac{1}{\gamma_1} - \dfrac{2\hat{\alpha}x_1^{\mathrm{T}}x_1 + \|x_1\|x_2^{\mathrm{T}}x_2}{\left|\hat{\alpha} - \alpha^*\right|^3}} \tag{4.107}$$

由 κ 的表达式可得，κ 为正值，且参数 $\hat{\alpha}$ 会减小，直到 $\hat{\alpha} < 2L$，此时关系式(4.98)将不再满足，因此会导致 $V_{42} > \mu$。此时，会重新到达情形 1，因此最终系统状态还是会收敛至小邻域 $V_{42} \leqslant \mu$。

情形 3　当 $\hat{\alpha} \leqslant \alpha_m$ 时，基于自适应律表达式(4.84)可得 $\dot{\hat{\alpha}} = \eta_a$，即 $\hat{\alpha}$ 将一直增大直到达到 $\hat{\alpha} \geqslant \alpha_m$，此时到达情形 1，且状态 x_1、x_2 将在有限时间内收敛到 $V_{42} \leqslant \mu$。若 α^* 选择得充分大，则 $\dot{\hat{\alpha}} \approx \rho_1\sqrt{\gamma_1/2}$，可以得到

$$\hat{\alpha}(t) \approx \alpha(0) + \rho_1 \sqrt{\frac{\gamma_1}{2}} t \tag{4.108}$$

显然，$\hat{\alpha}(t)$ 将在时刻 t_1 超过 $2L$，t_1 的表达式为

$$t_1 \approx \frac{2L - \alpha(0)}{\rho_1} \sqrt{\frac{2}{\gamma_1}} \tag{4.109}$$

t_1 过后，$\hat{\alpha}(t) > 2L$ 条件满足，则 Lyapunov 函数的导数(4.102)为负定，故状态 x_1、x_2 将相应减小。因此，$\|x_1\|$、$\|x_2\|$，即 $\|s\|$、$\|\dot{s}\|$ 的最大值，t_1 时刻的值为

$$\|s\| \leqslant \|s(t_1)\| \leqslant \psi_1, \quad \|\dot{s}\| \leqslant \|\dot{s}(t_1)\| \leqslant \psi_2 \tag{4.110}$$

式中

$$\psi_1 = \|s(0)\| + \left[\|\dot{s}(0)\| + \sqrt{\frac{2}{\gamma_1}} \frac{4L(2L - \alpha(0))}{\rho_1} \right] \left(\frac{2L - \alpha(0)}{\rho_1} \sqrt{\frac{2}{\gamma_1}} \right)$$

$$\psi_2 = \|\dot{s}(0)\| + \sqrt{\frac{2}{\gamma_1}} \frac{4L(2L - \alpha(0))}{\rho_1}$$

根据前面所证明的，t_1 过后，可以得到 $\dot{V}_{43} \leqslant -rV_{43}^{3/4}$，因此可以在有限时间 $t_2 = t_1 + \frac{4V_{43}^{1/4}(t_1)}{r}$ 内到达小邻域 $V_{43} \leqslant \mu$，其中，$V_{43}(t_1)$ 可以由式(4.108)～式(4.110) 求得。定理 4.2 得证。

4.3.3　仿真分析

1. 仿真条件

仿真过程中，航天器初始角速度为 $\omega(t_0) = \begin{bmatrix} 0 & 0 & 0 \end{bmatrix}^T$ rad/s，初始姿态四元数设置为 $q(t_0) = \begin{bmatrix} 0.33 & 0.66 & -0.62 & -0.2726 \end{bmatrix}^T$，姿态机动至期望目标姿态四元数 $q(t_f) = \begin{bmatrix} 0.2 & -0.5 & -0.5 & -0.6782 \end{bmatrix}^T$，$\omega(t_f) = \begin{bmatrix} 0 & 0 & 0 \end{bmatrix}^T$ rad/s。航天器转动惯量设置为

$$J = \begin{bmatrix} 350 & 3 & 4 \\ 3 & 270 & 10 \\ 4 & 10 & 190 \end{bmatrix} \text{kg} \cdot \text{m}^2$$

考虑前三阶振动模态及前四阶晃动模态。其中，刚柔耦合矩阵为

$$\delta_f = \begin{bmatrix} 6.45637 & 1.27814 & 2.15629 \\ -1.25819 & 0.91756 & -1.67264 \\ 1.11687 & 2.48901 & -0.83674 \end{bmatrix} kg^{1/2} \cdot m/s^2$$

各阶振动模态的自然频率分别设置为 $\Lambda_1 = 0.7681\text{rad/s}$，$\Lambda_2 = 1.1038\text{rad/s}$，$\Lambda_3 = 1.8733\text{rad/s}$，各阶模态阻尼分别为 $\xi_1 = 0.0056$，$\xi_2 = 0.0086$，$\xi_3 = 0.013$。

前四阶液体晃动模态的阻尼矩阵为 $C_l = \text{diag}\{3.334, 3.334, 0.237, 0.237\}$，刚度矩阵为 $K_l = \text{diag}\{55.21, 55.21, 7.27, 7.27\}$，晃动液体质量为 $m_1 = 20\text{kg}$，$m_2 = 0.8\text{kg}$，晃动液体质心与航天器的质心 Z 方向距离为 $b_1 = 1.127\text{m}$，$b_2 = 0.994\text{m}$。

未知干扰为 $d = 0.1[\sin(t/10) \quad \cos(t/15) \quad \sin(t/20)]^T \text{N} \cdot \text{m}$。

姿态机动中的约束设置为 $\omega_{max} = 0.1\text{rad/s}$，$a_{max} = 0.2\text{rad/s}^2$，$u_{max} = 150\text{N} \cdot \text{m}$。假设航天器所携带传感器的光轴位于航天器本体坐标系 Z 轴上，且在宇宙空间中存在三个会影响传感器测量精度的光体，其坐标及与测量光轴之间的最小夹角分别为 $R_1 = [0.183 \quad -0.983 \quad -0.036]^T$，$R_2 = [0 \quad 0.707 \quad 0.707]^T$，$R_3 = [-0.853 \quad 0.436 \quad -0.286]^T$，$\theta_1 = 30°$，$\theta_2 = 25°$，$\theta_3 = 25°$。通过计算可以看出，所设置的航天器初值及终值状态均在这三个约束范围之外。

标称控制器参数设置为 $k_1 = 1000$、$k_2 = 2000$、$r_1 = \dfrac{1}{2}$、$r_2 = \dfrac{5}{7}$，补偿控制器参数设置为 $\rho_1 = 1$、$\gamma_1 = 0.3$、$\alpha_m = 3$、$\eta = 1$、$\mu = 10^{-3}$。

2. 仿真结果

1) 姿态机动轨迹优化验证仿真结果

基于 Gauss 伪谱法结合序列二次规划，求解建立的控制输入约束(4.15)、角速度约束(4.16)、角加速度约束(4.17)及姿态约束(4.21)等多约束问题，通过调整权值 α_1，获得不同性能指标函数下的姿态优化轨迹。下面给出两种不同的优化轨迹：时间最优下的机动轨迹及能量(振动及晃动能量)最优下的机动轨迹。进一步，对机动时间及能量之间的关系给出相关总结。

(1) 时间最优轨迹设计。

时间最优指标下的姿态机动轨迹设计如图 4.4～图 4.8 所示，从仿真图可以看出，在所设置的物理约束(4.15)～(4.17)及三个姿态约束区域下，要完成要求的姿态机动最快需要 20s。

图 4.4 给出了航天器姿态机动(时间最优)过程中的姿态约束区域及姿态轨迹三维图，三个姿态约束区域由仿真条件中所设置的参数 (r_i, θ_i) 确定。从图中可以看出，所设计的姿态优化机动轨迹能够成功避开三个约束光体，满足所设置的姿态约束条件。

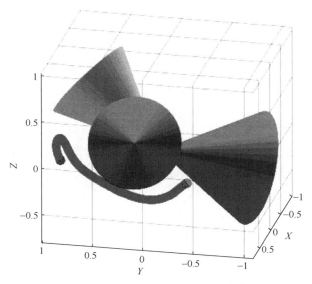

图 4.4　时间最优姿态约束区域及姿态轨迹三维图

　　图 4.5 为时间最优条件下的姿态四元数变化曲线，可以看出满足给定的初值及终值条件，能够实现期望的姿态机动。图 4.6 为时间最优条件下的角速度变化曲线，从仿真图中可以看出，为了在最短时间内完成姿态机动，姿态角速度在较短时间内达到最大值，并以最大角速度值运行，在到达期望姿态之前，快速减速达到期望角速度值，以完成最快机动，且满足给定的姿态角速度约束。图 4.7 和图 4.8 分别为时间最优下的前四阶柔性振动及液体晃动曲线，毫无疑问，快速机动会导致剧烈的柔性附件振动及液体燃料晃动，由于刚-柔-液三者之间的耦合影响，这会给姿态控制带来一定的影响。以上为时间最优指标下的姿态机动轨迹设计，均符合相关约束，验证了姿态机动轨迹优化的有效性。

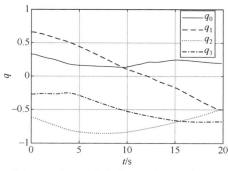

图 4.5　时间最优条件下的姿态四元数
变化曲线

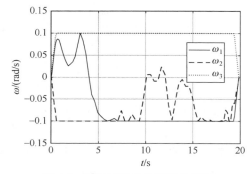

图 4.6　时间最优条件下的角速度
变化曲线

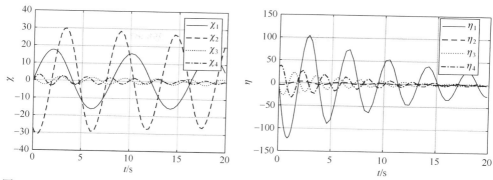

图4.7　时间最优条件下的前四阶柔性振动曲线　　图 4.8　时间最优条件下的前四阶液体晃动曲线

(2) 能量最优轨迹设计。

为进一步验证姿态轨迹设计的有效性，假定机动时间要求为35s，调整权值，获得能量最优指标(振动及晃动最小，反映系统稳定性指标)下的姿态机动轨迹设计如图 4.9~图 4.13 所示。

图 4.9 给出了航天器姿态机动(能量最优)过程中的姿态约束区域及姿态轨迹三维图，从图中可以看出，所设计的姿态优化机动轨迹仍然能够成功避开三个约束光体，满足所设置的姿态约束条件。

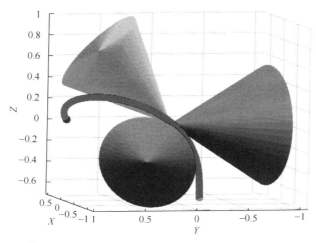

图4.9　能量最优姿态约束区域及姿态轨迹三维图

图 4.10 为能量最优条件下的姿态四元数变化曲线，可以看出满足给定的初值及终值条件，能够实现四元数 q 到达期望的姿态值。图 4.11 为能量最优条件下的角速度变化曲线，从仿真图中可以看出，不同于时间最优情形下角速度快速达到最大值，此种情况下机动时间长，无须达到最大角速度，且角速度变化缓慢，显

然带来的柔性附件振动及液体燃料晃动较小，如图 4.12 和图 4.13 所示，与图 4.7 和图 4.8 相比幅值明显减小。

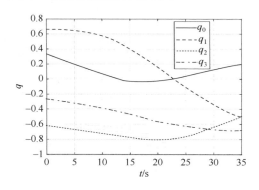

图 4.10　能量最优条件下的姿态四元数变化曲线

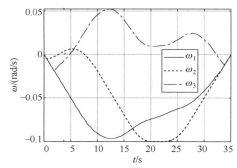

图 4.11　能量最优条件下的角速度变化曲线

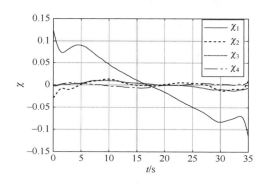

图 4.12　能量最优条件下的前四阶柔性振动
曲线

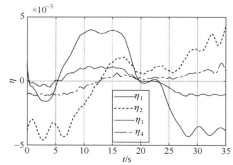

图 4.13　能量最优条件下的前四阶液体晃动
曲线

(3) 机动时间及能量的关系。

为进一步明确满足约束条件下姿态机动时间与能量之间的关系，方便后续根据不同工程需求进行选择，这里对机动时间 t 与总能量 E 之间的关系进行总结，如表 4.1 所示。为了更方便地看出两者的关系，假设时间最优情形下对应的总能量为 E_0，那么通过改变权值大小优化抑制的能量比为 $\Delta E / E_0 \times 100\%$。

表 4.1　姿态机动时间与总能量关系表

α	t/s	E	$\Delta E / E_0 \times 100/\%$
时间最优	20	1.364	0
0.5	20.8	0.5814	57.4
0.1	22	0.2153	84.2

α	t/s	E	$\Delta E/E_0 \times 100/\%$
0.01	25	0.063	95.4
0.005	28	0.0451	96.7
0.001	35	0.0226	98.3

在实际工程中，可以根据不同的航天器机动需求进行选择。

2) 姿态机动控制器验证仿真结果

基于所设计的姿态机动优化轨迹，进行角速度观测器及姿态机动控制器的有效性验证，仿真结果如图 4.14～图 4.22 所示。

图 4.14 为基于观测器及角速度数值计算的角速度估计曲线。从仿真图中可以看出，本书所设计的角速度估计算法能够实现对不可测角速度的有限时间估计，估计时间在 10s 之内。图 4.15 为角速度估计误差曲线，从图中可以看出，角速度估计误差数量级为 $1 \times 10^{-3} \text{rad/s}$。

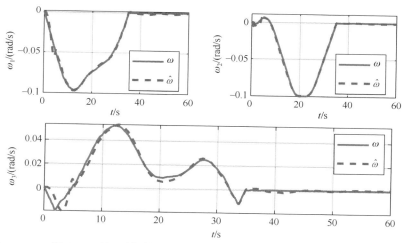

图 4.14　基于观测器及角速度数值计算的角速度估计曲线

图 4.16 描述了姿态四元数跟踪误差曲线。从仿真图中可以看出，所设计的自适应多变量螺旋积分滑模控制器能够保证姿态机动控制的跟踪误差数量级在 5×10^{-3}。图 4.17 为角速度跟踪误差曲线。从仿真图中可以看出，姿态稳定度优于 $1 \times 10^{-3} \text{rad/s}$。从图 4.16 和图 4.17 中可以看到，在 35s 时跟踪误差会出现大的波动，这是由于在 35s 时所设计的机动轨迹角速度达到零，但由于惯性作用，角加速度并不为零，在 35s 后角速度会有一个大的波动，在一定时间后逐渐稳

定在零值，因为在跟踪误差上会出现相应的波动，这也是后续研究中需要重点考虑的问题。

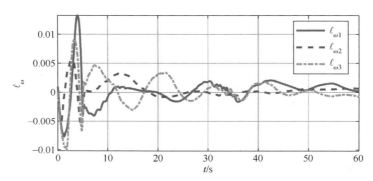

图 4.15　角速度估计误差曲线

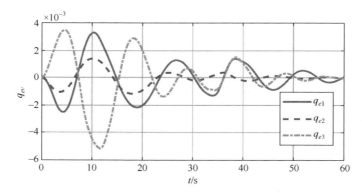

图 4.16　姿态四元数跟踪误差曲线

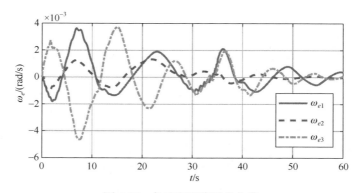

图 4.17　角速度跟踪误差曲线

图 4.18 为积分滑模面变化曲线。从仿真图中可以看出，在初始时刻系统状态位于滑模面上，即 $s=0$，能够保证整个过程的鲁棒性。滑模面在 12s 左右收敛到

零，这是由于在开始阶段，自适应控制参数未达到系统收敛所需值的大小，即如图4.19中自适应参数变化曲线所示，初始时刻自适应参数一直在增大，是为了补偿综合干扰影响，保证滑模面的收敛。在滑模面收敛后，为了避免增益过估计，减小抖振，自适应参数开始减小。

同样，由图4.18可以看出，35s后要达到系统稳定，也会出现较大波动，而相应的图4.19的自适应参数也会变大以进行补偿，待40s滑模面基本稳定后，自适应参数再次提高控制精度。图4.20为综合干扰D的估计曲线，其中，实线为$-D$的变化曲线，虚线为补偿控制器ϖ_{dis}的变化曲线，从图中可以看出，ϖ_{dis}能够实现对D的估计。

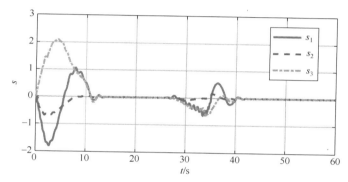

图4.18　积分滑模面变化曲线

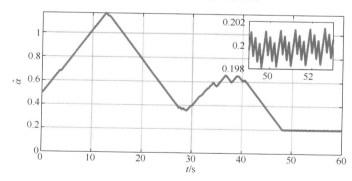

图4.19　自适应参数变化曲线

图4.21为柔性振动模态变化曲线，由图中可以看出，第一阶柔性振动模态影响最大，幅值达到0.2以上，且不断上下波动，这也成为图4.20中综合干扰的主导作用力矩。图4.22为液体晃动模态变化曲线，可以看出，同样为第一阶振动模态对航天器稳定性影响最大，但与柔性振动相比，液体晃动影响较小，幅值达到5×10^{-3}附近。

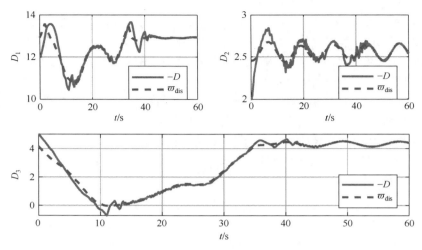

图 4.20　综合干扰 D 的估计曲线

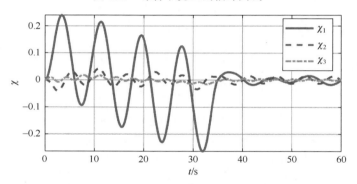

图 4.21　柔性振动模态变化曲线

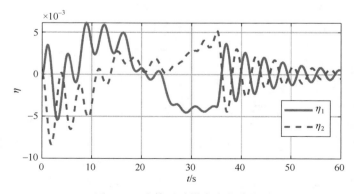

图 4.22　液体晃动模态变化曲线

4.4　小　　结

本章针对复杂航天器姿态机动轨迹优化与稳定跟踪控制问题进行了研究，首先综合考虑姿态敏捷性指标及稳定性需求，完成兼顾快速性及稳定性的姿态机动轨迹设计，为后续姿态机动控制提供了参考轨迹；然后针对航天器角速度不可测的问题，设计自适应超螺旋状态观测器及角速度求解算法，保证对角速度的有限时间估计，为后续控制器设计奠定基础；最后考虑未知外界干扰影响，提出了自适应多变量积分滑模控制器设计方法，无需干扰上界信息已知，能够有效提高控制精度，实现对期望姿态机动轨迹的有限时间快速高精度跟踪控制，并通过多组数值仿真，验证了所设计算法的有效性。

参 考 文 献

[1] Liu L, Cao D Q. Dynamic modeling for a flexible spacecraft with solar arrays composed of honeycomb panels and its proportional-derivative control with input shaper. Journal of Dynamic Systems, Measurement, and Control, 2016, 138(8): 81008.

[2] Song X J, Lu S F. Attitude maneuver control of liquid-filled spacecraft with unknown inertia and disturbances. Journal of Vibration and Control, 2019, 25(8): 1460-1469.

[3] Liu F, Yue B Z, Zhao L Y. Attitude dynamics and control of spacecraft with a partially filled liquid tank and flexible panels. Acta Astronautica, 2018, 143: 327-336.

[4] Wie B, Lu J B. Feedback control logic for spacecraft eigenaxis rotations under slew rate and control constraints. Journal of Guidance, Control, and Dynamics, 1995, 18(6): 1372-1379.

[5] Park C, Gong Q, Ross I M, et al. Fuel-optimal design of moon-earth trajectories using Legendre pseudospectral method. AIAA/AAS Astrodynamics Specialist Conference and Exhibit, Honolulu, 2008: AIAA-2008-7074.

[6] Bollino K, Ross I M. A pseudospectral feedback method for real-time optimal guidance of reentry vehicles. Proceedings of American Control Conference, New York, 2007: 3861-3867.

[7] Darby C L, Hager W W, Rao A V. An hp-adaptive pseudospectral method for solving optimal control problems. Optimal Control Applications and Methods, 2011, 32(4): 476-502.

[8] Hou H, Hager W, Rao A. Convergence of a Gauss pseudospectral method for optimal control[C]. AIAA Guidance, Navigation, and Control Conference, Minneapolis, 2015: 13-15.

[9] 陈小庆, 侯中喜, 刘建霞. 基于直接配点法的滑翔轨迹快速优化设计. 航空计算技术, 2010, 40(1): 37-41.

[10] Tian B L, Fan W R, Su R, et al. Real-time trajectory and attitude coordination control for reusable launch vehicle in reentry phase. IEEE Transactions on Industrial Electronics, 2015, 62(3): 1639-1650.

[11] Zhang X Y, Zong Q, Tian B L, et al. Continuous robust fault-tolerant control and vibration suppression for flexible spacecraft without angular velocity. International Journal of Robust and Nonlinear Control, 2019, 29(12): 3915-3935.

第 5 章　航天器故障诊断与容错控制

航天器运行过程中，由于星上资源和人工干预能力有限，且空间环境具有不可预知性，极易发生故障[1]；姿态控制系统作为航天器的一个关键分系统，具有结构复杂、工作环境恶劣、未知干扰及不确定因素多的特点，是发生故障最多的分系统之一。2011 年 8 月 18 日，我国在酒泉卫星发射中心用"长征二号丙"运载火箭发射"实践十一号"04 星，由于火箭二阶姿态失稳，航天器未能进入预定轨道。2013 年 5 月 21 日，美国的静止轨道气象航天器 GOES-13 由于姿态系统遭到破坏，停止发送图像和声音数据，该航天器很可能就此退役。因此，系统研究航天器故障诊断与容错控制的理论和方法，对保障航天器的安全可靠运行能力具有十分重要的意义。目前，如何实现干扰影响下的航天器有效故障诊断、解决故障诊断与容错控制目标矛盾问题、实现故障下的航天器有限时间姿态稳定控制，均是航天器故障诊断与容错控制领域亟须解决的难点问题。本章针对以上问题，分别基于被动容错及主动容错理论，展开航天器故障诊断与容错控制的理论探索。

本章主要内容安排如下：5.1 节对航天器故障进行相关概述，包括航天器故障案例、航天器故障的分类及典型故障类型；5.2 节利用滑模观测器及终端滑模控制器方法，实现航天器的有限时间被动容错控制；5.3 节基于自适应策略，实现干扰影响下的航天器故障诊断与容错控制；5.4 节设计滑模增广系统，实现航天器故障诊断-容错控制一体化设计；5.5 节给出本章小结。

5.1　航天器故障概述

本节首先对国内外航天器故障案例进行相关概述，然后根据不同的分类方法，介绍航天器的几种常见故障类型。

5.1.1　航天器故障案例

航天器是一个复杂的系统，通常可以分为结构、电源、姿态轨道控制、测控、载荷等诸多分系统。在现行航天任务中，常把航天器入轨后直到完成姿态捕获作为航天器发射任务成功的标志。历史的教训表明，航天器姿态轨道控制系统(attitude and orbit control system，AOCS)故障，成为以往大量航天任务失败的罪魁祸首。航天器姿态轨道控制系统是一类复杂的工程系统，根据 Tafazoli 的研究[2]，在所有的这些故障中，有超过 30%的故障是发生在姿态轨道控制系统中的，而由执行器故障所引发的飞行任务失败更是超过了 50%。在航天器发射入轨一年时间内即发生故障的情况占比近 41%，其中，近 40%的故障是极严重的，该类故障会使航天器完全失效，而约 60%的故障将使任务目标效能下降。

针对在轨航天器，本书调研了具体的故障案例。首先，考虑航天器推力器和飞轮故障情况，相关案例如表 5.1 和表 5.2 所示。

表 5.1　部分在轨航天器推力器故障分析

航天器型号	所属国家或地区	故障分析	故障产生时间	故障影响
Iridium 27	美国	推力器故障消耗掉所有燃料	1997-09-14	完全失控
Nozomi	日本	推力器阀门卡死于开启状态	1998-12-20	任务中断
Galaxy 8I	美国	3 个 XIPS 推力器完全失效	2000-09-01	寿命缩减
JCSat-1B	日本	推力器异常导致姿态失控	2005-01-02	任务中断
Eutelsat W3B	欧洲	发射后推力器燃料泄漏	2010-10-28	完全失控
Intelsat 29e	欧洲	推力器受损导致推进剂泄漏	2018-04-10	航天器解体

表 5.2　部分在轨航天器飞轮故障分析

航天器型号	所属国家	故障分析	故障产生时间	故障影响
GPS BII-07	美国	其中一个飞轮失效	1996-05-21	完全失控
Radarsat-1	加拿大	摩擦力矩使俯仰轴上的飞轮失效	1999-09-15	性能下降
EchoStar V	美国	三个动量轮的一个飞轮失效	2001-07-01	任务中断
TOPEX	法国	安装于俯仰轴的动量轮失效	2005-10-09	完全失控
Kepler	美国	两个反作用飞轮完全失效	2013-09-10	任务终止

除此之外，还有其他航天器故障案例如下：

1997 年 8 月美国国家航空航天局发射了携带全球第一个星载高光谱成像器的 Lewis 航天器[3]，包含了 384 个波段，然而由于控制故障发生，该星所有推力器完全失效，升空一个月就偏离了轨道，并最终坠入大气层。2007 年 5 月 14 日，我国为尼日利亚研制的"尼星 1 号"于西昌卫星发射中心升空，同年 7 月 6 日在轨交付尼日利亚用户；然而在 2008 年 11 月 11 日，该航天器的太阳能帆板驱动机构发生故障，造成 2 亿美元损失。2011 年 4 月 22 日，日本宇宙航空研究开发机构发射的"先进陆地观测"(ALOS)遥感航天器姿态指向失控，同时输出功率快速下降，航天器运行模式转换为低负载模式，以最小的功率维持航天器运行并将星上所有仪器关闭。日本宇宙航空研究开发机构并没有公布此次动力系统故障部位，也没有说明功率下降是否由其他部分故障引起，但此次故障很可能导致航天器对地观测和地图绘制任务的结束。2013 年 5 月 21 日，美国国家海洋和大气管理局的静止轨道气象航天器 GOES-13 停止发送图像和声音数据，被迫进入轨道安全模式，航天器设备关机并进入旋转稳定状态。专家分析可能是由于微型陨石破坏了航天器姿态系统，引发故障问题，GOES-13 航天器很可能就此退役。2019 年 1月 7 日，美国 Maxar 公司旗下的 WorldView-4 航天器被宣布因为控制力矩陀螺仪出现故障，导致航天器由于失去稳定轴而无法收集图像。随后 Maxar 公司将该航天器设置为安全模式，专家认为其功能可能将无法恢复。

由此可见，航天器发生故障会导致其难以完成航天任务，严重时甚至会导致航天器翻滚，造成巨大的经济损失。因此，开展航天器故障诊断与容错控制技术研究，对保障航天器安全可靠运行、减少航天器发射及运行成本都具有十分重要的意义。

5.1.2　航天器故障类型

故障是指系统中至少有一个特性或参数偏离了可接受的范围。航天器故障分类方式众多，主要的三种分类方式如下。

1. 根据故障在系统中发生的位置进行分类

控制系统中可能的故障位置如图 5.1 所示。

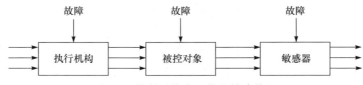

图 5.1　控制系统中可能的故障位置

1）执行机构故障

控制航天器姿态的执行机构主要包括喷气执行机构、飞轮、磁力矩器和重力杆等，其故障情形可以分为完全失去控制和部分失去控制。完全失去控制作用的情况称为执行机构的"卡死"，一般是由断裂、短路、线路烧毁或执行器中存在异物等导致的；部分失去控制作用的情况指仅产生正常执行机构的一部分驱动作用，如由于液压或气动泄漏、电阻增加、电源电压下降等。

2）敏感器故障

航天器姿态控制系统敏感器分为光学敏感器、惯性敏感器、射频敏感器和磁敏感器等几类。航天器敏感器故障也可以分为完全故障和部分故障。敏感器完全故障产生的测量信息与物理参数的真实值不相关，如由线路损毁、与表面失去接触等导致的结果；敏感器部分故障产生的读数与测量信号相关，这种测量信号是可以通过某种方式恢复的，如由增益下降、读数的偏置造成的偏置测量、噪声增加等。

3) 被控对象故障

此类故障是被控对象本身的部件故障，即所有不能归类为执行机构或敏感器故障的统称为部件故障。这些故障代表系统物理参数的变化，如质量、空气动力系数、阻尼系数等，它们往往会造成被控系统的动力学系数的变化[4]。

2. 根据故障对系统性能的影响进行分类[5]

根据故障对系统性能的影响的故障类型如图 5.2 所示。

(a) 乘性故障　　　　　　　　　　　　(b) 加性故障

图 5.2　根据故障对系统性能的影响的故障类型

1) 乘性故障

乘性故障主要用来表示执行机构和敏感器故障，是以一种"自然"的方式来模拟各种执行机构和敏感器故障，但不能用来代表较一般的部件故障。这种表示方法最常用在基于系统状态空间矩阵的控制器重构方案的设计。

2) 加性故障

相较于乘性故障，加性故障代表的是更一般的故障。原则上，这种表示可以用来建模广泛的执行机构、敏感器和部件故障。加性故障的缺点是，当根据输入-输出的关系表示执行机构和敏感器故障时，这两个故障变得难以区分；其优点是可以用来模拟比乘性故障更一般的故障。

3. 根据故障的时间特性进行分类[6]

根据故障的时间特性划分的故障类型如图 5.3 所示。

1) 突变故障

此类故障的发生是由于硬件损坏，它们引起的结果往往是非常严重的。一旦它们影响被控系统的性能和/或稳定性，故障容错控制系统需要迅速做出反应。

2) 缓变故障

缓变故障是指参数变化缓慢的故障，其产生原因多为航天器中部件或机构老化。相较于突发故障，缓变故障更难以察觉。但是由于其缓慢的时间特性，其结果往往不太严重。

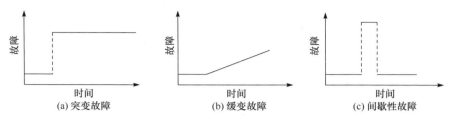

图 5.3 根据故障的时间特性划分的故障类型

3) 间歇性故障

间歇性故障是指故障的出现和消失反复,如部分损坏的接线引起的接触不良、容差不足等。

当控制系统中发生故障时,控制系统必须依旧能够保证自身运行在安全状态,且能满足一些控制性能指标和要求,称为容错控制[7, 8]。目前容错控制分为两种:被动容错控制与主动容错控制。被动容错控制由鲁棒控制衍生发展而来,是指在预先假设的故障情况下设计鲁棒控制器,在故障发生后,不再改变事先设计好的控制器增益参数和控制结构,确保故障后闭环系统的动态品质能够接受。而主动容错控制[9]则是在故障发生后,利用故障信息或者隐含的故障信息,在线进行控制器控制增益参数的重新设定或在线配置控制器的结构,从而达到容错的目的。因此,本章分别针对航天器姿态控制系统的被动容错控制及主动容错控制展开相关研究。

5.2 基于滑模观测器的航天器有限时间被动容错控制

本节以刚体航天器模型为研究对象,考虑元器件老化、电源电压影响等带来的执行机构效率损失及偏移故障,导致航天器实际运行过程中控制力矩与期望控制力矩之间存在偏差,使得航天器难以正常飞行。因此,本节综合考虑航天器执行机构效率损失及偏移故障影响,并进一步考虑建模不确定及空间未知环境干扰,设计基于滑模观测器的航天器被动容错控制方法,使得航天器在出现故障时,可以通过调整控制输入,保证在有限时间内恢复稳定,继续完成航天器任务。

5.2.1 故障影响下的航天器模型建立

基于刚体航天器姿态运动学及动力学非线性模型(2.9)及(2.12),考虑航天器姿态系统执行器效率损失及漂移故障的影响,建立故障影响下的航天器模型:

$$\begin{cases} \dot{q}_v = \frac{1}{2}\left(q_0 I_3 + q_v^\times\right)\omega \\ \dot{q}_0 = -\frac{1}{2}q_v^\mathrm{T}\omega \end{cases} \tag{5.1}$$

$$J\dot{\omega} = -\omega^\times J\omega + \tau + d$$

式中，$J = J_0 + \Delta J \in \mathbf{R}^{3\times3}$ 为航天器转动惯量矩阵，J_0 为转动惯量的非奇异标称值，ΔJ 为转动惯量不确定；$\tau \in \mathbf{R}^3$ 为姿态系统的实际控制力矩，具体表达形式为

$$\begin{aligned}\tau_i &= \rho_i(t)u_i + f_i(t) \\ &= u_i - (1-\rho_i(t))u_i + f_i(t), \quad i=1,2,3\end{aligned}$$ (5.2)

式中，$u_i \in \mathbf{R}^3$ 为计算获得的控制器输出控制力矩。$\rho_i(t)$ 为执行器有效因子，取值范围为 $0 < \rho_i(t) \leqslant 1$，当 $\rho_i(t)=1$ 时，表示第 i 个执行器正常工作；当 $0 < \rho_i(t) < 1$ 时，表示第 i 个执行器出现效率损失故障，但仍然始终在工作状态。$f_i(t)$ 则为有限的执行器偏差故障。

为实现对期望姿态的跟踪控制，定义期望坐标系 F_D 相对于地心惯性坐标系 F_I 的期望姿态四元数为 $q_d = \begin{bmatrix} q_{d0} & q_{dv}^{\mathrm{T}} \end{bmatrix}^{\mathrm{T}}$，式中向量部分为 $q_{dv} = \begin{bmatrix} q_{d1} & q_{d2} & q_{d3} \end{bmatrix}^{\mathrm{T}}$，且满足 $\|q_d\|=1$。定义期望坐标系 F_d 相对于地心惯性坐标系 F_I 的期望角速度为 $\omega_d = \begin{bmatrix} \omega_{d1} & \omega_{d2} & \omega_{d3} \end{bmatrix}^{\mathrm{T}}$。建立航天器本体坐标系 F_B 和期望坐标系 F_D 之间的误差四元数 $q_e = \begin{bmatrix} q_{e0} & q_{e1} & q_{e2} & q_{e3} \end{bmatrix}^{\mathrm{T}} = \begin{bmatrix} q_{e0} & q_{ev}^{\mathrm{T}} \end{bmatrix}^{\mathrm{T}}$，满足 $\|q_e\|=1$，以及两个坐标系之间的误差角速度为 $\omega_e = \begin{bmatrix} \omega_{e1} & \omega_{e2} & \omega_{e3} \end{bmatrix}^{\mathrm{T}}$。上述变量满足如下关系：

$$\begin{cases} q_{ev} = q_{d0}q_v - q_{dv}^{\times}q_v - q_0 q_{dv} \\ q_{e0} = q_{dv}^{\mathrm{T}}q_v + q_0 q_{d0} \\ \omega_e = \omega - R\omega_d \end{cases}$$ (5.3)

式中，R 是由期望坐标系 F_D 到航天器本体坐标系 F_B 的旋转矩阵，且满足

$$\begin{cases} R = \left(q_{e0}^2 - q_{ev}^{\mathrm{T}}q_{ev}\right)I_3 + 2q_{ev}q_{ev}^{\mathrm{T}} - 2q_{e0}q_{ev}^{\times} \\ \|R\|=1, \quad \dot{R} = -\omega_e^{\times}R \end{cases}$$ (5.4)

因此，得到外界干扰及执行器故障影响下的刚体航天器姿态跟踪误差方程为

$$\begin{cases} \dot{q}_{ev} = \frac{1}{2}\left(q_{e0}I_3 + q_{ev}^{\times}\right)\omega_e \\ \dot{q}_{e0} = -\frac{1}{2}q_{ev}^{\mathrm{T}}\omega_e \end{cases}$$ (5.5)

$$J\dot{\omega}_e = -\omega^{\times}J\omega + J\left(\omega_e^{\times}R\omega_d - R\dot{\omega}_d\right) + u + D$$ (5.6)

式中，$D = -(I_3 - \rho(t))u + f(t) + d - \Delta J\dot{\omega} - \omega^{\times}\Delta J\omega$ 为系统的综合干扰，$\rho(t) = \mathrm{diag}\{\rho_1(t),\rho_2(t),\rho_3(t)\}$ 为执行器有效因子矩阵，$f(t) = \begin{bmatrix} f_1(t) & f_2(t) & f_3(t) \end{bmatrix}^{\mathrm{T}}$ 为偏差力矩矢量。

本节控制目标可归结为：基于外界干扰及执行器故障影响下的航天器姿态跟踪误差系统(5.5)和(5.6)，设计滑模观测器及容错控制器 u ，使得系统在综合干扰上界未知的情况下，实现对综合干扰的有限时间估计，并保证系统跟踪误差 $\begin{bmatrix} q_e & \omega_e \end{bmatrix}^{\mathrm{T}}$ 在有限时间内收敛到平衡点，实现故障情形下的稳定跟踪控制。

5.2.2　航天器观测器-容错控制器综合设计

本节基于改进的自适应算法，设计一种有限时间自适应终端滑模干扰观测器，可以实现对航天器故障模型中综合干扰的有效估计。同时基于观测器的估计值，结合自适应终端滑模控制算法设计一种有限时间连续容错控制器，实现在综合考虑航天器外界干扰、执行器效率损失及漂移故障的情况下，对期望姿态的有限时间稳定跟踪控制。航天器观测器-容错控制器综合设计结构如图 5.4 所示。

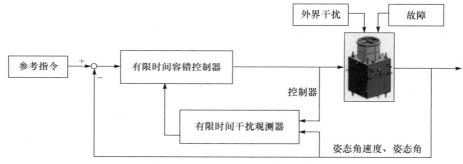

图 5.4　航天器观测器-容错控制器综合设计结构

1. 有限时间终端滑模观测器设计

本部分基于航天器姿态跟踪误差方程(5.5)和(5.6)，考虑包括故障、模型不确定及干扰在内的综合干扰上界未知的情形，进行有限时间终端滑模观测器设计，保证在有限时间内实现对综合干扰的有效估计，以为后续容错控制器设计提供补偿。

考虑航天器姿态跟踪误差方程(5.5)和(5.6)，定义非奇异终端滑模面[10]：

$$s = \omega_e + k \cdot \beta(q_{ev}) \tag{5.7}$$

式中，$s = \begin{bmatrix} s_1 & s_2 & s_3 \end{bmatrix}^{\mathrm{T}} \in \mathbf{R}^3$ ，$k > 0$ ，且 $\beta(q_{ev}) = \begin{bmatrix} \beta(q_{e1}) & \beta(q_{e2}) & \beta(q_{e3}) \end{bmatrix}^{\mathrm{T}}$ 设计为

$$\beta(q_{ei}) = \begin{cases} \mathrm{sig}^r(q_{ei}), & \overline{s}_i = 0 \text{ 或 } \overline{s}_i \neq 0, |q_{ei}| > \varepsilon \\ a_{11}q_{ei} + a_{12}\mathrm{sig}^2(q_{ei}), & \overline{s}_i \neq 0, |q_{ei}| \leqslant \varepsilon \end{cases} \tag{5.8}$$

式中，$\overline{s}_i = \omega_{ei} + k \cdot \mathrm{sig}^r(q_{ei})$ ，$\mathrm{sig}^r(q_{ei}) = |q_{ei}|^r \mathrm{sgn}(q_{ei})$ ，$i = 1,2,3$ ，$0 < r < 1$ ，参数

设计为 $a_{11} = (2-r)\varepsilon^{r-1}$，$a_{12} = (r-1)\varepsilon^{r-2}$，其中 ε 为很小的正数。

考虑姿态跟踪误差动力学方程(5.5)，若非奇异终端滑模面(5.7)满足 $s=0$，那么 ω_e 和 q_{ev} 将在有限时间内收敛至平衡点附近邻域内。基于终端滑模面(5.7)，可得

$$J_0 \dot{s} = J_0 \dot{\omega}_e + k J_0 \dot{\beta}(q_{ev})$$
$$= -\omega^\times J_0 \omega + J_0 \left(\omega_e^\times R\omega_d - R\dot{\omega}_d \right) + k J_0 \dot{\beta}(q_{ev}) + u + D(t) \tag{5.9}$$

其中，$\dot{\beta}(q_{ei}) = \begin{cases} r|q_{ei}|^{r-1}\dot{q}_{ei}, & \overline{s}_i = 0 \text{ 或 } \overline{s}_i \neq 0, |q_{ei}| > \varepsilon \\ a_{11}\dot{q}_{ei} + 2a_{12}|q_{ei}|\dot{q}_{ei}, & \overline{s}_i \neq 0, |q_{ei}| \leqslant \varepsilon \end{cases}$。为后文描述方便，定义系统的标称部分为

$$h(t) = -\omega^\times J_0 \omega + J_0 \left(\omega_e^\times R\omega_d - R\dot{\omega}_d \right) + k J_0 \dot{\beta}(q_{ev}) \tag{5.10}$$

因此，滑模面动态系统(5.9)可表示为

$$J_0 \dot{s} = h(t) + u + D(t) \tag{5.11}$$

假设 5.1　综合干扰 $D(t)$ 是有界的，且满足 $\|D(t)\| \leqslant \gamma$，式中上界 $\gamma > 0$ 存在但未知。

基于式(5.11)，设计如下自适应有限时间干扰观测器：

$$J_0 \dot{z} = h(t) + u - \hat{\gamma}\frac{e}{\|e\|} - l_1 \mathrm{sig}^{r_1}(e) - l_2 e \tag{5.12}$$

式中，$e = J_0 z - J_0 s$，$\mathrm{sig}^{r_1}(e) = \left[|e_1|^{r_1}\mathrm{sgn}(e_1) \quad |e_2|^{r_1}\mathrm{sgn}(e_2) \quad |e_3|^{r_1}\mathrm{sgn}(e_3) \right]^{\mathrm{T}}$，$l_1 > 0$，$l_2 > 0$，$0 < r < 1$。$\hat{\gamma}$ 是 γ 的估计值，由式(5.13)所示的自适应律确定：

$$\dot{\hat{\gamma}} = \lambda\left(-\delta\hat{\gamma} + \|e\|\right) \tag{5.13}$$

式中，$\delta > 0$，λ 为待设计参数。基于滑模面动态系统(5.11)及自适应有限时间干扰观测器，可得综合干扰的估计值为

$$\hat{D}(t) = -\hat{\gamma}\frac{e}{\|e\|} - l_1 \mathrm{sig}^{r_1}(e) - l_2 e \tag{5.14}$$

定理 5.1　考虑滑模面动态系统(5.11)，在假设 5.1 成立的情况下，若自适应有限时间干扰观测器设计为式(5.12)，且自适应增益设计如式(5.13)所示，那么存在一系列的任意正常数 l_1、r、δ、λ，使得综合干扰的估计误差 $\tilde{D}(t) = D(t) - \hat{D}(t)$ 会在有限时间内收敛到平衡点附近的小邻域。

证明　选取如式(5.15)所示的 Lyapunov 函数：

$$V_{51} = \frac{1}{2} e^{\mathrm{T}} e \ + \frac{1}{2\lambda} \tilde{\gamma}^2 \tag{5.15}$$

式中，$\tilde{\gamma} = \gamma - \hat{\gamma}$。对 V_{51} 求导，并代入式(5.11)~式(5.13)可得

$$
\begin{aligned}
\dot{V}_{51} &= e^{\mathrm{T}} \dot{e} \ - \frac{1}{\lambda} \tilde{\gamma} \dot{\hat{\gamma}} \\
&= e^{\mathrm{T}} \left(J_0 \dot{z} - J_0 \dot{s} \right) - \frac{1}{\lambda} \tilde{\gamma} \dot{\hat{\gamma}} \\
&= e^{\mathrm{T}} \left(-\hat{\gamma} \cdot \mathrm{sgn}(e) - l_1 e^{r_1} - l_2 e - D(t) \right) - \tilde{\gamma} \left(-\delta \hat{\gamma} + \|e\| \right) \\
&\leqslant -\hat{\gamma} \|e\| - l_1 \sum_{i=1}^{3} |e_i|^{r_1+1} - l_2 e^{\mathrm{T}} e + \|e\| \|D(t)\| - \tilde{\gamma} \left(-\delta \hat{\gamma} + \|e\| \right) \\
&\leqslant -l_1 \sum_{i=1}^{3} |e_i|^{r_1+1} - l_2 e^{\mathrm{T}} e - \hat{\gamma} \|e\| + \|e\| \gamma - \|e\| \tilde{\gamma} + \delta \tilde{\gamma} \hat{\gamma} \\
&= -l_1 \sum_{i=1}^{3} |e_i|^{r_1+1} + \delta \tilde{\gamma} \hat{\gamma}
\end{aligned}
\tag{5.16}
$$

考虑式(5.16)的最后一项 $\delta \tilde{\gamma} \hat{\gamma}$，定义正常数 $\delta_0 > 1/2$，则可以得到

$$
\begin{aligned}
\delta \tilde{\gamma} \hat{\gamma} &= \delta \left(\tilde{\gamma} \gamma - \tilde{\gamma}^2 \right) \\
&\leqslant \delta \left(-\tilde{\gamma}^2 + \frac{1}{2\delta_0} \tilde{\gamma}^2 + \frac{\delta_0}{2} \gamma^2 \right) \\
&= -\frac{\delta (2\delta_0 - 1)}{2\delta_0} \tilde{\gamma}^2 + \frac{\delta_0 \delta}{2} \gamma^2
\end{aligned}
\tag{5.17}
$$

因而式(5.16)可转化为

$$
\begin{aligned}
\dot{V}_{51} &\leqslant -l_1 \cdot 2^{\frac{r_1+1}{2}} \left(\frac{1}{2} e^{\mathrm{T}} e \right)^{\frac{r_1+1}{2}} - \left[\frac{\delta(2\delta_0-1)}{2\delta_0} \tilde{\gamma}^2 \right]^{\frac{r_1+1}{2}} + \left[\frac{\delta(2\delta_0-1)}{2\delta_0} \tilde{\gamma}^2 \right]^{\frac{r_1+1}{2}} + \delta \tilde{\gamma} \hat{\gamma} \\
&= -l_1 \cdot 2^{\frac{r_1+1}{2}} \left[\left(\frac{1}{2} e^{\mathrm{T}} e \right)^{\frac{r_1+1}{2}} + \left(\frac{1}{2\lambda} \tilde{\gamma}^2 \right)^{\frac{r_1+1}{2}} \right] + \left[\frac{\delta(2\delta_0-1)}{2\delta_0} \tilde{\gamma}^2 \right]^{\frac{r_1+1}{2}} + \delta \tilde{\gamma} \hat{\gamma}
\end{aligned}
\tag{5.18}
$$

式中，参数 λ 定义为

$$\lambda = \frac{2\delta_0 l_1^{\frac{2}{r_1+1}}}{\delta(2\delta_0 - 1)} \tag{5.19}$$

由于 $\delta_0 > \dfrac{1}{2}$，$\delta > 0$，$0 < \dfrac{r_1+1}{2} < 1$，所以可以得到

$$\dot{V}_{51} \leqslant -l_1 \cdot 2^{\frac{r_1+1}{2}} \left[\left(\frac{1}{2} e^{\mathrm{T}} e \right) + \left(\frac{1}{2\lambda} \tilde{\gamma}^2 \right) \right]^{\frac{r_1+1}{2}} + \left[\frac{\delta(2\delta_0-1)}{2\delta_0} \tilde{\gamma}^2 \right]^{\frac{r_1+1}{2}} + \delta\tilde{\gamma}\hat{\gamma}$$

$$= -l_1 \cdot 2^{\frac{r_1+1}{2}} V^{\frac{r_1+1}{2}} + \left[\frac{\delta(2\delta_0-1)}{2\delta_0} \tilde{\gamma}^2 \right]^{\frac{r_1+1}{2}} + \delta\tilde{\gamma}\hat{\gamma} \tag{5.20}$$

如果 $\dfrac{\delta(2\delta_0-1)}{2\delta_0} \tilde{\gamma}^2 > 1$，那么可以得到

$$\left[\frac{\delta(2\delta_0-1)}{2\delta_0} \tilde{\gamma}^2 \right]^{\frac{r_1+1}{2}} \Bigg|_{\frac{\delta(2\delta_0-1)}{2\delta_0}\tilde{\gamma}^2 \leqslant 1} < \left[\frac{\delta(2\delta_0-1)}{2\delta_0} \tilde{\gamma}^2 \right]^{\frac{r_1+1}{2}} \Bigg|_{\frac{\delta(2\delta_0-1)}{2\delta_0}\tilde{\gamma}^2 > 1} \tag{5.21}$$

因此总有

$$\left[\frac{\delta(2\delta_0-1)}{2\delta_0} \tilde{\gamma}^2 \right]^{\frac{r_1+1}{2}} + \delta\tilde{\gamma}\hat{\gamma} \leqslant \frac{\delta_0\delta}{2} \gamma^2 \tag{5.22}$$

则式(5.20)可表示为

$$\dot{V}_{51} \leqslant -l_1 \cdot 2^{\frac{r_1+1}{2}} V_{51}^{\frac{r_1+1}{2}} + \hbar \tag{5.23}$$

式中，$\hbar = \dfrac{\delta_0\delta}{2}\gamma^2$。因此，$V_{51}$ 是实际有限时间稳定的。对式(5.23)存在 $0 < \kappa < 1$，使得式(5.24)成立：

$$\dot{V}_{51} \leqslant -\kappa l_1 \cdot 2^{\frac{r_1+1}{2}} V^{\frac{r_1+1}{2}} - (1-\kappa) l_1 \cdot 2^{\frac{r_1+1}{2}} V^{\frac{r_1+1}{2}} + \hbar \tag{5.24}$$

根据 Lyapunov 函数 V_{51} 的递减性可知，V_{51} 会在有限时间内收敛到：

$$V_{51} \leqslant \frac{1}{2} \left[\frac{\hbar}{(1-\kappa)l_1} \right]^{\frac{2}{r_1+1}} \tag{5.25}$$

观测器的收敛时间 T_1 计算为

$$T_1 \leqslant \frac{2 V_{51}^{\frac{1-r_1}{2}}(0)}{\kappa l_1 (1-r)} \tag{5.26}$$

从而观测误差 e 和自适应估计误差 $\tilde{\gamma}$ 会在有限时间内收敛为

$$\|e\| \leqslant \rho_1 = \left[\frac{\hbar}{(1-\kappa)l_1} \right]^{\frac{1}{r_1+1}} \tag{5.27}$$

$$|\tilde{\gamma}| \leqslant \rho_2 = \sqrt{\lambda}\left[\frac{\hbar}{(1-\kappa)l_1}\right]^{\frac{1}{r_1+1}}$$

针对干扰观测器(5.12)，当 $\hat{\gamma}_{4i} = \gamma_{4i}$ 时，可以得到

$$\begin{aligned}\left(\frac{1}{2}e^{\mathrm{T}}e\right)' &= e^{\mathrm{T}}\dot{e} \\ &\leqslant -l_2 e^{\mathrm{T}}e - \hat{\gamma}\|e\| - l_1\sum_{i=1}^{3}|e_i|^{r_1+1} + \|e\|\|D(t)\| \\ &\leqslant -l_2 e^{\mathrm{T}}e - l_1\sum_{i=1}^{3}|e_i|^{r_1+1} \\ &\leqslant -l_1 \cdot 2^{\frac{r_1+1}{2}}\left(\frac{1}{2}e^{\mathrm{T}}e\right)^{\frac{r_1+1}{2}}\end{aligned} \tag{5.28}$$

因此，在经过有限时间后，可以得到 $e \equiv \dot{e} \equiv 0$ 。此时有 $\dot{e} = \tilde{D}(t) = D(t) - \hat{D}(t) = 0$ ，即设计的干扰观测器准确实现了对 $D(t)$ 的估计，根据等效输出注入理论可知，此时 $D(t) = -\gamma\mathrm{sgn}(e)\big|_{\mathrm{eq}}$ 。当 $\|e\| \leqslant \rho_1$ ，得到

$$\dot{e} = -l_2 e - \hat{\gamma}\mathrm{sgn}(e) - l_1\mathrm{sig}^{r_1}(e) + \gamma\mathrm{sgn}(e)\big|_{\mathrm{eq}} \tag{5.29}$$

根据式(5.29)可知 $\dot{e}$ 有界，当 $e \to 0$ 时， $\dot{e} \to 0$ ，从而 $\hat{D}(t)$ 在有限时间内收敛至 $D(t)$ 邻域范围内。假设有限时间后干扰观测误差上界为 $\rho > 0$ ，则 $\|\tilde{D}(t)\| \leqslant \rho$ 。定理 5.1 得证。

2. 有限时间容错控制器设计

考虑滑模面动态系统(5.11)，基于观测器对综合干扰的估计值，设计容错控制器如式(5.30)所示：

$$u = -h(t) - \sigma_1 s - \sigma_2\mathrm{sig}^{r_2}(s) - \hat{D}(t) \tag{5.30}$$

式中，$\mathrm{sig}^{r_2}(s) = \left[|s_1|^{r_2}\mathrm{sgn}(s_1) \quad |s_2|^{r_2}\mathrm{sgn}(s_2) \quad |s_3|^{r_2}\mathrm{sgn}(s_3)\right]^{\mathrm{T}}$ ；$h(t)$ 为系统的标称部分；$0 < r_2 < 1$ ；$\sigma_1 > 0$ 、 $\sigma_2 > 0$ 为趋近律增益；$\hat{D}(t)$ 为自适应有限时间干扰观测器对综合干扰的估计值。在模型不确定及空间环境未知干扰影响，以及式(5.30)所示的容错控制器作用下，可以保证航天器发生故障后在有限时间内恢复系统稳定。

定理 5.2 考虑航天器系统(5.5)和(5.6)，若容错控制器设计如式(5.30)所示，且参数 σ_1 、 σ_2 及 r_2 选择合适，那么系统姿态跟踪误差 q_e 、 ω_e 将会在有限时间内收

敛到邻域 $|q_{ei}| \leqslant \max \left\{ (|\Delta_i|/k)^{1/r}, \varepsilon \right\}$，$|\omega_{ei}| \leqslant \max \left\{ k\varepsilon^r + |\Delta_i|, 2|\Delta_i| \right\}$。

证明　选取以下 Lyapunov 函数：

$$V_{52} = \frac{1}{2} s^{\mathrm{T}} J_0 s \tag{5.31}$$

满足 $\frac{1}{2} \lambda_{\min} \|s\|^2 \leqslant V_1 \leqslant \frac{1}{2} \lambda_{\max} \|s\|^2$，式中 $\lambda_{\min}$、$\lambda_{\max}$ 是正常数。

基于式(5.11)，对 V_{52} 求导可得

$$
\begin{aligned}
\dot{V}_{52} &= s^{\mathrm{T}} J_0 \dot{s} \\
&= s^{\mathrm{T}} \left(h(t) + u + D(t) \right) \\
&= s^{\mathrm{T}} \left(-\sigma_1 s - \sigma_2 \mathrm{sig}^{r_2}(s) + D(t) - \hat{D}(t) \right)
\end{aligned} \tag{5.32}
$$

当 $t > T_1$ 时，有 $-\rho I_3 \leqslant D(t) - \hat{D}(t) \leqslant \rho I_3$。因此，在有限时间 T_1 之后，将会满足式(5.33)：

$$
\begin{aligned}
\dot{V}_{52} &= s^{\mathrm{T}} \left(-\sigma_1 s - \sigma_2 \mathrm{sig}^{r_2}(s) + \tilde{D}(t) \right) \\
&= -s^{\mathrm{T}} \left[\sigma_1 I_3 - \mathrm{diag} \left\{ \frac{\tilde{D}_1(t)}{s_1}, \frac{\tilde{D}_2(t)}{s_2}, \frac{\tilde{D}_3(t)}{s_3} \right\} \right] s - \sum_{i=1}^{3} |s|_i^{1+r_2}
\end{aligned} \tag{5.33}
$$

当 $\sigma_1 - \dfrac{\tilde{D}_i(t)}{s_i} \geqslant 0 \, (i = 1, 2, 3)$ 时，可以保证 V_1 在有限时间内收敛。因此，滑模面将会在有限时间内收敛到 $|s_i| \leqslant \dfrac{|\tilde{D}_i(t)|}{\sigma_1} \leqslant \dfrac{\rho}{\sigma_1} (i = 1, 2, 3)$。下面分三种情形分别讨论姿态跟踪误差 ω_e 和 q_{ev} 的收敛范围。

情形 1　当 $\bar{s}_i = \omega_{ei} + k \cdot \mathrm{sig}^r(q_{ei}) = 0 \, (i = 1, 2, 3)$ 时，可以得到

$$s_i = \omega_{ei} + k \cdot \beta(q_{ei}) = \omega_{ei} + k \cdot \mathrm{sig}^r(q_{ei}) = 0 \tag{5.34}$$

可知在有限时间内状态误差满足 $\omega_e \to 0$，$q_{ev} \to 0$。

情形 2　当 $\bar{s}_i = \omega_{ei} + k \cdot \mathrm{sig}^{r_2}(q_{ei}) \neq 0$ 且 $|q_{ei}| \leqslant \varepsilon \, (i = 1, 2, 3)$ 时，意味着 q_{ei} 已在有限时间内收敛至 $|q_{ei}| \leqslant \varepsilon$，根据 $|s_i|$ 的收敛范围，可得

$$s_i = \omega_{ei} + k \cdot \beta(q_{ei}) = \omega_{ei} + k \left(a_{11} q_{ei} + a_{12} \mathrm{sig}^2(q_{ei}) \right) = \Delta_i \tag{5.35}$$

式中，$|\Delta_i| \leqslant \sqrt{\dfrac{\lambda_{\max}}{\lambda_{\min}}} \left[\dfrac{\varepsilon^2}{2(1-\theta_{22})\sigma_2} \right]^{\frac{1}{r+1}}$，故根据式(5.35)可得

$$
\begin{aligned}
|\omega_{ei}| &\leqslant k \left| a_{11} q_{ei} + a_{12} \mathrm{sig}^2(q_{ei}) \right| + |\Delta_i| \\
&\leqslant k\varepsilon^r + |\Delta_i|
\end{aligned} \tag{5.36}
$$

情形 3　当 $\overline{s}_i = \omega_{ei} + k \cdot \operatorname{sig}^r (q_{ei}) \neq 0$ 且 $|q_{ei}| > \varepsilon (i=1,2,3)$ 时，可得

$$s_i = \omega_{ei} + k \cdot \beta(q_{ei}) = \omega_{ei} + k \cdot \operatorname{sig}^r (q_{ei}) = \Delta_i \tag{5.37}$$

式中，$|\Delta_i| \leqslant \sqrt{\dfrac{\lambda_{\max}}{\lambda_{\min}} \left[\dfrac{\varepsilon^2}{2(1-\theta_{22})\sigma_2} \right]^{\frac{1}{r+1}}}$，式(5.37)可整理为

$$\omega_{ei} + \left(k_3 - \frac{\Delta_i}{\operatorname{sig}^r (q_{ei})} \right) \operatorname{sig}^r (q_{ei}) = 0 \tag{5.38}$$

当 $k_3 \geqslant \Delta_i / \operatorname{sig}^r (q_{ei})$ 时，可知式(5.38)依然为终端滑模形式，系统状态在有限时间内收敛，故可知姿态误差 q_{ei} 在有限时间内收敛到

$$|q_{ei}| \leqslant (|\Delta_i| / k_3)^{1/r} \tag{5.39}$$

角速度跟踪误差在有限时间内收敛到

$$\omega_{ei} \leqslant k_3 \left| \operatorname{sig}^r (q_{ei}) \right| + |\Delta_i| \leqslant 2|\Delta_i| \tag{5.40}$$

根据上述分析，航天器状态跟踪误差在有限时间内的最终收敛区域为

$$|q_{ei}| \leqslant \max \left\{ (|\Delta_i| / k)^{1/r}, \varepsilon \right\} \tag{5.41}$$

$$|\omega_{ei}| \leqslant \max \left\{ k\varepsilon^r + |\Delta_i|, 2|\Delta_i| \right\} \tag{5.42}$$

定理 5.2 得证。

基于有限时间自适应终端滑模干扰观测器，实现了对航天器故障模型中综合干扰的有效估计，并基于该估计值设计连续容错控制器，实现了在外界干扰、执行器效率损失及漂移故障的情况下，航天器在有限时间内快速恢复稳定。

5.2.3　仿真分析

1. 仿真条件

本部分采用 MATLAB/Simulink 进行数值仿真，分别验证所设计的自适应有限时间干扰观测器及被动容错控制器的有效性。相关仿真条件设计如下。

刚体航天器真实转动惯量及其标称值分别为

$$J = \begin{bmatrix} 20 & 2 & 0.9 \\ 2 & 17 & 0.5 \\ 0.9 & 0.5 & 15 \end{bmatrix} \mathrm{kg \cdot m^2}, \quad J_0 = \begin{bmatrix} 20 & 0 & 0 \\ 0 & 20 & 0 \\ 0 & 0 & 15 \end{bmatrix} \mathrm{kg \cdot m^2}$$

仿真中给定的外界扰动为

$$d = (\|\omega\|^2 + 0.05)[\sin(0.8t)\ \cos(0.5t)\ \cos(0.3t)]^{\mathrm{T}}(\mathrm{N \cdot m})$$

航天器期望角速度为 $\omega_d = 0.1[\cos(t/40)\ \ -\sin(t/50)\ \ -\cos(t/60)]^{\mathrm{T}}(\mathrm{rad/s})$ ，期望姿态四元数的初值为 $q_d(0) = [1\ \ 0\ \ 0\ \ 0]^{\mathrm{T}}$ ，航天器的初始角速度和初始四元数分别为

$$\omega = [0.06\ \ -0.04\ \ 0.05]^{\mathrm{T}}\ \mathrm{rad/s}$$

$$q = [0.8986\ \ 0.4\ \ -0.1\ \ 0.15]^{\mathrm{T}}$$

观测器及控制器参数选取为 $k = 0.3$ 、 $\sigma_1 = 3$ 、 $\sigma_2 = 1$ 、 $r = 0.7$ 、 $l_1 = 0.8$ 、 $l_2 = 1$ 、 $\delta_0 = 0.7$ 、 $\delta = 1$ 、 $r_1 = 5/7$ 、 $\lambda = 3.5$ ，自适应初值为 $\gamma(0) = 0$ ，观测器状态初值设定为 $J_0 z(0) = [0\ \ 0\ \ 0]^{\mathrm{T}}$ 。

2. 仿真结果

考虑时变故障影响，故障参数设计如下：

$$\begin{cases} e_1(t) = 0.7 + 0.1\sin(0.1t + \pi/3) + 0.1\sin(\mathrm{mod}(t,30) - 15) \\ e_2(t) = 0.6 + 0.1\sin(0.2t + 2\pi/3) + 0.1\sin(\mathrm{mod}(t,40) - 20) \\ e_3(t) = 0.7 - 0.1\sin(0.15t + \pi) + 0.1\sin(\mathrm{mod}(t,50) - 25) \end{cases}$$

$$\begin{cases} f_1(t) = 0.005 + 0.02\sin(0.15t) \\ f_2(t) = -0.02\sin(0.2t + \pi/3) \\ f_3(t) = -0.005 - 0.01\sin(0.15t + \pi) \end{cases}$$

仿真结果如图 5.5～图 5.9 所示。其中，仿真中的执行器时变故障形式如图 5.5所示。图 5.6 为情形 2 下航天器系统的综合干扰及其估计值，从仿真结果可以看出，在时变故障作用情况下，所设计的自适应有限时间干扰观测器仍然可以实现对综合干扰的有效估计，从而验证了所设计观测器的有效性。

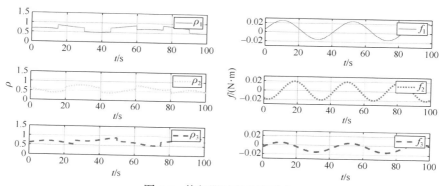

图 5.5　执行器时变故障形式

　　图 5.7 为姿态四元数跟踪误差曲线；图 5.8 为姿态角速度跟踪误差曲线，从图中可以看出，在所设计的控制器下，所有的系统状态量都可以在 16s 之内收敛，误差达到 10^{-4}rad/s。此外，在发生时变故障后，系统跟踪误差也会出现小的波动，但在所设计的观测器-容错控制器综合作用下，跟踪误差仍然可以在 5s 内收敛，从而验证控制策略的有效性。图 5.9 为控制器控制力矩变化曲线，由图可以看出，控制器产生的力矩指令光滑，能够有效补偿执行器时变故障，具有工程实用性。

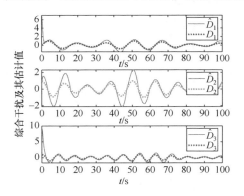

图 5.6　综合干扰及其估计值

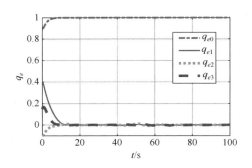

图 5.7　姿态四元数跟踪误差曲线

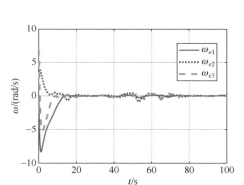

图 5.8　姿态角速度跟踪误差曲线

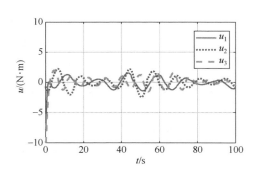

图 5.9　控制器控制力矩变化曲线

5.3　基于自适应策略的主动航天器故障诊断与容错控制

　　5.2 节将故障、外界干扰以及模型不确定一并作为综合扰动项进行处理，利用被动容错控制方法解决故障下的航天器控制问题，本节进一步主动解决干扰及故障影响。由于干扰的存在容易导致对故障的"误报"或"漏报"，在干扰影响下的卫星故障诊断与容错控制一直是航天领域研究的重点和难点。本节通过设计故障诊断及容错控制策略，实现干扰影响下对故障发生的检测、故障大小的估计、故障影响下的主动容错控制。首先，基于故障及干扰影响下的航天器运动学及动力学模型，考虑星上资源有限，为减小系统占用内存，设计包括残差及阈值在内的故障检测机制，当残差信号超过阈值大小时则表明故障发生，实现故障检测；然后，在检测到故障发生后，激发故障估计单元，设计自适应策略，实现干扰影响下的故障重构；最后，基于故障估计值，并进一步考虑故障估计误差，解决故障估计误差引起的容错控制性能下降问题，设计有限时间自适应容错控制器，保证系统状态在有限时间内收敛，且无需干扰的上界信息。基于自适应策略的航天器故障诊断与容错控制设计结构如图 5.10 所示。

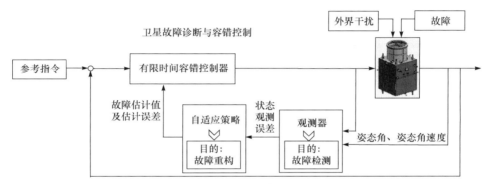

图 5.10　基于自适应策略的航天器故障诊断与容错控制设计结构图

5.3.1　故障检测策略

基于航天器动力学模型(2.9)及(2.12)，建立执行器乘性故障影响下的航天器非线性运动学及动力学模型，其表达形式为

$$\begin{cases} \dot{q}_v = \dfrac{1}{2}\left(q_0 I_3 + q_v^\times\right)\omega \\ \dot{q}_0 = -\dfrac{1}{2}q_v^\mathrm{T}\omega \end{cases}$$

$$J\dot{\omega} = -\omega^\times J\omega + U\beta + d \tag{5.43}$$

式中，$U = \mathrm{diag}\{u_1, u_2, u_3\}$；$\beta = [\beta_1\ \beta_2\ \beta_3]^\mathrm{T}$ 表示有效因子，$0 \leqslant \beta_i \leqslant 1(i=1,2,3)$，$\beta_i = 1$ 表示第 i 个执行机构未出现故障，$0 < \beta_i < 1$ 表示第 i 个执行机构部分失效但仍在工作，$\beta_i = 0$ 表示第 i 个执行机构完全失效。

故障检测目标为：基于干扰及故障影响下的航天器非线性运动学及动力学模型(5.43)，设计合适的故障检测残差信号及阈值，保证无故障时残差信号低于阈值、有故障时残差信号高于阈值，实现干扰影响下有效的航天器故障检测。

针对故障系统(5.43)，设计如下观测器：

$$J\dot{\hat{\omega}} = -\hat{\omega}^{\times}J\hat{\omega} + U\hat{\beta} + L(\omega - \hat{\omega}) \tag{5.44}$$

式中，$\hat{\omega}$ 为 ω 的估计值；$\hat{\beta}$ 为有效因子 β 的重构值；L 为正定矩阵。

定义状态估计误差 $\tilde{\omega} = \omega - \hat{\omega}$，故障估计误差 $\tilde{\beta} = \beta - \hat{\beta}$，结合式(5.43)及式(5.44)，可以得到

$$J\dot{\tilde{\omega}} = -\omega^{\times}J\omega + \hat{\omega}^{\times}J\hat{\omega} + U\beta - U\hat{\beta} + d - L(\omega - \hat{\omega}) \tag{5.45}$$

令 $f(\omega) = -\omega^{\times}J\omega$，$f(\hat{\omega}) = -\hat{\omega}^{\times}J\hat{\omega}$，则式(5.45)转化为

$$J\dot{\tilde{\omega}} = f(\omega) - f(\hat{\omega}) + U\tilde{\beta} + d - L\tilde{\omega} \tag{5.46}$$

在系统故障发生之前，即当 $t < T$（T 为执行机构故障发生时刻）时，$\tilde{\beta} = 0$。此时，状态估计误差动态系统(5.46)转化为

$$\dot{\tilde{\omega}} = -J^{-1}L\tilde{\omega} + J^{-1}(f(\omega) - f(\hat{\omega}) + d) \tag{5.47}$$

定义残差信号 $r(t) = \tilde{\omega}$。接下来需要确定残差估计阈值 J_{th}。

引理 5.1　假设 Λ 是一个稳定矩阵，那么存在正数 k 及 λ，使得 $\|\mathrm{e}^{\Lambda t}\| \leqslant k\mathrm{e}^{-\lambda t}$，式中，$k$ 及 λ 是与矩阵 Λ 的特征值及特征向量矩阵相关的固定值。

由式(5.47)可以得到

$$\tilde{\omega} = \mathrm{e}^{-J^{-1}Lt}\tilde{\omega}(0) + J^{-1}\int_{0}^{t}\mathrm{e}^{-J^{-1}L(t-\tau)}\left[f(\omega) - f(\hat{\omega}) + d\right]\mathrm{d}\tau \tag{5.48}$$

假设 $\|\tilde{\omega}(0)\| = \|\omega(0)\| \leqslant \varepsilon$，$\|d\| \leqslant \bar{d}$，$\varepsilon$、$\bar{d}$ 均为大于 0 的常数，且存在关于 ω 的 Lipschitz 常数 γ_1，满足 $\|f(\omega) - f(\hat{\omega})\| \leqslant \gamma_1(\|\omega - \hat{\omega}\|)$。基于引理 5.1，可以得到

$$\|\tilde{\omega}\| \leqslant \left\|\mathrm{e}^{-J^{-1}Lt}\right\|\left\|\tilde{\omega}(0)\right\| + \left\|J^{-1}\right\|\left\|\int_{0}^{t}\left[\left\|\mathrm{e}^{-J^{-1}L(t-\tau)}\right\|\|f(\omega) - f(\hat{\omega})\| + \|d\|\right]\right\|\mathrm{d}\tau$$

$$\leqslant \varepsilon\left\|\mathrm{e}^{-J^{-1}Lt}\right\| + \gamma_1\left\|J^{-1}\right\|\left\|\int_{0}^{t}\mathrm{e}^{-J^{-1}L(t-\tau)}\right\|\|\omega - \hat{\omega}\|\mathrm{d}\tau + \bar{d}\left\|J^{-1}\right\|\left\|\int_{0}^{t}\mathrm{e}^{-J^{-1}L(t-\tau)}\right\|\mathrm{d}\tau \tag{5.49}$$

$$\leqslant k\varepsilon\mathrm{e}^{-\lambda t} + k\gamma_1\left\|J^{-1}\right\|\left\|\int_{0}^{t}\mathrm{e}^{-\lambda(t-\tau)}\right\|\tilde{\omega}\mathrm{d}\tau + \frac{k\bar{d}\left\|J^{-1}\right\|}{\lambda}(1 - \mathrm{e}^{-\lambda t})\mathrm{d}\tau$$

利用 Bellman-Gronwall 引理可得

$$\|\tilde{\omega}\| \leqslant \frac{k\bar{d}\left\|J^{-1}\right\|}{\lambda - k\gamma_1\left\|J^{-1}\right\|} + \left(k\varepsilon - \frac{k\bar{d}\left\|J^{-1}\right\|}{\lambda - k\gamma_1\left\|J^{-1}\right\|}\right)\mathrm{e}^{-\left(\lambda - k\gamma_1\left\|J^{-1}\right\|\right)t} \tag{5.50}$$

定义如下残差评价函数：

$$\left\|J_r(t)\right\| = \left[\int_0^t r^{\mathrm{T}}(t)r(t)\right]^{1/2} \tag{5.51}$$

因此故障发生时，故障检测策略设计如下：

$$\left\|J_r(t)\right\| < J_{\mathrm{th}} \rightarrow \quad 无故障发生 \tag{5.52}$$

$$\left\|J_r(t)\right\| \geqslant J_{\mathrm{th}} \rightarrow \quad 有故障发生 \tag{5.53}$$

式中，J_{th} 为残差评价函数的上界。由式(5.50)和式(5.51)可得

$$J_{\mathrm{th}} = \left[\int_0^t \left(\frac{k\overline{d}\left\|J^{-1}\right\|}{\lambda - k\gamma_1\left\|J^{-1}\right\|} + \left(k\varepsilon - \frac{k\overline{d}\left\|J^{-1}\right\|}{\lambda - k\gamma_1\left\|J^{-1}\right\|}\right)\mathrm{e}^{-\left(\lambda - k\gamma_1\left\|J^{-1}\right\|\right)t}\right)^2 \mathrm{d}\tau\right]^{1/2} \tag{5.54}$$

因此，考虑干扰及故障影响下的刚体航天器模型(5.43)，设计故障检测观测器
(5.44)与残差评价函数(5.54)，当残差评价函数 $\left\|J_r(t)\right\|$ 低于阈值 J_{th} 时，表明当前航
天器系统运行正常，无故障发生；反之，当残差评价函数 $\left\|J_r(t)\right\|$ 超出阈值 J_{th} 时，
则表明故障发生。由此可见，所设计的故障检测机制可实现有效的故障检测。

5.3.2　故障重构观测器设计

当残差评价函数 $\left\|J_r(t)\right\|$ 超过阈值 J_{th} 时，即检测到故障发生后，需要对故障大
小进行重构，以在后续容错控制器设计中进行相应补偿。本节设计自适应观测器，
实现航天器故障重构，其关键在于设计合理的自适应策略实现对有效因子 β 的有
效估计。

自适应观测器设计为

$$\dot{\hat{\beta}} = \gamma U^{\mathrm{T}}(J^{-1})^{\mathrm{T}}P\tilde{\omega} - \gamma\delta_s\hat{\beta} \tag{5.55}$$

式中，γ、δ_s 为正实数；P 为待求解对称矩阵。满足如下条件：

$$\Pi = \begin{bmatrix} \Omega_1 & 0 \\ 0 & \delta_s I \end{bmatrix} < 0 \tag{5.56}$$

式中，$\Omega_1 = \Gamma^{\mathrm{T}}P + P\Gamma + \left\|J^{-1}\right\|^2\gamma_1^2 I + 2PP$，$\Gamma = -J^{-1}L$，利用 MATLAB/LMI 工具
箱进行求解。

定理 5.3　考虑干扰及故障影响下的刚体航天器模型(5.43)，在检测到故障发
生后，通过设计如式(5.55)所示的自适应观测器，存在合适的观测器参数 γ、
$\delta_s > 0$，以及满足式(5.56)的对称矩阵 P，可以实现有效故障的重构，即实现对有
效因子 β 的有效估计。

证明　选取 Lyapunov 函数为

$$V = \tilde{\omega}^{\mathrm{T}} P \tilde{\omega} + \frac{1}{\gamma} \tilde{\beta}^{\mathrm{T}} \tilde{\beta} \tag{5.57}$$

对式(5.57)进行求导，并结合式(5.46)得到

$$
\begin{aligned}
\dot{V} &= \dot{\tilde{\omega}}^{\mathrm{T}} P \tilde{\omega} + \tilde{\omega}^{\mathrm{T}} P \dot{\tilde{\omega}} - \frac{2}{\gamma} \tilde{\beta} \dot{\tilde{\beta}} \\
&\leqslant \left[-J^{-1} L \tilde{\omega} + J^{-1} (f(\omega) - f(\hat{\omega}) + D) \right]^{\mathrm{T}} P \tilde{\omega} \\
&\quad + \tilde{\omega}^{\mathrm{T}} P \left[-J^{-1} L \tilde{\omega} + J^{-1} (f(\omega) - f(\hat{\omega}) + D) \right] - \frac{2}{\gamma} \tilde{\beta} \dot{\tilde{\beta}}
\end{aligned}
\tag{5.58}
$$

令 $\Gamma = -J^{-1} L$，$\Omega = J^{-1} D \leqslant \bar{\Omega}$，$F(\omega) = J^{-1} f(\omega)$，$F(\hat{\omega}) = J^{-1} f(\hat{\omega})$，那么可得

$$\left\| F(\omega) - F(\hat{\omega}) \right\| = \left\| J^{-1} \right\| \left\| f(\omega) - f(\hat{\omega}) \right\| \leqslant \gamma_1 \left\| J^{-1} \right\| \left\| \tilde{\omega} \right\| \tag{5.59}$$

所以

$$
\begin{aligned}
\dot{V} &\leqslant \tilde{\omega}^{\mathrm{T}} (\Gamma^{\mathrm{T}} P + P \Gamma) \tilde{\omega} + 2 \left[F(\omega) - F(\hat{\omega}) \right]^{\mathrm{T}} P \tilde{\omega} + \Omega^{\mathrm{T}} P \tilde{\omega} + \tilde{\omega} P \Omega \\
&\quad + 2 (J^{-1} U \tilde{\beta})^{\mathrm{T}} P \tilde{\omega} - \frac{2}{\gamma} \tilde{\beta} \dot{\tilde{\beta}} \\
&\leqslant \tilde{\omega}^{\mathrm{T}} (\Gamma^{\mathrm{T}} P + P \Gamma) \tilde{\omega} + \left\| J^{-1} \right\|^2 \gamma_1^2 \tilde{\omega}^{\mathrm{T}} \tilde{\omega} + \tilde{\omega}^{\mathrm{T}} P P \tilde{\omega} + \Omega^{\mathrm{T}} \Omega + \tilde{\omega}^{\mathrm{T}} P P \tilde{\omega} \\
&\quad + 2 (J^{-1} U \tilde{\beta})^{\mathrm{T}} P \tilde{\omega} - 2 (J^{-1} U \tilde{\beta})^{\mathrm{T}} P \tilde{\omega} + 2 \tilde{\beta}^{\mathrm{T}} \delta_s \hat{\beta}
\end{aligned}
\tag{5.60}
$$

由于

$$
\begin{aligned}
\delta_s \tilde{\beta}^{\mathrm{T}} \hat{\beta} &= \delta_s \tilde{\beta}^{\mathrm{T}} (\beta - \tilde{\beta}) = \delta_s \tilde{\beta}^{\mathrm{T}} \beta - \delta_s \tilde{\beta}^{\mathrm{T}} \tilde{\beta} \\
&= -\frac{1}{2} \delta_s \tilde{\beta}^{\mathrm{T}} \tilde{\beta} - \frac{1}{2} \delta_s \left[(\tilde{\beta} - \beta)^{\mathrm{T}} (\tilde{\beta} - \beta) \right] + \frac{1}{2} \delta_s \beta^{\mathrm{T}} \beta
\end{aligned}
\tag{5.61}
$$

可以得到

$$
\begin{aligned}
\dot{V} &\leqslant \tilde{\omega}^{\mathrm{T}} (\Gamma^{\mathrm{T}} P + P \Gamma) \tilde{\omega} + \left\| J^{-1} \right\|^2 \gamma_1^2 \tilde{\omega}^{\mathrm{T}} \tilde{\omega} + \tilde{\omega}^{\mathrm{T}} P P \tilde{\omega} + \Omega^{\mathrm{T}} \Omega + \tilde{\omega}^{\mathrm{T}} P P \tilde{\omega} \\
&\quad + \delta_s \tilde{\beta}^{\mathrm{T}} \tilde{\beta} + \delta_s \left[(\tilde{\beta} - \beta)^{\mathrm{T}} (\tilde{\beta} - \beta) \right] - \delta_s \beta^{\mathrm{T}} \beta \\
&\leqslant \Psi^{\mathrm{T}} \Pi \Psi + \upsilon
\end{aligned}
\tag{5.62}
$$

式中，$\Psi = \begin{bmatrix} \tilde{\omega}^{\mathrm{T}} & \tilde{\beta}^{\mathrm{T}} \end{bmatrix}$，$\upsilon = \bar{\Omega}^2 + \delta_s \bar{\beta}^2$，$\Pi = \begin{bmatrix} \Omega_1 & 0 \\ 0 & \delta_s I \end{bmatrix}$，$\Omega_1 = \Gamma^{\mathrm{T}} P + P \Gamma + \left\| J^{-1} \right\|^2 \gamma_1^2 I + 2 P^{\mathrm{T}} P$。

因此，式(5.62)可整理为

$$\dot{V} \leqslant -\delta \left\| \Psi \right\|^2 + \upsilon \tag{5.63}$$

式中，δ 为 $-\varPi$ 的最小特征值。若 $\delta\|\varPsi\|^2 > \upsilon$，则 $\dot{V} < 0$，由 Lyapunov 稳定性可知，$\varPsi$ 最终收敛到原点附近邻域。故系统的有效因子观测误差 $\tilde{\beta}$ 一致最终有界。定理 5.3 得证。

基于 Schur 补引理，利用 LMI 工具箱求解 $\varPi = \begin{bmatrix} \varOmega_1 & 0 \\ 0 & \delta_s I \end{bmatrix} < 0$，最终可得系统

矩阵 P。

通过基于航天器动力学模型，设计如式(5.55)所示的自适应观测器，实现反映航天器故障的有效因子 β 的有效估计，从而为后续容错控制器设计奠定基础。

5.3.3　容错控制器设计

基于式(5.55)的自适应观测器对有效因子 β 的估计值 $\hat{\beta}$，并考虑其估计误差，航天器故障影响下运动学及动力学模型可转化为

$$\begin{cases} \dot{q}_v = \frac{1}{2}\left(q_0 I_3 + q_v^\times\right)\omega \\ \dot{q}_0 = -\frac{1}{2}q_v^{\mathrm{T}}\omega \end{cases} \tag{5.64}$$

$$J\dot{\omega} = -\omega^\times J\omega + \hat{\beta}u + D$$

式中，$\hat{\beta} = \mathrm{diag}\{\beta_1, \beta_2, \beta_3\}$；$D = -\tilde{\beta}u + d$。

针对航天器系统(5.64)，设计非奇异终端滑模面：

$$s = \omega + K\psi(q_v) \tag{5.65}$$

式中，$K > 0$，$\psi(q_v) = [\psi(q_1)\ \psi(q_2)\ \psi(q_3)]^{\mathrm{T}}$，其表达式为

$$\psi(q_v) = \begin{cases} \mathrm{sig}^r(q_i), & s = 0\ \text{或}\ s \neq 0, |q_i| \geq \varepsilon \\ l_1 q_i + l_2 \mathrm{sig}^2(q_i), & s \neq 0, |q_i| < \varepsilon \end{cases} \tag{5.66}$$

式中，$0 < r < 1$，$\varepsilon > 0$，$l_1 = (2-r)\varepsilon^{r-1}$，$l_2 = (r-1)\varepsilon^{r-2}$。

对滑模面(5.65)进行求导，得到

$$\begin{aligned} J\dot{s} &= -\omega^\times J\omega + \hat{\beta}u + D + KJ\dot{\psi}(q_v) \\ &= h(\omega) + \hat{\beta}u + D \end{aligned} \tag{5.67}$$

式中，$h(\omega) = -\omega^\times J\omega + KJ\dot{\psi}(q_v)$，且

$$\dot{\psi}(q_v) = \begin{cases} r|q_i|^{r-1}\dot{q}_i, & s = 0\ \text{或}\ s \neq 0, |q_i| \geq \varepsilon \\ l_1\dot{q}_i + 2l_2|q_i|\dot{q}_i, & s \neq 0, |q_i| < \varepsilon \end{cases} \tag{5.68}$$

针对滑模动态系统(5.67)，设计控制力矩如式(5.69)所示：

$$u = \hat{\beta}^{-1}(-h(\omega) - k_1 s - k_2 \text{sig}^r(s) - \hat{k}_3 \text{sgn}(s)) \qquad (5.69)$$

式中，$k_1 > 0$，$k_2 > 0$，$\hat{k}_3$ 为综合不确定 D 上界的估计值，用自适应律表示为

$$\hat{k}_3 = \lambda(-\delta\hat{k}_3 + \|s\|) \qquad (5.70)$$

$\delta > 0$，$\lambda = \dfrac{2\delta_0 k_2^{2/(1+r)}}{\delta(2\delta_0 - 1)}$，$\delta_0 > \dfrac{1}{2}$。

考虑故障影响下的航天器系统(5.43)，若自适应容错控制器设计如式(5.69)所示，自适应律设计如式(5.70)所示，且参数 k_1、k_2、δ、δ_0 选择合适，那么系统姿态 q_v、ω 将会在故障发生后的有限时间内恢复稳定。由于容错控制器(5.69)及自适应律(5.70)与 5.2.2 节中设计的控制器(5.30)及自适应律(5.13)一样，故稳定性证明过程一致，此处不再赘述。

5.3.4　仿真分析

1. 仿真条件

为了验证执行机构失效时所设计的故障检测和故障重构方法的有效性，利用 MATLAB/Simulink 仿真软件对航天器执行机构故障进行仿真。仿真条件如下：

航天器转动惯量 $J = \begin{bmatrix} 20 & 1.2 & 0.9 \\ 1.2 & 17 & 1.4 \\ 0.9 & 1.4 & 15 \end{bmatrix}$ kg·m²，外界扰动力矩 $d_1 = A_0(3\cos\omega_0 t + 1)$

(N·m)，$d_2 = A_0(1.5\sin\omega_0 t + 3\cos\omega_0 t)$(N·m)，$d_3 = A_0(3\sin\omega_0 t + 1)$(N·m)，式中，$A_0 = 1.5 \times 10^{-5}$，$\omega_0 = 0.5$。航天器初值设定为 $\omega(0) = [0\ 0\ 0]^T$ rad/s，$q(0) = [0.94\ 0.28\ -0.138\ 0.138]^T$，观测器的初值选取为 $\beta(0) = [0\ 0\ 0]^T$，$\hat{\omega}(0) = \omega(0)$。

故障诊断相关参数选取如下：

$$L = \begin{bmatrix} 1 & 2 & -5 \\ 6 & 8 & 4 \\ 7 & -8 & 9 \end{bmatrix}, \quad P = \begin{bmatrix} 1 & 2 & -3 \\ 2 & 5 & 1 \\ -3 & 1 & 2 \end{bmatrix}, \quad k=0.00095, \quad \lambda = 0.0001$$

$$\gamma=0.042, \quad \gamma_1 = 0.1, \quad \delta_s = 1, \quad \varepsilon = 0.001$$

2. 仿真结果

情形 1　无故障时仿真结果。

从仿真图 5.11 可以看出，在提出的航天器故障诊断与容错控制框架内，利用本节提出的基于自适应观测器的航天器故障诊断与容错控制方法，在无故障条件

下，残差评价函数始终小于设定的故障检测阈值，表明未检测到故障的发生；图 5.12 给出了相应的执行机构有效因子的估计值，从图中可以发现，有效因子一直保持为 1，同样说明该情形下执行器未发生效力损失故障，验证了所设计的故障诊断方法的有效性。

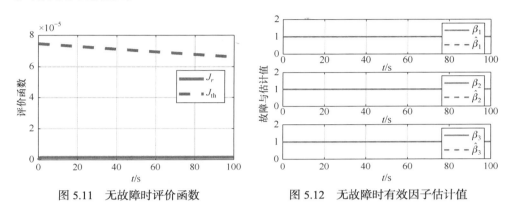

图 5.11　无故障时评价函数　　　　图 5.12　无故障时有效因子估计值

由仿真图可知，在没有故障发生时，残差评价函数始终小于设定的故障检测阈值，没有检测到故障的发生，同时执行机构的有效因子一直保持为 1，说明了所设计的故障检测方法的有效性。

情形 2　有故障时仿真结果。

假设航天器飞轮出现效益损失故障，其故障描述为：当 $t > 13\mathrm{s}$ 时，$\beta = [0.5\ 0.5\ 0.5]^{\mathrm{T}}$，其余时刻飞轮正常工作，即 $\beta = [1\ 1\ 1]^{\mathrm{T}}$。采用故障检测公式 (5.52)、式 (5.53) 及故障重构方法 (5.55) 来实现对故障的检测与重构。

由仿真结果可以看出，在执行机构发生故障情形下，图 5.13 给出的为本节设计的观测器对系统状态观测值及观测误差图，从图中可以看出，观测器可以有效地对角速度进行精确的估计。从图 5.14 评价函数及故障重构仿真结果可以看出，

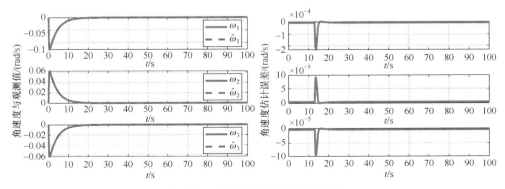

图 5.13　角速度及观测值仿真结果

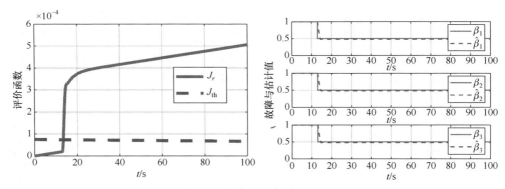

图 5.14　故障发生时评价函数及故障重构仿真结果

残差评价函数超出了故障检测阈值，即设计的故障检测观测器检测到有故障发生，这与实际情况完全符合。当故障检测机制检测到发生故障后，用于估计故障的故障重构机制得到触发，由故障的重构仿真结果可以看出，本节所设计的自适应观测器可以在很短的时间内实现对故障的准确估计。图 5.15 给出了航天器四元数变化曲线，从图中可以看出，所设计的有限时间自适应终端滑模容错控制器可以保证系统状态在有限时间内达到稳定，从中可以看出所设计的有限时间自适应终端滑模容错控制器可以保证系统状态在有限时间 10s 内达到稳定，从而验证了容错控制算法的有效性。

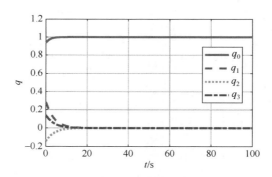

图 5.15　航天器四元数变化曲线

5.4　基于滑模增广系统的故障诊断-容错控制一体化设计

考虑故障影响下的航天器系统，其故障诊断模块与容错控制模块存在双向交互作用：一方面，容错控制模块作用下的闭环系统中存在的模型不确定、外界干扰以及故障信号等，会影响故障诊断模块的诊断精度，即故障估计精度；另一方面，故障诊断模块的诊断精度会影响容错控制模块的控制性能。因此，为综合考虑上述问题，且进一步避免故障诊断到容错控制之间的时间延迟，本节展开故障诊断-容错控制一体化设计研究，其控制框图如图 5.16 所示。首先，基于航天器系统，通过动态扩展技术，将航天器故障信号扩展为新的状态变量，建立航天器增广系统动力学模型；然后，设计未知输入观测器对未知状态进行估计，获得状态与故障的估计形式；并基于带有未知参数的观测器输出，设计滑模容错控制器，从而获得带有未知参数的增广闭环系统形式，构建一体化设计的优化目标；最后，采用线性矩阵不等式及鲁棒优化未知参数方法，实现不带独立故障估计的故障诊断-容错控制器的一体化设计。

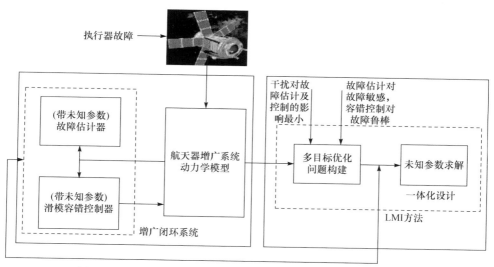

图 5.16 基于滑模增广系统的故障诊断-容错控制一体化控制框图

5.4.1 面向一体化设计的航天器增广系统模型建立

为方便故障诊断与容错控制器一体化设计,本节采用 2.1.2 节介绍的欧拉角描述的航天器运动学模型。定义 $\omega=[\omega_1\ \omega_2\ \omega_3]^{\mathrm{T}}$, $p=[p_1\ p_2\ p_3]^{\mathrm{T}}=[\varphi\ \theta\ \phi]^{\mathrm{T}}$ 分别表示航天器本体坐标系相对于惯性坐标系的三轴姿态角速度和姿态角，航天器相对于轨道坐标系的转速为 $(\dot{\varphi},\dot{\theta},\dot{\phi})$，坐标系在空间中的转速为 $(0,-\omega_0,0)$，其中 ω_0 为轨道角速度。因此，航天器姿态运动学方程为

$$\omega=\begin{bmatrix}\omega_1\\\omega_2\\\omega_3\end{bmatrix}=\begin{bmatrix}\dot{\varphi}\\\dot{\theta}\\\dot{\phi}\end{bmatrix}+\begin{bmatrix}1&\phi&-\theta\\-\phi&1&\phi\\\theta&-\varphi&1\end{bmatrix}\begin{bmatrix}0\\-\omega_0\\0\end{bmatrix}=\begin{bmatrix}\dot{\varphi}-\omega_0\phi\\\dot{\theta}-\omega_0\\\dot{\phi}+\omega_0\varphi\end{bmatrix} \tag{5.71}$$

式(5.71)可表示为

$$\dot{p} = \omega + \Gamma p \tag{5.72}$$

式中

$$\Gamma = \begin{bmatrix} 0 & 0 & \omega_0 \\ 0 & 0 & 0 \\ -\omega_0 & 0 & 0 \end{bmatrix} \tag{5.73}$$

考虑刚体航天器以飞轮作为主要执行机构，根据动量矩定理，航天器姿态动力学模型可表示为

$$J\dot{\omega} = -\omega^\times J\omega + u + d \tag{5.74}$$

考虑执行机构发生偏差故障，基于式(5.74)，故障下的航天器姿态控制动力学模型可表示为

$$J\dot{\omega} = -\omega^\times J\omega + u + F_a f_a + d \tag{5.75}$$

式中，$f_a \in \mathbf{R}^3$ 表示发生的执行机构偏差故障，幅值由执行机构具体物理参数决定，F_a 为已知常数矩阵。

综合式(5.72)和式(5.75)，可以得到执行机构发生故障时的航天器姿态动力学模型：

$$\dot{p} = \omega + \Gamma p \tag{5.76}$$

$$\dot{\omega} = -J^{-1}\omega^\times I\omega + J^{-1}u + J^{-1}F_a f_a + J^{-1}d \tag{5.77}$$

基于上述分析，定义状态变量 $x = [p \quad \dot{p}]^{\mathrm{T}} \in \mathbf{R}^6$。将上述执行机构偏差故障航天器模型表示成状态空间方程形式：

$$\begin{aligned} \dot{x}(t) &= Ax(t) + Bu(t) + f(x,t) + Ff_a(t) + Dd \\ y(t) &= Cx(t) \end{aligned} \tag{5.78}$$

式中，$u(t) = [u_1 \quad u_2 \quad u_3]^{\mathrm{T}} \in \mathbf{R}^3$ 为控制输入；$y(t) \in \mathbf{R}^4$ 为系统输出；$f(x,t) \in \mathbf{R}^6$ 为已知的连续非线性函数，且为关于 x 的 Lipschitz 函数；$A \in \mathbf{R}^{6\times6}$、$C \in \mathbf{R}^{4\times6}$、$F \in \mathbf{R}^{6\times3}$ 为已知的常值矩阵，且 C、F 都是满秩的；$d \in \mathbf{R}^6$ 为未知的有界非线性函数，代表系统建模误差及未知输入扰动，统称为系统未知扰动；$f_a \in \mathbf{R}^3$ 表示未知的执行机构偏差故障。其中，A、B、C 和 $f(x,t)$ 分别为

$$A = \begin{bmatrix} 0 & 0 & \omega_0 & 1 & 0 & 0 \\ 0 & 0 & 0 & 0 & 1 & 0 \\ -\omega_0 & 0 & 0 & 0 & 0 & 1 \\ -3\omega_0^2 J_x^{-1}(J_y - J_z) & 0 & 0 & 0 & 0 & 0 \\ 0 & -3\omega_0^2 J_y^{-1}(J_x - J_z) & 0 & 0 & 0 & 0 \\ 0 & 0 & 0 & 0 & 0 & 0 \end{bmatrix}$$

$$B=D=\begin{bmatrix} 0 & 0 & 0 \\ 0 & 0 & 0 \\ 0 & 0 & 0 \\ \dfrac{1}{J_x} & 0 & 0 \\ 0 & \dfrac{1}{J_y} & 0 \\ 0 & 0 & \dfrac{1}{J_z} \end{bmatrix},\quad C=I_{6\times6},\quad f(x,t)=\begin{bmatrix} 0 \\ \omega_0 \\ 0 \\ \dfrac{-\left(J_z-J_y\right)\omega_2\omega_3}{J_x} \\ \dfrac{-\left(J_x-J_z\right)\omega_1\omega_3}{J_y} \\ \dfrac{-\left(J_y-J_x\right)\omega_2\omega_1}{J_z} \end{bmatrix}$$

且针对状态空间表示的航天器故障模型(5.78)，假设以下条件成立。

假设 5.2　(A,C) 可观，(A,B) 可控，$\mathrm{rank}\,(B,F)=\mathrm{rank}\,(B)=3$。

假设 5.3　非线性项 $f(x,t)$ 满足 Lipschitz 约束：

$$\left\|f(x_1,t)-f(x_2,t)\right\|\leqslant L_f\left\|x_1-x_2\right\|$$

式中，L_f 为 Lipschitz 常数。

假设 5.4　刚体航天器在空间飞行过程中，系统未知扰动 d、系统故障 f_a 是有界的。

分析系统可控性并结合控制需求，基于动态扩展技术，将航天器故障信号扩展为新的状态变量，获得如下形式的航天器增广系统动力学模型：

$$\begin{aligned} \dot{\overline{x}}(t)&=\overline{A}\,\overline{x}(t)+\overline{B}u(t)+\overline{f}(S_1\overline{x},t)+\overline{D}\overline{d}(t)\\ y(t)&=\overline{C}\,\overline{x}(t) \end{aligned}$$

(5.79)

式中

$$\overline{x}=\begin{bmatrix} x_{6\times1} \\ (f_a)_{3\times1} \end{bmatrix},\quad \overline{A}=\begin{bmatrix} A_{6\times6} & F_{6\times3} \\ 0_{3\times6} & 0_{3\times3} \end{bmatrix},\quad \overline{B}=\begin{bmatrix} B_{6\times3} \\ 0_{3\times3} \end{bmatrix},\quad \overline{f}(S_1\overline{x},t)=\begin{bmatrix} (f(x,t))_{6\times1} \\ 0_{3\times1} \end{bmatrix}$$

$$\overline{D}=\begin{bmatrix} D_{6\times3} & 0_{6\times3} \\ 0_{3\times3} & I_{3\times3} \end{bmatrix},\quad \overline{d}=\begin{bmatrix} d_{3\times1} \\ (\dot{f}_a)_{3\times1} \end{bmatrix},\quad \overline{C}=\begin{bmatrix} C_{6\times6} & 0_{6\times3} \end{bmatrix},\quad S_1=\begin{bmatrix} I_{6\times6} & 0_{6\times3} \end{bmatrix}$$

可以证明，增广系统(5.79)的可观性与系统(5.78)是等价的。从式(5.79)可以看出，通过为故障检测误差与容错控制跟踪误差建立统一的性能指标函数，将故障与综合扰动对故障估计精度和容错控制精度的影响限制在可调节的容许范围内，可以有效缓解故障诊断模块与容错控制模块的双向交互作用。

因此，本节控制目标为：针对存在执行器偏差故障、模型不确定以及外界干扰的航天器系统(5.78)，通过故障诊断模块与容错控制模块一体化设计，实现故障发生后航天器系统的稳定，提高故障检测与容错控制性能。

5.4.2 故障估计器与容错控制器一体化设计

本节首先针对将故障作为状态变量的增广系统，采用未知输入观测器设计故障诊断模块，获得故障估计器形式；然后基于自适应积分滑模方法获得容错控制器形式，共同得到带有未知参数的闭环增广系统；最后通过H_∞优化同时得到控制器增益矩阵和观测器增益矩阵，实现对未知故障的估计与系统状态对期望指令的跟踪，实现基于状态反馈的故障诊断及容错控制一体化设计。

1. 故障估计器设计

为实现航天器故障与外界干扰的有效解耦，基于航天器增广系统(5.79)，设计如式(5.80)所示的未知输入观测器对未知增广状态进行估计：

$$\begin{aligned}\dot{\xi}_0 &= M_0\xi_0 + G_0 u + L_0 y + N_0\overline{f}(S_1\overline{x},t) \\ \hat{\overline{x}} &= \xi_0 + H_0 y\end{aligned} \tag{5.80}$$

式中，ξ_0为观测器系统状态；$\hat{\overline{x}}$为增广系统的估计值。M_0、G_0、L_0、H_0为未知输入观测器待设计参数。由于观测器参数未知，观测器(5.80)可以同时获得未知系统状态及故障的估计形式。

定义观测器观测误差$e_0 = \overline{x} - \hat{\overline{x}}$，可得系统误差方程：

$$\begin{aligned}\dot{e}_0 &= (\Xi\overline{A} - L_1\overline{C})e_0 + (\Xi\overline{A} - L_1\overline{C} - M_0)\xi_0 + \Xi\overline{f}(S_1\overline{x},t) - N_0\overline{f}(S_1\hat{\overline{x}},t) \\ &\quad + (\Xi\overline{B} - G_0)u + [(\Xi\overline{A} - L_1\overline{C})H_0 - L_2]y + \Xi\overline{D}\overline{d}\end{aligned} \tag{5.81}$$

其中，$\Xi = I - H_0\overline{C}$，$L_0 = L_1 + L_2$。通过下列参数设置：

$$N_0 = \Sigma \tag{5.82}$$

$$\Xi\overline{A} - L_1\overline{C} - M_0 = 0 \tag{5.83}$$

$$\Xi\overline{B} - G_0 = 0 \tag{5.84}$$

$$(\Xi\overline{A} - L_1\overline{C})H_0 - L_2 = 0 \tag{5.85}$$

则式(5.81)变为

$$\dot{e}_0 = (\Xi\overline{A} - L_1\overline{C})e_0 + \Xi\Delta\overline{f} + \Xi\overline{D}\overline{d} \tag{5.86}$$

式中，$\Delta\overline{f} = \overline{f}(S_1\overline{x},t) - \overline{f}(S_1\hat{\overline{x}},t)$。因此，只要确定$H_0$、$L_1$的值，则可获得未知输入观测器(5.80)的具体表达。基于观测器(5.80)的输出形式，即系统未知状态及故障

的估计形式，考虑控制系统对故障及干扰的鲁棒性要求，下面进行滑模容错控制器的设计。

2. 容错控制器设计

设计积分滑模面如下：

$$s = N_1 x(t) - N_1 x(0) - N_1 \int_0^t \left[B\left(u_1(\tau) + u_2(\tau) + B^\dagger F \hat{f}_a(\tau) \right) \right] \mathrm{d}\tau \qquad (5.87)$$

式中，$N_1 = B^\dagger - Y_1(I_n - BB^\dagger)$；$B^\dagger = (B^\mathrm{T}B)^{-1}B^\mathrm{T}$；$Y_1$ 为任意矩阵。定义 $e_f(t) = f_a(t) - \hat{f}_a(t)$，对滑模面(5.87)进行求导，得到

$$\dot{s} = u_3 + N_1 Ax + N_1 F_a e_f + N_1 f(x,t) + N_1 Dd \qquad (5.88)$$

设计容错控制器如下：

$$u = u_1 + u_2 + u_3 \qquad (5.89)$$

式中，u_1 为线性反馈部分，u_2 为期望姿态补偿项，表达形式为

$$u_1 = -K(\hat{x} - x_d) - B^\dagger F \hat{f}_a \qquad (5.90)$$

$$u_2 = \left(N_1 - B^\dagger \right) Ax_d + B^\dagger \dot{x}_d \qquad (5.91)$$

式中，K 为待设计参数；x_d 为航天器期望状态。非线性部分 u_3 设计为自适应多变量超螺旋控制器：

$$u_3 = -k_1 \|s\|^{1/2} \frac{s}{\|s\|} + \rho$$

$$\dot{\rho} = -k_2 \frac{s}{\|s\|} \qquad (5.92)$$

式中，自适应律 $k_1 = \mathrm{diag}\{k_{11}, k_{12}, k_{13}\}$，$k_2 = \mathrm{diag}\{k_{21}, k_{22}, k_{23}\}$，采用如下形式：

$$\dot{k}_{1i} = \begin{cases} \varpi \sqrt{\dfrac{\kappa}{2}}, & s_i \neq 0 \\ 0, & s_i = 0 \end{cases}$$

$$k_{2i} = \bar{\varepsilon} k_{1i} \qquad (5.93)$$

式中，ϖ、κ、$\bar{\varepsilon}$ 是正实数，$i = 1,2,3$。

对积分滑模面(5.88)求导，并将非线性控制量 u_2 代入式(5.92)和式(5.93)得到

$$\dot{s} = -k_1 \left\| s \right\|_2^{1/2} \frac{s}{\left\| s \right\|} + v$$

$$\dot{v} = -k_2 \frac{s}{\left\| s \right\|} + \dot{\varDelta} \tag{5.94}$$

式中，$v = \rho + \varDelta$，$\varDelta = N_1 Ax + N_1 F_a e_f + N_1 Dd + N_1 f(x,t) - N_1 \dot{e}_x$。

假设 5.5 $\varDelta$ 有界且存在 δ_0 满足 $\left\| \dot{\varDelta} \right\|_2 < \delta_0$。

在满足假设 5.5 的条件下，下面证明系统(5.94)可以在有限时间内收敛到滑模面。定义 Lyapunov 函数：

$$V_1 = V_0 + \frac{1}{2\varsigma} \sum_{i=1}^{3} \left(k_{1i} - k_{1i}^* \right)^2 + \frac{1}{2\varsigma_1} \sum_{i=1}^{3} \left(k_{2i} - k_{2i}^* \right)^2 \tag{5.95}$$

式中

$$V_0 = \left(\lambda + 4\varepsilon^2 \right) \left\| s \right\| + s^{\mathrm{T}} s - \frac{2\varepsilon}{\left\| s \right\|^{1/2}} \left(s^{\mathrm{T}} v + v^{\mathrm{T}} s \right)$$

$$= x^{\mathrm{T}} P_0 x \tag{5.96}$$

根据文献[11]，可通过 Lyapunov 稳定性证明验证上述系统(5.94)在有限时间内收敛到滑模面。当系统到达滑模面时，得到等效控制表达式：

$$u_{\mathrm{eq}} = -\left(N_1 Ax + N_1 Dd + N_1 f(x,t) \right) + u_1 + u_2 \tag{5.97}$$

定义航天器跟踪误差 $e_c = x - x_d$，代入式(5.97)得到下述闭环系统形式：

$$\dot{e}_c = \left(\varTheta_1 A - BK \right) e_c + BK_0 e_0 + \varTheta_1 f(x,t) + \varTheta_1 Dd \tag{5.98}$$

式中，$\varTheta_1 = I - BN_1$，$K_0 = \begin{bmatrix} K & B^\dagger F \end{bmatrix}$。

3. 故障诊断模块与容错控制模块一体化设计

1) 面向一体化设计的多目标优化问题构建

定义 $z_1 = C_c e_c + C_0 e_0$，基于航天器跟踪误差系统(5.98)和系统增广状态估计误差(5.86)，获得带有未知参数的增广闭环系统为

$$\dot{e}_c = (\varTheta_1 A - BK) e_c + BK_0 e_0 + \varTheta_1 f(x,t) + D_1 \bar{d}$$

$$\dot{e}_0 = (\varXi \bar{A} - L_1 \bar{C}) e_0 + \varXi \Delta \bar{f} + \varXi \bar{D} \bar{d} \tag{5.99}$$

$$z_1 = C_c e_c + C_0 e_0$$

式中，z_1 是可测输出，用以验证上述闭环系统的性能，且 $D_1 = \begin{bmatrix} \varTheta_1 D & 0 \end{bmatrix}$。由以上

分析可知,此时增广闭环系统(5.99)中包含增广状态观测器及容错控制器的未知参数,因此后续目标即将通过 H_∞ 优化同时降低综合扰动和故障导数 $\bar{d}$ 对故障估计误差 e_0 和状态跟踪误差 e_c 的影响,得到控制器增益矩阵 L_1 和观测器增益矩阵 K,实现故障诊断模块与容错控制模块的一体化设计。

　　2) 面向一体化设计的多目标优化问题求解

　　综合故障估计的准确性和控制器的稳定性、鲁棒性,必须保证:

　　(1) 带有未知参数的增广闭环系统(5.99)是渐近稳定的,那么航天器系统输出可以跟踪上参考指令;

　　(2) 用来表示闭环系统性能(状态跟踪精度与误差估计精度)的变量 z_1 对干扰 d 具有鲁棒性,即

$$\|z_1\|_2 \leqslant \gamma \|d\|_2 \tag{5.100}$$

　　为保证设计的控制器与观测器满足上述条件,定义关于增广状态误差的 Lyapunov 函数 $V_0 = e_0^T Q e_0$,其中,Q 为正定矩阵。

　　由于 $f(x,t)$ 是 Lipschitz 非线性函数,因此对某一正数 ε_1,满足如下不等式:

$$2e_0^T Q\Xi\Delta f \leqslant \varepsilon_1^{-1} e_0^T Q\Xi\Xi^T Q e_0 + \varepsilon_1 L_f \left\| S_1 e_0 \right\|^2 \tag{5.101}$$

则对 Lyapunov 函数求导可得

$$\begin{aligned}
\dot{V}_0 &= \dot{e}_0^T Q e_0 + e_0^T Q \dot{e}_0 \\
&\leqslant e_0^T \left[\mathrm{He}\left(Q(\Xi\bar{A} - L_1\bar{C}) \right) + \varepsilon_1^{-1} Q\Xi\Xi^T Q + \varepsilon_1 L_f S_1^T S_1 I \right] e_0 + \mathrm{He}\left(e_0^T Q\Xi\bar{D}\bar{d} \right)
\end{aligned} \tag{5.102}$$

式中,针对实对称矩阵 W,$\mathrm{He}(W) = W + W^T$。

　　定义关于系统状态的 Lyapunov 函数 $V_c = e_c^T P e_c$,其中,P 为正定矩阵。由于 $f(0,t) = 0$,因此 Lipschitz 条件表示 $\|f(x,t)\| \leqslant L_f \|x\|$,则对某一正数 ε_2,满足如下不等式:

$$2e_c^T P\Theta_1 f(x,t) \leqslant \varepsilon_2^{-1} e_c^T P\Theta_1\Theta_1^T P e_c + \varepsilon_2 L_f^2 \left\| e_c \right\|^2 \tag{5.103}$$

　　于是,对 Lyapunov 函数求导可得

$$\begin{aligned}
\dot{V}_c &\leqslant e_c^T \left[\mathrm{He}\left(P(\Theta_1 A - BK) \right) + \varepsilon_2^{-1} P\Theta_1\Theta_1^T P + \varepsilon_2 L_f^2 I \right] e_c \\
&\quad + \mathrm{He}\left(e_c^T PBK_0 e_0 + e_c^T PD_1\bar{d} \right)
\end{aligned} \tag{5.104}$$

　　令 $z_1 = [e_c^T \ e_0^T]^T$,为保证系统综合不确定 $\bar{d}$ 对系统状态跟踪及增广状态估计误差的影响最小,构建优化目标:

$$\Phi = \int_0^\infty \left(z_1^T z_1 - \gamma^2 \overline{d}^T \overline{d} + \dot{V}_0 + \dot{V}_c \right) \mathrm{d}t - \int_0^\infty \left(\dot{V}_0 + \dot{V}_c \right) \mathrm{d}t$$

$$= \int_0^\infty \left(z_1^T z_1 - \gamma^2 \overline{d}^T \overline{d} + \dot{V}_0 + \dot{V}_c \right) \mathrm{d}t - \left(V_0(\infty) + V_c(\infty) \right) + \left(V_0(\infty) + V_c(\infty) \right) \qquad (5.105)$$

$$\leqslant \int_0^\infty \left(z_1^T z_1 - \gamma^2 \overline{d}^T \overline{d} + \dot{V}_0 + \dot{V}_c \right) \mathrm{d}t$$

式(5.105)成立的充分条件为

$$\Phi_1 = z_1^T z_1 - \gamma^2 \overline{d}^T \overline{d} + \dot{V}_0 + \dot{V}_c < 0 \qquad (5.106)$$

因此，将式(5.102)和式(5.104)代入式(5.106)得

$$\Phi_1 = \begin{bmatrix} e_c \\ e_0 \\ \overline{d} \end{bmatrix}^T \begin{bmatrix} \Phi_{11} & PBK_0 & PD_1 \\ * & \Phi_{22} & Q\Xi\overline{D} \\ * & * & -\gamma^2 I \end{bmatrix} \begin{bmatrix} e_c \\ e_0 \\ \overline{d} \end{bmatrix} < 0 \qquad (5.107)$$

式中

$$\Phi_{11} = \mathrm{He}\left(P(\Theta_1 A - BK) \right) + \varepsilon_2^{-1} P\Theta_1\Theta_1^T P + \varepsilon_2 L_f^2 I + C_c^T C_c$$

$$\Phi_{22} = \mathrm{He}\left(Q(\Xi\overline{A} - L_1\overline{C}) \right) + \varepsilon_1^{-1} Q\Xi\Xi^T Q + \varepsilon_1 L_f^2 S_1^T S_1 I + C_0^T C_0$$

定义 $Z = P^{-1}$，对式(5.107)两边左右均乘以 $\mathrm{diag}\{Z, I, I\}$，得到

$$\begin{bmatrix} \overline{\Phi}_{11} & BK_0 & D_1 \\ * & \overline{\Phi}_{22} & Q\Xi\overline{D} \\ * & * & -\gamma^2 I \end{bmatrix} < 0 \qquad (5.108)$$

式中

$$\overline{\Phi}_{11} = \mathrm{He}\left((\Theta_1 A - BK)Z \right) + \varepsilon_2^{-1} \Theta_1\Theta_1^T + \varepsilon_2 L_f^2 ZZ + ZC_c^T C_c Z$$

$$\overline{\Phi}_{22} = \mathrm{He}\left(Q(\Xi\overline{A} - L_1\overline{C}) \right) + \varepsilon_1^{-1} Q\Xi\Xi^T Q + \varepsilon_1 L_f^2 S_1^T S_1 I + C_0^T C_0$$

根据 Young 不等式，对于某一正数 ε_3 有

$$\mathrm{He}\left\{ \begin{bmatrix} BK \\ 0 \\ 0 \end{bmatrix} \begin{bmatrix} 0 \\ I \\ 0 \end{bmatrix}^T \right\} = \varepsilon_3 \begin{bmatrix} BKZ \\ 0 \\ 0 \end{bmatrix} Z^{-1} \begin{bmatrix} BKZ \\ 0 \\ 0 \end{bmatrix}^T + \varepsilon_3^{-1} \begin{bmatrix} 0 \\ I \\ 0 \end{bmatrix} Z^{-1} \begin{bmatrix} 0 \\ I \\ 0 \end{bmatrix}^T$$

定义

$$Q = \begin{bmatrix} Q_1 & \\ & Q_2 \end{bmatrix}, \quad L_1 = \begin{bmatrix} L_{11} \\ L_{12} \end{bmatrix}, \quad H = \begin{bmatrix} H_1 \\ H_2 \end{bmatrix}$$

以及 $M_1 = KZ$, $M_2 = Q_1 H_1$, $M_3 = Q_1 L_{11}$, $M_4 = Q_2 H_2$, $M_5 = Q_2 L_{12}$, 并使用 Schur 补定理，得到

$$\begin{bmatrix} \varPi_1 & \varPi_2 \\ * & \varPi_3 \end{bmatrix} < 0 \tag{5.109}$$

式中

$$\varPi_1 = \begin{bmatrix} \varSigma_{11} & \varSigma_{12} \\ * & \varPi_{22} \end{bmatrix}, \quad \varPi_2 = \begin{bmatrix} \varSigma_{13} & \varSigma_{14} & \varSigma_{15} & 0 & 0 & \varSigma_{18} \\ \varPi_{23} & \varPi_{24} & 0 & I & \varPi_{27} & 0 \end{bmatrix}, \quad \varPi_{24} = \begin{bmatrix} C_{0x}^{\mathrm{T}} \\ C_{0fa}^{\mathrm{T}} \end{bmatrix}, \quad \varSigma_{15} = BM_1$$

$$\varPi_{22} = \begin{bmatrix} \varSigma_{22} & \varSigma_{23} \\ * & \varSigma_{33} \end{bmatrix}, \quad \varPi_{23} = \begin{bmatrix} Q_1 D - M_2 CD & 0 \\ -M_4 CD & Q_2 \end{bmatrix}, \quad \varPi_{27} = \begin{bmatrix} Q_1 - M_2 C & 0 \\ -M_4 C & Q_2 \end{bmatrix}$$

$$\varSigma_{13} = [\varTheta_1 D, 0], \quad \varPi_3 = -\mathrm{diag}\left\{ \gamma^2 I, I, \varepsilon_3^{-1} Z, \varepsilon_3 Z, \varepsilon_1 I, \left(\varepsilon_2 L_f^2 \right)^{-1} I \right\}$$

$$\varSigma_{12} = [0 \quad F], \quad \varSigma_{14} = ZC_c^{\mathrm{T}}, \quad \varSigma_{18} = Z$$

$$\varSigma_{11} = \mathrm{He}\left(\varTheta_1 AZ - BM_1 \right) + \varepsilon_2^{-1} \varTheta_1 \varTheta_1^{\mathrm{T}}, \quad \varSigma_{22} = \mathrm{He}\left(Q_1 A - M_2 CA - M_3 C \right) + \varepsilon_1 L_f^2 I$$

$$\varSigma_{23} = Q_1 F - M_2 CF - A^{\mathrm{T}} C^{\mathrm{T}} M_4^{\mathrm{T}} - C^{\mathrm{T}} M_5^{\mathrm{T}}, \quad \varSigma_{33} = \mathrm{He}\left(-M_4 CF \right)$$

采用线性矩阵不等式求解上述公式中故障估计器与容错控制器的未知参数，得到故障估计器与容错控制器增益参数：

$$K = M_1 Z^{-1}, \quad H_1 = Q_1^{-1} M_2, \quad H_2 = Q_2^{-1} M_4, \quad L_{11} = Q_1^{-1} M_3, \quad L_{12} = Q_2^{-1} M_5 \tag{5.110}$$

该方法避免了估计器与控制器分别独立参数求解，有效减小了航天器计算内存，实现故障诊断与容错控制一体化设计。

本节考虑航天器故障影响，首先设计带有未知参数的故障检测观测器与编队容错控制器，然后采用 H_∞ 优化方法同时求解观测器与编队控制器的矩阵参数，实现故障诊断与编队容错控制的一体化设计，将综合扰动与故障导数对故障估计精度和控制精度的影响限制在可调节的容许范围内，有效解决故障诊断模块与容错控制模块的双向交互问题。

5.4.3　仿真分析

1. 仿真条件

将上述算法用在航天器姿态控制系统，惯性矩阵参数设置为 $J = \mathrm{diag}\{18, 21,$

24}kg·m^2。惯性角速度为$\omega_0 = 0.0012\text{rad/s}$。角速度与姿态角通过陀螺仪与行星传感器获得。模型不确定及外部扰动设为

$$d = \begin{bmatrix} 10^{-4}\sin t \\ 2\times 10^{-4}\cos t \\ -10^{-4}\sin t \end{bmatrix}(\text{N·m})$$

执行器故障设为$f_a = [f_{a1}, f_{a2}, f_{a3}]$，其中

$$f_{a1} = \begin{cases} 0, & t < 20 \\ 0.1(t-20), & 20 \leqslant t < 25 \\ 0.1(30-t), & 25 \leqslant t < 30 \\ 0, & t \geqslant 30 \end{cases}, \quad f_{a2} = \begin{cases} 0, & t < 40 \\ 0.1(40-t), & 40 \leqslant t < 45 \\ -0.5, & 45 \leqslant t < 50 \\ 0.1(t-55), & 50 \leqslant t < 55 \\ 0, & t \geqslant 55 \end{cases}, \quad f_{a3} = 0$$

初始姿态角与角速度设为

$$x_0 = [0.3491\text{rad} \quad 0.1745\text{rad} \quad -0.2618\text{rad} \quad 0.0316\text{rad/s} \quad 0.0424\text{rad/s} \quad 0.056\text{rad/s}]^{\mathrm{T}}$$

期望姿态角与角速度设为$x_d = [1\text{rad} \quad 1\text{rad} \quad 1\text{rad} \quad 0\text{rad/s} \quad 0\text{rad/s} \quad 0\text{rad/s}]^{\mathrm{T}}$。

取$\gamma = 1.5$，利用 MATLAB 求解 LMI(5.109)得到

$$K = \begin{bmatrix} 37.2059 & 0.1328 & 0.0323 & 0.6967 & 0.5047 \\ -0.1103 & 44.3269 & -0.0106 & 42.5669 & 0.4538 \\ 0.0086 & 0.0595 & 49.9585 & 0.5170 & 47.9122 \end{bmatrix}$$

$$M_0 = \text{diag}\{-0.5, -0.5, -0.5, -0.5, -0.5, -0.5, -8.9, -9.04, -9.09\}$$

$$N_0 = \begin{bmatrix} 0 & 0 & 0 & 0 & 0 & 0 & 0 & 0 & 0 \\ 0 & 0 & 0 & 0 & 0 & 0 & 0 & 0 & 0 \\ 0 & 0 & 0 & 0 & 0 & 0 & 0 & 0 & 0 \\ 0 & 0 & 0 & 0 & 0 & 0 & 0 & 0 & 0 \\ 0 & 0 & 0 & 0 & 0 & 0 & 0 & 0 & 0 \\ 0 & 0 & 0 & 0 & 0 & 0 & 0 & 0 & 0 \\ 0 & 0 & 0 & -8.9 & 0 & 0 & 1 & 0 & 0 \\ 0 & 0 & 0 & 0 & -9.04 & 0 & 0 & 1 & 0 \\ 0 & 0 & 0 & 0 & 0 & -9.09 & 0 & 0 & 1 \end{bmatrix}, \quad G_0 = \begin{bmatrix} 0 & 0 & 0 \\ 0 & 0 & 0 \\ 0 & 0 & 0 \\ 0 & 0 & 0 \\ 0 & 0 & 0 \\ 0 & 0 & 0 \\ -0.4984 & 0 & 0 \\ 0 & -0.4249 & 0 \\ 0 & 0 & -0.3791 \end{bmatrix}$$

$$
L_0 = \begin{bmatrix}
0 & 0 & 0 & 0 & 0 & 0 \\
0 & 0 & 0 & 0 & 0 & 0 \\
0 & 0 & 0 & 0 & 0 & 0 \\
0 & 0 & 0 & 0 & 0 & 0 \\
0 & 0 & 0 & 0 & 0 & 0 \\
0 & 0 & 0 & 0 & 0 & 0 \\
0 & 0 & 0 & -79.21 & 0 & 0 \\
0 & 0 & 0 & 0 & -81.72 & 0 \\
0 & 0 & 0 & 0 & 0 & -82.62
\end{bmatrix}
$$

自适应增益参数选取为 $\varpi = 5$ ，$\kappa = 2$ ，$\bar{\varepsilon} = 1$ 。

2. 仿真结果

从图 5.17 和图 5.18 可以看出，发生故障后，所设计的故障观测器对故障的估计误差在 0.02 左右，在外界干扰的影响下，能够提供控制器所需的较为准确的故障估计信息。从图 5.19 和图 5.20 系统姿态及姿态角变化曲线可以看出，在执行机构发生故障后，所设计的容错控制器仍然能够保证对期望姿态的跟踪控制。以 φ 为例，在发生故障之前，控制精度为 $1.145 \times 10^{-3}\text{rad}$，发生故障后，在设计的故障观测器-容错控制器综合作用下，控制精度为 $1.157 \times 10^{-3}\text{rad}$，控制性能为无故障时的 1.05%。

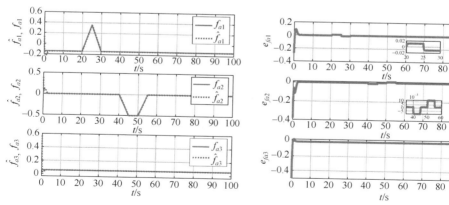

图 5.17　执行机构故障及其估计值　　　　　图 5.18　执行机构故障估计误差

为进一步展示所提滑模控制算法的控制过程，图 5.21 给出了滑模面的变化曲线。从图中可以看出，滑模面在 1.5s 内很快收敛到零，且稳定精度在 10^{-4} 左右。

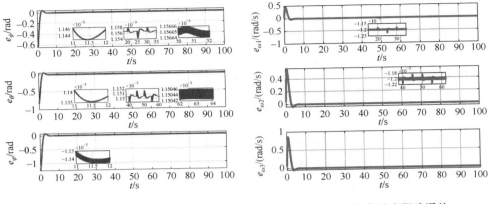

图 5.19 姿态角跟踪误差

图 5.20 姿态角速度跟踪误差

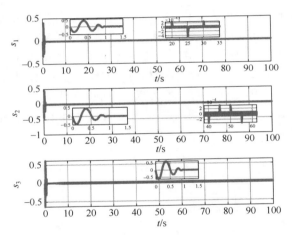

图 5.21 滑模面的变化曲线

从上述仿真图可以看出，所提算法能够准确估计出执行机构的故障影响。在控制性能方面，通过一体化方法设计的控制器能够使跟踪误差很快收敛到零，控制精度高，暂态性能好。

5.5 小   结

航天器故障诊断与容错控制器对航天器安全运行具有十分重要的意义。本章首先对近年来航天器故障进行了相关概述，介绍了航天器典型的故障案例及典型故障类型，以表明航天器故障诊断的重要性。然后，重点针对航天器被动容错控制问题，通过将故障视为综合干扰，设计有限时间自适应终端滑模干扰观测器及容错控制器，实现了故障下航天器的稳定跟踪控制。此外，考虑航天器执行机构乘性故障影响，为了减小占用内存，研究了基于自适应策略的故障诊断与主动容错控制，保证干扰影响下的有效故障检测及估计，实现航天器稳定跟踪控制。进一步，考虑故障诊断模块的故障估计精度与容错控制模块的控制精度之间的相互影响，避免故障诊断到容错控制之间的时间延迟，通过一体化设计的优化目标构建及求解，实现了故障诊断及容错控制一体化设计。

参 考 文 献

[1] 邢琰, 吴宏鑫, 王晓磊, 等. 航天器故障诊断与容错控制技术综述. 宇航学报, 2003, 24(3): 221-226.

[2] Tafazoli M. A study of on-orbit spacecraft failures. Acta Astronautica, 2009, 64(2-3): 195-205.

[3] Xiao B, Hu Q L, Friswell M I. Active fault-tolerant attitude control for flexible spacecraft with loss of actuator effectiveness. International Journal of Adaptive Control and Signal Processing, 2013, 27(11): 925-943.

[4] 刘睿, 李朋, 周军, 等. 基于模型重构的航天器部件级故障建模方法. 西北工业大学学报, 2014, 32(4): 546-549.

[5] 冉德超. 航天器姿态控制系统故障诊断与容错控制技术研究. 长沙: 国防科技大学硕士学位论文, 2013.

[6] 傅艳萍. 基于输入受限的规避小卫星姿态控制系统容错控制技术研究. 南京: 南京航空航天大学硕士学位论文, 2012.

[7] Niederlinski A. A heuristic approach to the design of linear multivariable interacting control systems. Automatica, 1971, 7(6): 691-701.

[8] 陈雪芹. 集成故障诊断与容错控制研究及在卫星姿态控制中的应用. 哈尔滨: 哈尔滨工业大学博士学位论文, 2008.

[9] Gao Z F, Jiang B, Shi P, et al. Active fault tolerant control design for reusable launch vehicle using adaptive sliding mode technique. Journal of the Franklin Institute, 2012, 349(4): 1543-1560.

[10] Pukdeboon C, Siricharuanun P. Nonsingular terminal sliding mode based finite-time control for spacecraft attitude tracking. International Journal of Control, Automation and Systems, 2014, 12(3): 530-540.

[11] Dong Q, Zong Q, Tian B, et al. Adaptive-gain multivariable super-twisting sliding mode control for reentry RLV with torque perturbation. International Journal of Robust and Nonlinear Control, 2017, 27(4): 620-638.

第6章 微小卫星编队构型优化及姿态同步控制

随着卫星技术的发展，以多颗微小卫星编队协同工作来完成复杂的航天任务已成为当今国际航天领域的研究热点。微小卫星以其目标小、机动性强、可进行编队组网等特点和独特的实际应用价值，受到全世界的广泛关注。与单颗卫星相比，卫星集群编队飞行具有明显的优势，如可以显著降低卫星研制周期和发射任务的成本、在个别卫星故障失效时可以进行替换和任务的重新分配、具有较强的生存能力和鲁棒性、测量基线长度不受限制等，特别适用于对地观测、合成孔径雷达(SAR)、大型空间望远镜等空间任务。利用搭载成像望远镜的微小卫星的编队飞行实现光学合成孔径成像，可以打破单一孔径天基望远镜的分辨率极限，并极大地提高成像分辨率，满足地形地貌测绘、地球环境监测、太阳活动观测以及深空探测等领域对高分辨率成像的需求。因此，本章以卫星编队合成孔径成像为应用背景，对编队构型优化和姿态控制展开相关研究。

本章主要内容安排如下：6.1 节给出卫星编队合成孔径成像控制方案，包括空间圆编队和水平圆编队两种情形；6.2 节针对卫星编队构型优化和控制问题，通过 Gauss 伪谱法求解最优轨迹，并设计线性滑模控制器进行跟踪控制，实现满足约束下的卫星编队构型优化和高精度控制；6.3 节针对姿态角速度及输入约束下的卫星编队姿态同步控制问题，设计自适应有限时间分布式观测器及编队同步控制器，实现满足约束下的卫星编队有限时间姿态同步；6.4 节给出本章小结。

6.1 卫星编队合成孔径成像控制方案

本节采用一主三从卫星编队进行合成孔径成像，主星轨道选择为太阳同步轨道，编队的光轴方向都垂直于编队平面。首先对本节采用的两种编队构型做简要的介绍。

在空间圆编队中，主星与从星间的距离在空间中保持一个固定值，因此从星在空间中的轨迹是一个圆，三颗从星均匀分布在圆编队上，编队平面同主星轨道坐标系的 Z 轴夹角为 $30°$，同主星轨道坐标系的 X 轴夹角为 $60°$。以构型半径 $r = 5m$ 为例，其三维及各平面的投影如图 6.1 所示。

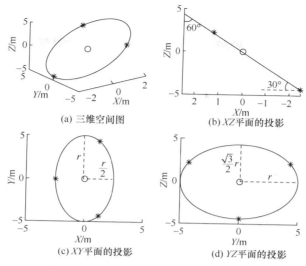

图 6.1　空间圆编队三维及各平面投影图

采用空间圆编队构型时，编队的光轴方向垂直于编队平面，主星光轴绕惯性空间 Z 轴方向旋转，故空间圆编队构型的特点为：其能够实现对一定区域的巡天观测，在巡天过程中发现感兴趣的目标点后，改变为固定观测，在每个轨道周期内对固定目标观测一次，并且在固定目标观测过程中采用分时旋转成像。空间圆编队方式接近自然绕飞编队形态，能耗较少。

水平圆编队在编队平面内主星与从星间的距离保持固定值，因此从星在编队平面上的轨迹是一个圆。和空间圆编队一致，在水平圆编队中，三颗从星均匀分布在圆编队上，但是从空间形态上来看，编队平面同主星轨道面平行，即同主星轨道坐标系的 XY 平面平行，同主星轨道坐标系的 Z 轴垂直。同样以构型半径 $r=5\mathrm{m}$ 为例，其三维及各平面的投影如图 6.2 所示。

采用水平圆编队构型时，光轴方向同轨道面法线方向一致，因此水平圆编队构型的特点为：其只能对垂直于轨道面的固定目标进行观测，但在一个轨道周期内可以进行多次固定目标曝光成像，观测过程中采用分时旋转成像进行曝光。符

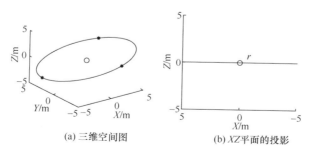

(a) 三维空间图　　　　　　　　(b) XZ平面的投影

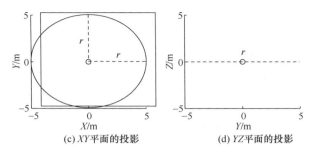

(c) *XY*平面的投影　　　　　　　　(d) *YZ*平面的投影

图 6.2　水平圆编队三维及各平面投影图

合该形态的水平圆编队需要克服地球引力作用，能耗较大。

　　综上所述，下面分别采用空间圆编队和水平圆编队两种编队成像方案，兼顾巡天观测和固定目标观测，实现合成孔径成像控制。在实际应用中，可以根据不同的任务需求采取不同的构型方案。

6.1.1　空间圆编队成像控制方案

　　考虑空间圆编队中巡天观测和固定目标观测效果，空间圆编队成像控制方案分为六个阶段，每个阶段包括构型控制部分和姿态控制部分。在巡天阶段，编队光轴方向绕惯性空间 *Z* 轴转动，实现一定范围的巡天；在固定目标曝光阶段，主从星的姿态和构型在惯性空间保持不变。其总体控制方案如图 6.3 所示。

　　阶段一：编队姿态调整阶段

　　经过速率阻尼和姿态捕获阶段后，主从星的姿态均保持为主卫星三轴稳定姿态(初始姿态)，无法满足成像的要求，故需要对编队卫星的姿态协调指向进行控制，如图 6.4 所示。这一阶段主要进行编队姿态控制，不对编队构型进行控制。在考虑观测目标和编队构型的前提下，对主从星进行姿态调节，使得主从星的光轴垂直期望的空间圆编队平面并对准深空目标，另外两个方向也满足激光测距的姿态指向要求。

　　在此阶段中，首先根据观测目标和编队构型，求解出每颗卫星的期望姿态；然后采用 Gauss 伪谱法，在给定时间内求解出每颗卫星由三轴稳定姿态到期望姿态的最优姿态机动曲线；最后设计基于滑模的姿态跟踪控制器，完成对最优姿态机动曲线的跟踪控制，保证每颗卫星能够跟踪上期望姿态。

　　阶段二：编队构型初始化阶段

　　经过编队姿态调整阶段，已经获得了能够满足合成孔径成像的卫星姿态。但主从星编队为零散队形，构型无法满足成像的要求，需要进行编队构型控制以生成期望的编队构型，如图 6.5 所示。

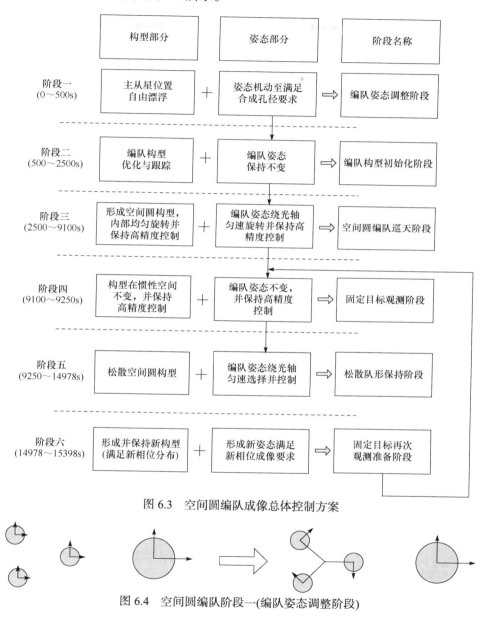

图 6.3　空间圆编队成像总体控制方案

图 6.4　空间圆编队阶段一(编队姿态调整阶段)

　　首先采用优化的思路，以编队构型优化阶段的总能耗最少为性能指标，在给定时间内设计满足卫星实际推力的最优轨迹；然后考虑环境干扰摄动力和模型参数不确定，设计滑模控制器得到连续可变的控制量，来对期望轨迹进行跟踪。

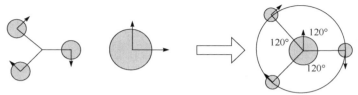

图 6.5　空间圆编队阶段二(编队构型初始化阶段)

在姿态控制部分，编队卫星只需保持阶段一中解算出的期望姿态即可。

阶段三：空间圆编队巡天阶段

经过前两个阶段的控制后，基本上建立了期望的编队构型以及期望的主从星姿态指向，但精度尚且不能满足合成孔径成像的要求，需要对编队构型和编队姿态进行进一步控制。同时，在此阶段中，采用空间圆编队构型进行巡天，根据空间圆编队性质可知，在保持空间圆编队的过程中，编队绕着主星光轴方向匀速旋转，旋转角速度为轨道角速度(约为 0.06°/s)。此时主从星的测距装置变换为基于视觉的测距装置(照相机)和基于激光的测距装置，同时主从星的星载敏感器开始工作。巡天阶段的构型控制部分和姿态控制部分具体如下。

在构型控制部分,以空间圆编队 Clohessey-Whiltshire(C-W)方程解析解得到的空间圆编队构型飞行轨迹为构型参考指令，该指令的获取需要同时考虑主从星的尺寸、质心等因素。然后设计滑模跟踪控制器对参考指令进行跟踪控制。在姿态控制部分，考虑主星固连坐标系和主星轨道坐标系的转化关系，以及主星绕光轴方向匀速转动，可以得出主星的实时姿态指令和角速度指令，再考虑从星固连坐标系和主星固连坐标系转换关系，可得到从星的参考姿态指令和角速度指令。

通过编队构型和姿态的高精度测量及控制后，主从星的相对位置和相对姿态控制达到要求的精度，合成孔径成像光学望远镜开始工作，正式开始空间圆编队的巡天过程。巡天过程中，需要至少巡天一个轨道周期以上，从而确保在巡天过程中能够发现观测目标。

阶段四：固定目标观测阶段

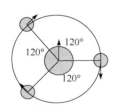

图 6.6　空间圆编队阶段四(固定目标观测阶段)

经过巡天阶段后，空间圆编队能够发现观测目标。在以巡天模式到达观测目标后，编队进入固定目标曝光成像阶段。在固定目标成像阶段，为了防止编队光轴转动对单次曝光成像的影响，在曝光过程中控制编队的相对位置和绝对姿态在地球惯性坐标系下保持固定值。如图 6.6 所示，此时主从星的参考姿态指令保持为固定值即可，而主从星的相对位置参考指令则需要计算，需将惯性坐标系中保持构型不变的期望构型指令转化到主星轨道坐标系中,得到主星轨道坐标系下的期望构型指令。然后对期望位置和期望姿态分别设计滑模控制器进行控制。

阶段五: 松散队形保持阶段

经过固定目标观测阶段后,编队进入松散队形保持阶段。松散队形保持阶段和空间圆编队巡天阶段类似,构型和姿态基本上保持期望的空间圆构型和姿态,在此阶段,从星绕着主星光轴进行匀速旋转。类似于巡天阶段,期望构型指令为通过 C-W 方程解析出的指令,期望姿态通过主星轨道坐标系和旋转矩阵得出。

在此阶段中,松散构型是指通过减小构型控制器系数,降低构型控制精度。因为此阶段中无成像任务,故降低构型控制精度可以减小控制能耗。此阶段中构型控制精度可以降低到 1cm 左右,但构型不能发散过大,对构型控制精度的最低要求是能使得卫星的激光打到对应的靶标上,从而使得激光测距装置仍能工作。

阶段六: 固定目标再次观测准备阶段

在空间圆编队对固定目标观测中,通过对固定目标的旋转分时成像合成更高分辨率的目标图像。每次对固定目标曝光时需要调整卫星编队相位,使得每次相位差为 24°,如图 6.7 所示。通过计算可知,空间圆编队运行 420s 对应的相位差正好为 24°。考虑飞行过程中,从星绕主星光轴匀速旋转,故在第二次曝光前 420s时刻,编队形成了第二次曝光时要求的相对相位,此时从星不必再绕主星光轴旋转,但主从星姿态仍没有达到曝光时的姿态,故仍需要计算。

此阶段初始时间为第二次曝光前 420s,截止时间为第二次曝光初始时刻,总时间长度为 420s。在此阶段内,从星的期望位置指令可通过 C-W 方程求解,并保持此期望位置不变;在姿态部分,从星不再绕主星光轴旋转,但由于主星轨道坐标系还在变化,故主从星姿态是时变的,很容易求解出。

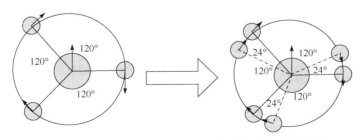

图 6.7　空间圆编队阶段六(固定目标再次观测准备阶段)

阶段六完成之后,编队开始第二次固定目标成像,参考指令求解思路同第一次固定目标成像。然后重复阶段四到阶段六,即可完成多次固定目标曝光成像。

6.1.2　水平圆编队成像控制方案

除空间圆编队成像方案，考虑前面介绍的水平圆编队特点，本节进一步给出水平圆编队成像方案，其总体控制方案如图 6.8 所示。

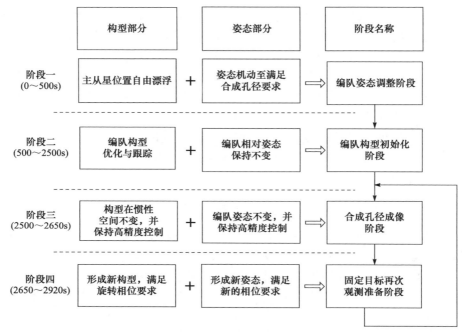

图 6.8　水平圆编队成像总体控制方案

阶段一：编队姿态调整阶段

与空间圆编队阶段一的研究思路基本一致，通过姿态机动使得最终姿态基本符合成像时的姿态。同空间圆编队阶段一的区别在于由于编队构型不同，因此卫星编队主从星的最终期望姿态不同。具体过程为根据水平圆编队构型，采用 Gauss 伪谱法求解出每颗卫星由三轴稳定姿态到期望姿态的最优姿态机动曲线；然后设计姿态跟踪控制器，完成对最优姿态机动曲线的跟踪控制，保证每颗卫星期望姿态的获得。

阶段二：编队构型初始化阶段

同空间圆编队阶段二基本一致，也是采用先优化后跟踪的思路进行编队构型初始化，区别在于水平圆编队阶段二结束后形成的期望构型为水平圆构型，编队在主星轨道面上，而空间圆编队成像阶段二结束后形成的期望构型为空间圆构型，编队平面同主星轨道面有固定夹角。首先需要求出阶段二结束时刻从星在主星轨道坐标系的期望终值，然后采用 Gauss 伪谱法计算出阶段二的优化轨迹，最后设计跟踪控制器对期望位置进行跟踪。

阶段三：合成孔径成像阶段

经过前两个阶段的控制后，基本上建立了期望的编队构型以及期望的主从星姿态指向，但精度尚且不能满足合成孔径成像的要求。建立基本的编队构型和主从星姿态指向后，主从星相对距离测量方式转换为基于视觉的测距方式和激光测距方式，同时星敏感器开始工作。在此阶段从星在主星轨道坐标系的位置和主从星的姿态要在惯性空间保持不变，从而克服曝光过程中主星光轴转动对单次曝光成像的影响。通过高精度的测量反馈将主从星的相对位置和相对姿态控制到要求的精度后，水平圆编队合成孔径成像光学望远镜开始工作，为合成孔径成像做好准备，并在此阶段保持一段时间后进行固定目标的曝光。

为了减少能耗，要求水平圆编队在绕地球运动过程中，编队自身匀速自转，同时编队内卫星绕主星轨道法线方向匀速旋转。这样保证在运动过程中水平圆编队内卫星的相对位置和相对姿态能够满足激光测距的要求。具体设定绕地球一个周期旋转的过程中，对固定目标观测 15 次，即每旋转 24°对目标拍摄一次。

阶段四：固定目标再次观测准备阶段

与空间圆编队不同，水平圆编队由于光轴方向垂直于观测目标，可以在一个周期内对观测目标进行多次观测。主从星相对位置在惯性空间每旋转 24°需要成像一次，即编队每运行 420s 可以成像一次，故此准备阶段时间长度为 420s。通过分析可知，每次曝光时从星在主星轨道坐标系的位置都是相同的，主星轨道坐标系旋转了 24°，导致主从星相对相位在惯性空间也旋转了 24°。在此阶段中要协调设计构型控制和姿态控制，使得此阶段内激光测距和视觉测距仍能实现，设计的构型控制和姿态控制具体如下。

构型控制部分：由于曝光过程中构型保持惯性空间相对位置不变，而主星轨道坐标系是时变的，故曝光结束后从星在主星轨道坐标系的位置发生变化。首先要设计构型参考指令，使得在主星轨道坐标系中，从星按照此构型参考指令能够匀速返回曝光时的期望位置，然后在剩余时间内保持在此期望位置不变。

姿态控制部分：考虑到在主星轨道坐标系中从星匀速返回曝光时的位置，故从星需要绕着主星光轴方向匀速旋转，此过程中主从星姿态指令可以根据轨道信息、相对指向信息和初始姿态信息进行求取。当从星位置返回期望位置后，从星相对主星不再旋转，但主从星姿态值在剩余时间内需要绕光轴方向按轨道角速度匀速转动，以满足编队相位变化 24°。

阶段四结束之后，编队进入再次曝光阶段，进行固定目标再次曝光。然后重复阶段三和阶段四，实现水平圆编队的多次旋转分时成像。

通过比较 6.1.1 节空间圆编队成像控制与 6.1.2 节水平圆编队成像控制整体方法可知，空间圆编队在每个周期只能对固定目标观测一次，成像过程所需时间更长，但此编队方法燃料消耗少；而水平圆编队方法要克服地球引力作用，燃料消耗多，但可以在一个周期内对观测目标进行多次观测，成像时间短。因此，可以根据不同的合成孔径成像需求选择合适的成像手段，完成航天任务。后续章节将针对两种成像过程中涉及的编队构型优化控制及姿态控制展开相关研究。

6.2 卫星编队构型优化与控制

基于 6.1 节两种编队成像控制中的构型初始化阶段，本节基于卫星编队的相对运动模型，分析卫星运动空间环境中的主要摄动力，基于 Gauss 伪谱法进行卫星编队构型优化，实现燃料最省下的最优轨迹求解，并设计滑模控制器进行轨迹跟踪控制，最后给出仿真分析。

6.2.1 卫星编队相对运动模型

根据开普勒运动定律以及相对导数和绝对导数的关系，可以得到卫星编队的相对动力学模型，具体推导过程如下[1]。

记主星为 L、从星为 F，设主星 L 在近圆轨道上运动，取主星的轨道坐标系 $O_oX_oY_oZ_o$ 作为相对运动坐标系，其原点与主星的质心固连并随其沿轨道运动。轨道坐标系 $O_oX_oY_oZ_o$ 与地心惯性坐标系 $O_IX_IY_IZ_I$ 的关系如图 6.9 所示。

设主星的地心位置矢量为 ρ_L，则在轨道坐标系中有

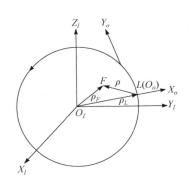

图 6.9　轨道坐标系与地心惯性
坐标系的关系

$$\rho_L = \begin{bmatrix} r_L \\ 0 \\ 0 \end{bmatrix} \tag{6.1}$$

式中，r_L 为主星的地心距。

设从星的地心位置矢量为 ρ_F，则从星相对于主星的相对位置矢量 ρ 为

$$\rho = \rho_F - \rho_L = \begin{bmatrix} x \\ y \\ z \end{bmatrix} \tag{6.2}$$

在地心惯性坐标系下，主星和从星绕地球飞行时的动力学方程可以写为

$$\frac{\mathrm{d}^2 \rho_L}{\mathrm{d}t^2} = -\frac{\mu}{r_L^3}\rho_L + \frac{u_L}{m_L} + \frac{f_L}{m_L} \tag{6.3}$$

$$\frac{\mathrm{d}^2 \rho_F}{\mathrm{d}t^2} = -\frac{\mu}{r_F^3}\rho_F + \frac{u_F}{m_F} + \frac{f_F}{m_F} \tag{6.4}$$

式中，μ 为引力常量；r_F 为从星的地心距；u_L 和 u_F 为主星和从星的控制输入力；f_L 和 f_F 为主星和从星的干扰力；m_L 和 m_F 为主星和从星的质量。

由式(6.2)~式(6.4)可得

$$\frac{\mathrm{d}^2 \rho}{\mathrm{d}t^2} = \frac{\mathrm{d}^2 \rho_F}{\mathrm{d}t^2} - \frac{\mathrm{d}^2 \rho_L}{\mathrm{d}t^2} = -\left(\frac{\mu}{r_F^3}\rho_F - \frac{\mu}{r_L^3}\rho_L\right) + u + f \tag{6.5}$$

式中，$u = \dfrac{u_F}{m_F} - \dfrac{u_L}{m_L}$ 表示从星相对于主星的相对控制加速度；$f = \dfrac{f_F}{m_F} - \dfrac{f_L}{m_L}$ 表示从星相对于主星的干扰加速度。

为建立从星在主星坐标系下的相对运动方程，利用绝对导数和相对导数的关系，可得

$$\frac{\mathrm{d}^2 \rho}{\mathrm{d}t^2} = \frac{\delta^2 \rho}{\delta t^2} + 2n \times \frac{\delta \rho}{\delta t} + n \times (n \times \rho) + \dot{n} \times \rho \tag{6.6}$$

式中，$\dfrac{\delta^2 \rho}{\delta t^2} = [\ddot{x}\ \ \ddot{y}\ \ \ddot{z}]^{\mathrm{T}}$ 和 $\dfrac{\delta \rho}{\delta t} = [\dot{x}\ \ \dot{y}\ \ \dot{z}]^{\mathrm{T}}$ 分别为从星在主星轨道坐标系中的相对加速度矢量和相对速度矢量；$\dot{n}$ 和 n 分别为主星轨道坐标系相对地心惯性坐标系旋转的角加速度矢量和角速度矢量。

将式(6.6)代入式(6.5)中可得

$$\frac{\delta^2 \rho}{\delta t^2} + 2n \times \frac{\delta \rho}{\delta t} + n \times (n \times \rho) + \dot{n} \times \rho = -\left(\frac{\mu}{r_F^3}\rho_F - \frac{\mu}{r_L^3}\rho_L\right) + u + f \tag{6.7}$$

将式(6.7)进行整理，可以得到在主星质心轨道坐标系中从星的相对动力学模型为

$$\begin{cases} \ddot{x} = n^2 x + \dot{n}y + 2n\dot{y} - \dfrac{\mu x}{r_F^3} + \dfrac{\mu}{r_L}\left(1 - \dfrac{r_L^3}{r_F^3}\right) + u_x + f_x \\[3mm] \ddot{y} = -\dot{n}x + n^2 y - 2n\dot{x} - \dfrac{\mu y}{r_F^3} + u_y + f_y \\[3mm] \ddot{z} = -r_F^3 + u_z + f_z \end{cases} \tag{6.8}$$

式中，$r_F = \sqrt{(r_L + x)^2 + y^2 + z^2}$ ；u_x、u_y、u_z 分别为控制加速度 u 在各轴上的分量；f_x、f_y、f_z 分别为干扰加速度 f 在各轴上的分量。

若主星的轨道为圆轨道，则其轨道半径为 r_L ，主星的平均运动角速度为 $n = \sqrt{\dfrac{\mu}{r_L^3}}$ ，角加速度为 $\dot{n} = 0$ 。基于式(6.8)，可以得到主星为圆轨道时的相对运动方程为

$$
\begin{cases}
\ddot{x} = n^2 x + 2n\dot{y} - \dfrac{\mu\, x}{r_F^3} + \dfrac{\mu}{r_L}\left(1 - \dfrac{r_L^3}{r_F^3}\right) + u_x + f_x \\[2mm]
\ddot{y} = n^2 y - 2n\dot{x} - \dfrac{\mu\, y}{r_F^3} + u_y + f_y \\[2mm]
\ddot{z} = -\dfrac{\mu\, z}{r_F^3} + u_z + f_z
\end{cases}
\tag{6.9}
$$

对于主星和从星的近距离(大约几米至几十千米)相对运动，卫星之间的相对距离 ρ 与卫星到地心的距离相比为小量。因此，可以在编队非线性模型的基础上，对非线性项进行合理的近似(线性化)，得到编队线性运动模型。下面推导具体的线性化过程。

式(6.9)中非线性项 $r_F = \sqrt{(r_L + x)^2 + y^2 + z^2}$ 可以表示为

$$
r_F = \sqrt{(r_L + x)^2 + y^2 + z^2} = r_L\left(1 + \frac{2x}{r_L} + \frac{x^2 + y^2 + z^2}{r_L^2}\right)^{1/2}
\tag{6.10}
$$

由于卫星编队构型与卫星到地心的距离相比为小量，即 $x^2 + y^2 + z^2 \ll r_L^2$ ，故式(6.10)可以简化为

$$
r_F \approx r_L\left(1 + \frac{2x}{r_L}\right)^{1/2}
\tag{6.11}
$$

由式(6.11)可得

$$
\frac{\mu}{r_F^3} \approx \frac{\mu}{r_L^3}\left(1 + \frac{2x}{r_L}\right)^{-3/2}
\tag{6.12}
$$

将式(6.12)进行泰勒级数展开，可得

$$
\frac{\mu}{r_F^3} \approx \frac{\mu}{r_L^3}\left[1 - \frac{3x}{r_L} + \frac{15}{2}\left(\frac{x}{r_L}\right)^2 + \cdots\right]
\tag{6.13}
$$

忽略式(6.13)二阶及以上的高阶项，可得

$$\frac{\mu}{r_F^3} \approx \frac{\mu}{r_L^3}\left(1 - \frac{3x}{r_L}\right) = n^2\left(1 - \frac{3x}{r_L}\right) \tag{6.14}$$

将式(6.14)代入式(6.9)，可得主星为圆轨道时编队飞行的线性化模型为

$$\begin{cases} \ddot{x} = 3n^2x + 2n\dot{y} + u_x + f_x \\ \ddot{y} = -2n\dot{x} + u_y + f_y \\ \ddot{z} = -n^2z + u_z + f_z \end{cases} \tag{6.15}$$

式(6.15)即著名的 C-W 方程。为提高求解速度，后续编队构型优化将基于式(6.15)所示的线性化模型展开。

6.2.2　卫星编队构型优化

对于卫星编队合成孔径成像问题，采用优化算法求解编队初始化过程和编队姿态机动过程的期望指令，可以降低燃料消耗，同时减少跟踪控制的难度。而直接对最终的期望状态进行跟踪，往往由于初始的偏差较大，会造成初始阶段的控制较为剧烈，往往会超出工程能力，同时对于控制过程中的状态量难以进行约束控制。因此，先进行优化再进行跟踪控制具有很强的工程意义。

下面在针对构型初始化阶段任务要求下，考虑卫星编队燃料消耗及稳定跟踪需求，介绍构型优化的多约束条件及多目标函数，分析编队运行中摄动力的影响，建立构型优化求解问题，并通过 Gauss 伪谱法结合序列二次规划进行求解，完成合成孔径初始化阶段构型优化。

1. 构型优化设计多约束条件建立

1) 卫星编队相对运动模型

卫星构型优化过程中位置和速度的变化必须时刻满足相对运动模型，假设主星轨道为圆轨道，考虑空间摄动力的影响，基于式(6.15)可以得到卫星编队第 i 颗从星的运动模型为

$$\begin{cases} \ddot{x}_i = 3n^2x_i + 2n\dot{y}_i + u_{xi} + f_{xi} \\ \ddot{y}_i = -2n\dot{x}_i + u_{yi} + f_{yi} \\ \ddot{z}_i = -n^2z_i + u_{zi} + f_{zi} \end{cases} \tag{6.16}$$

式中，x_i、y_i、z_i 为第 i 颗卫星的位置，其余参数在 6.2.1 节均已进行详细解释，此处不再赘述。

2) 空间摄动力分析

由于卫星编队系统受到空间环境的干扰，因此编队队形会受到破坏。对于半径为 2.5m 的近距离空间圆编队，编队卫星的相对位置和相对速度都很小，微小的

扰动都可能导致编队卫星间相对距离的漂移，从而导致队形破坏不能完成预定曝光任务。在 1000km 的轨道高度上，主要的摄动力包括地球非球形摄动、大气阻力、太阳光压摄动等，本部分针对卫星编队系统所处的轨道高度对环境干扰力进行估算，分析影响编队系统控制精度的主要摄动力。

(1) 地球非球形摄动。

在实际工程中，地球的形状并不是均匀的球形，空间中每一点的真实引力不仅与卫星到地心的距离有关，还与其所处的位置有关。这些附加的力学因素称为地球非球形摄动。地球的引力面不是等球面，其引力位函数为

$$U = \frac{\mu}{r}\left\{1 - \sum_{n=2}^{\infty}\left(\frac{R_e}{r}\right)^n\left[J_n P_n(\sin\varphi) - \sum_{m=1}^{n} J_{nm} P_{nm}(\sin\varphi) \times \cos m(\lambda - \lambda_{nm})\right]\right\} \tag{6.17}$$

式中，μ 为地球引力常数；R_e、r、λ、φ 分别为地球平均赤道半径、地心距、地心经度和地心纬度；P_n 和 P_{nm} 为 Legendre 多项式。

在引力位函数中，一般忽略田协项的影响，仅考虑带协项的影响。根据美国戈达德太空飞行中心标准地球的数据，六阶带协项的系数为

$$\begin{cases} J_2 = (1.08263 \pm 1) \times 10^{-3} \\ J_3 = (-2.54 \pm 1) \times 10^{-6} \\ J_4 = (-1.61 \pm 1) \times 10^{-6} \\ J_5 = (-2.3 \pm 1) \times 10^{-7} \end{cases} \tag{6.18}$$

由式(6.18)可知，J_3 项及之后各项的总和的量级为 10^{-6}，故 J_2 项反映了地球非球形引力的主要影响，在一般的工程计算中，考虑到 J_2 就足够精确。

在轨道坐标系中，可以得到 J_2 摄动力具有以下形式：

$$J_2 = \begin{bmatrix} F_r & F_s & F_w \end{bmatrix}^T \tag{6.19}$$

式中，F_r、F_s、F_w 分别表示 J_2 在轨道坐标系中三个方向的分量，表达式为

$$\begin{cases} F_r = -\frac{3}{2} J_2 \frac{\mu R_e^2}{r^4}\left(1 - 3\sin^2\theta\sin^2 e_l\right) \\ F_s = -\frac{3}{2} J_2 \frac{\mu R_e^2}{r^4}\sin^2\theta\sin 2e_l \\ F_w = -\frac{3}{2} J_2 \frac{\mu R_e^2}{r^4}\sin 2\theta\sin e_l \end{cases} \tag{6.20}$$

式中，θ、e_l 分别表示主星轨道倾角和纬度幅角。

求取 J_2 摄动加速度的梯度，得到在主星质心坐标系中环绕星的 J_2 摄动力差异可以表示为

$$
\begin{cases}
J_{2x} = \dfrac{6\mu J_2 R_e^2}{R_C^5}\Big[\big(1-3\sin^2\theta\sin^2 e_l\big)x + \big(\sin^2\theta\sin 2e_l\big)y + \big(\sin 2\theta\sin e_l\big)z\Big] \\[3mm]
J_{2y} = \dfrac{6\mu J_2 R_e^2}{R_C^5}\left\{\big(\sin^2\theta\sin 2e_l\big)x - \left[\dfrac{1}{4}+\sin^2\theta\left(\dfrac{1}{2}-\dfrac{7}{4}\sin^2 e_l\right)\right]y - \dfrac{1}{4}\big(\sin 2\theta\cos e_l\big)z\right\} \\[3mm]
J_{2z} = \dfrac{6\mu J_2 R_e^2}{R_C^5}\left\{\big(\sin 2\theta\sin e_l\big)x - \dfrac{1}{4}\big(\sin 2\theta\cos e_l\big)y + \left[-\dfrac{3}{4}+\sin^2\theta\left(\dfrac{1}{2}+\dfrac{5}{4}\sin^2 e_l\right)\right]z\right\}
\end{cases}
$$

$$\tag{6.21}$$

(2) 大气阻力。

大气阻力是近地轨道卫星的另一种重要的摄动力。大气阻力属于非保守力，始终作用在卫星上。在大气层中飞行的卫星所受的大气阻力也随着大气状态不同而异，大气阻力和卫星的运动速度相反，大小和卫星截面积、运动速度、大气密度有关。阻力加速度可表示为

$$
f_d = -\frac{1}{2}C_D\frac{S_D}{m}\rho v^2 \tag{6.22}
$$

式中，C_D 为卫星的阻力系数；S_D/m 为垂直于卫星运动方向的卫星的截面积与卫星质量的比值；ρ 为大气密度；v 为卫星的速度。

大气阻力对编队相对运动的影响随着轨道高度的增加和构型尺寸的减小而迅速降低，轨道高度每增加 100km 或者构型尺寸增加一个量级，大气阻力差就增加一个量级。在 500km 的轨道高度上，大气阻力对编队相对运动的影响较 J_2 的影响要低三个量级。故在 1000km 的轨道高度上，大气阻力差相较于 J_2 摄动差为小量。

(3) 太阳光压。

太阳光压是由于太阳辐射能流作用于卫星表面产生的，太阳光压作用对卫星轨道所产生的摄动加速度为

$$
f_R = -k\rho_{\mathrm{SR}}C_R\frac{S_R}{m}r_s \tag{6.23}
$$

式中，C_R 为卫星的表面反射系数；ρ_{SR} 为作用在离太阳一个天文单位处黑体上的光压；S_R/m 为垂直于太阳光方向的卫星面积与卫星质量的比值；r_s 为地心到太阳的单位矢量；k 为受晒因子。对于面质比为 0.01 左右的卫星，其光压产生的绝对摄动加速度在 $10^{-8}\mathrm{m/s^2}$ 量级。所以在近地轨道编队飞行的分析和设计中，可以忽略太阳光压的影响。

通过对空间环境摄动分析发现，J_2 摄动是影响编队飞行的主要摄动，其他摄动与 J_2 摄动相比不在一个数量级。因此，为了简化空间摄动形式，只考虑 J_2 摄动对卫星编队飞行的影响。

3) 多约束条件

卫星编队构型优化过程的约束条件包含星间避撞约束、输出力矩约束和构型优化时间约束，下面分别展开介绍。

星间避撞约束：在卫星编队运动过程中，采用基于安全域的避撞策略。考虑卫星平台大小和编队构型大小设定安全距离为 r_s，则主星和从星的避撞以及从星之间的避撞约束为

$$\begin{cases} x(i)^2 + y(i)^2 + z(i)^2 \geqslant r_s^2 \\ (x(i) - x(j))^2 + (y(i) - y(j))^2 + (z(i) - z(j))^2 \geqslant r_s^2 \end{cases} \tag{6.24}$$

式中，$i \neq j$，且 $i, j = 1, 2, 3, 4$，x、y、z 代表主星轨道坐标系下的相对位置。

输出力矩约束：由于推力器的输出幅值有限，要求三个方向每个推力器各自的输出幅值不超过最大幅值 $F_{\max}$。

构型优化时间约束：由于以燃料最小为性能指标，为了使卫星编队构型优化时间不要过大，需要根据具体情况对卫星编队构型优化时间进行限制：

$$t_f \leqslant t_{\max} \tag{6.25}$$

式中，t_f 为终值时刻；$t_{\max}$ 为给定的构型优化时间。

4) 性能指标

为了减小卫星编队构型优化过程的燃料消耗，以卫星编队总能耗最少为性能指标：

$$\min J = \sum_{i=1}^{3} \left(u_{xi}^2 + u_{yi}^2 + u_{zi}^2 \right), \quad i = 1, 2, 3, 4 \tag{6.26}$$

式中，u_{xi}、u_{yi}、u_{zi} 分别为第 i 颗星在 x、y、z 三个方向的推力加速度。

因此本节的优化目标为：针对卫星相对运动模型(6.16)，综合考虑避撞约束(6.24)、输出力矩约束、构型优化时间约束(6.25)及性能指标(6.26)，通过 Gauss 伪谱法求解构型重构的最优轨迹。Gauss 伪谱法已在第 4 章详细说明，此处不再赘述。

2. 构型优化结果

这里选取上述空间圆编队成像控制阶段两部分进行仿真验证。根据设计过程，经过阶段一后，主从星的相对姿态指向基本符合空间圆编队合成孔径成像的要求。但此时，主从星的相对位置仍呈现松散状态，需要通过对三颗从星进行构型机动，使得主从星满足合成孔径成像的构型要求。在此阶段中首先通过 Gauss 伪谱法获得能耗最少条件的编队构型初始化最优轨迹，同时，在此阶段中保持主从星的姿态不变，从而经过编队构型初始化后，主从星的相对构型和相对姿态基本满足巡天阶段的要求。

1) 仿真参数设置

主星轨道选择太阳同步轨道,设计的具体轨道参数见表 6.1。

表 6.1　主星轨道参数

半长轴	偏心律	轨道倾角	升交点赤径	近地点幅角	平近点角
7371km	0	99.48°	100°	0°	0°

由于只进行了前一两个轨道周期的仿真工作,主星真实轨道根数变化很小,基本不会对编队成像造成影响,故在仿真中直接利用固定轨道根数信息求取编队的构型期望指令信息。

优化初值:根据实际星箭分离情况以及对速率阻尼和姿态捕获阶段的时间进行估算,给出一组假设的从星在主星轨道坐标系下的相对位置和相对速度如下:

$$\begin{bmatrix} x_1(0) & y_1(0) & z_1(0) \\ \dot{x}_1(0) & \dot{y}_1(0) & \dot{z}_1(0) \end{bmatrix} = \begin{bmatrix} 0 & -51.3 & 2 \\ 0 & 0 & 0.25 \end{bmatrix} \begin{pmatrix} m \\ m/s \end{pmatrix}$$

$$\begin{bmatrix} x_2(0) & y_2(0) & z_2(0) \\ \dot{x}_2(0) & \dot{y}_2(0) & \dot{z}_2(0) \end{bmatrix} = \begin{bmatrix} -1.73 & -51.3 & -1 \\ -0.215 & 0 & -0.125 \end{bmatrix} \begin{pmatrix} m \\ m/s \end{pmatrix} \qquad (6.27)$$

$$\begin{bmatrix} x_3(0) & y_3(0) & z_3(0) \\ \dot{x}_3(0) & \dot{y}_3(0) & \dot{z}_3(0) \end{bmatrix} = \begin{bmatrix} 1.732 & -51.3 & -1 \\ 0.215 & 0 & -0.125 \end{bmatrix} \begin{pmatrix} m \\ m/s \end{pmatrix}$$

优化终值:假设主星实际质心和虚拟质心在光轴方向的差 $a = 50mm$,根据空间圆编队构型相对位置需求,给出在主星质心轨道坐标系中的轨迹优化终值如下:

$$\begin{bmatrix} x_1(t_f) & y_1(t_f) & z_1(t_f) \\ \dot{x}_1(t_f) & \dot{y}_1(t_f) & \dot{z}_1(t_f) \end{bmatrix} = \begin{bmatrix} -1.206 & 0.016 & -2.091 \\ 0.008 & -0.003 & 1.407 \end{bmatrix} \begin{pmatrix} m \\ m/s \end{pmatrix}$$

$$\begin{bmatrix} x_2(t_f) & y_2(t_f) & z_2(t_f) \\ \dot{x}_2(t_f) & \dot{y}_2(t_f) & \dot{z}_2(t_f) \end{bmatrix} = \begin{bmatrix} 0.661 & -2.174 & 1.046 \\ -0.001 & 0.001 & -0.002 \end{bmatrix} \begin{pmatrix} m \\ m/s \end{pmatrix} \qquad (6.28)$$

$$\begin{bmatrix} x_3(t_f) & y_3(t_f) & z_3(t_f) \\ \dot{x}_3(t_f) & \dot{y}_3(t_f) & \dot{z}_3(t_f) \end{bmatrix} = \begin{bmatrix} 0.475 & 2.057 & 1.07 \\ 0.001 & 0.001 & 0.002 \end{bmatrix} \begin{pmatrix} m \\ m/s \end{pmatrix}$$

构型优化约束条件的参数设置为 $r_s = 0.5m$, $F_{max} = 0.8N$, $t_{max} = 2000s$ 。

2) 仿真结果

根据上述优化初值和终值、约束条件和性能指标,采用 Gauss 伪谱法结合序列二次规划算法获得了主从星的相对位置、相对速度和推力曲线。

图 6.10～图 6.13 为 Gauss 伪谱法的构型优化仿真图。其中,图 6.10～图 6.12

分别为空间圆编队阶段二从星 1～3 的构型期望指令图，包括主从星的相对位置、

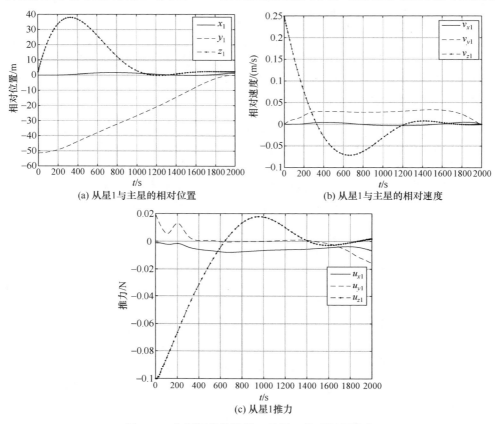

(a) 从星1与主星的相对位置

(b) 从星1与主星的相对速度

(c) 从星1推力

图 6.10　空间圆编队阶段二从星 1 构型期望指令

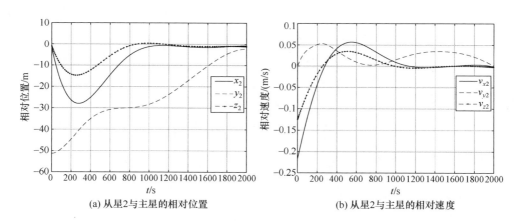

(a) 从星2与主星的相对位置

(b) 从星2与主星的相对速度

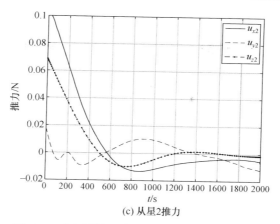

(c) 从星2推力

图 6.11 空间圆编队阶段二从星 2 构型期望指令

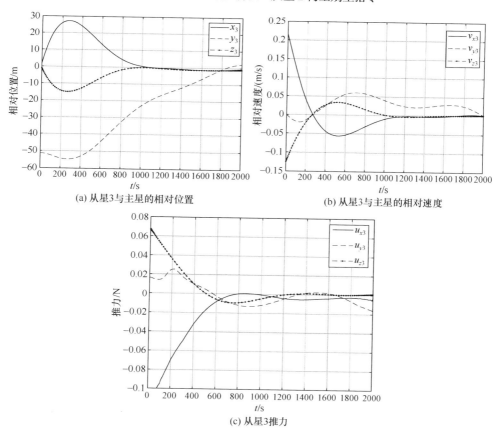

(a) 从星3与主星的相对位置

(b) 从星3与主星的相对速度

(c) 从星3推力

图 6.12 空间圆编队阶段二从星 3 构型期望指令

相对速度和推力曲线。从图中可以看出，主从星的相对位置和相对速度变化平缓，输出推力满足执行机构的要求，且主从星间无碰撞可能。图 6.13 为主星轨道坐标系下，空间圆编队阶段二从星相对位置三维轨迹，从图中可以看出，整个过程能够很好地满足要求，较好地避免了避撞。

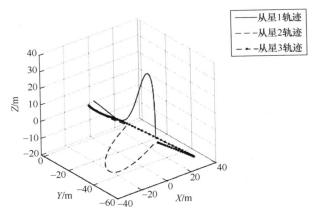

图 6.13　空间圆编队阶段二从星相对位置三维轨迹

仿真结果表明，基于 Gauss 伪谱法和序列二次规划的优化方法对于求解卫星编队构型优化问题来说，求解速度快，求解精度高。

6.2.3　卫星编队构型控制

滑模控制又称变结构控制，是由苏联学者 Utkin 等倡导的一类特殊非线性控制方法。滑模控制方法对于初始状态误差、外界干扰、模型参数不确定等问题具有很好的抑制作用，广泛应用于航空航天相关的控制领域[2,3]。因此，本节采用滑模控制方法进行卫星编队构型控制器的设计，控制器设计框图如图 6.14 所示，首先，卫星从参考指令决策层接收到优化获得的构型参考指令，基于卫星传感器获得的实际位置测量输出，得到状态跟踪误差；并基于此设计滑模控制器，实现外界未知干扰下的期望构型生成。

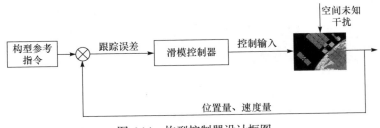

图 6.14　构型控制器设计框图

1. 编队构型控制器设计

为进行精确的构型控制，基于式(6.9)所示的卫星编队非线性相对运动学模型，考虑空间未知环境干扰，建立如式(6.29)所示的第 i 颗从星的编队面向控制模型：

$$
\begin{cases}
\ddot{x}_i = n^2 x_i + \dot{n} y_i + 2 n \dot{y}_i - \dfrac{\mu x_i}{\left(\sqrt{(r_L + x_i)^2 + y_i^2 + z_i^2}\right)^3} \\[4mm]
\qquad + \dfrac{\mu}{r_L}\left(1 - \dfrac{r_L^3}{\left(\sqrt{(r_L + x_i)^2 + y_i^2 + z_i^2}\right)^3}\right) + u_{xi} + d_{xi} \\[6mm]
\ddot{y}_i = -\dot{n} x_i + n^2 y_i - 2 n \dot{x}_i - \dfrac{\mu y_i}{\left(\sqrt{(r_L + x_i)^2 + y_i^2 + z_i^2}\right)^3} + u_{yi} + d_{yi} \\[6mm]
\ddot{z}_i = -\dfrac{\mu z_i}{\left(\sqrt{(r_L + x_i)^2 + y_i^2 + z_i^2}\right)^3} + u_{zi} + d_{zi}
\end{cases}
\tag{6.29}
$$

式中，$d_i = \begin{bmatrix} d_{xi} & d_{yi} & d_{zi} \end{bmatrix}^{\mathrm{T}}$ 为空间未知环境干扰。

假设 6.1　假设空间未知环境干扰 d_i 有上界，即满足 $\|d_i\| \leqslant \bar{d}$，其中 $\bar{d}$ 为正常数。

因此，本节控制目标为：考虑卫星编队面向控制模型(6.29)，在假设 6.1 存在的前提下，设计滑模控制器 $u_i = \begin{bmatrix} u_{xi} & u_{yi} & u_{zi} \end{bmatrix}^{\mathrm{T}}$，实现未知干扰影响下对 6.2.2 节优化构型的有效跟踪控制。

定义位置跟踪误差为

$$
e_i = x_{pi} - x_{pdi}, \quad i = 1,2,3
\tag{6.30}
$$

式中，$i = 1,2,3$ 分别表示三颗从星；$x_{pi} = \begin{bmatrix} x_i & y_i & z_i \end{bmatrix}^{\mathrm{T}} \in \mathbf{R}^3$ 为从星在主星轨道坐标系中的实际位置；$x_{pdi} \in \mathbf{R}^3$ 为从星在主星轨道坐标系中的期望位置。

设计如式(6.31)所示的线性滑模面：

$$
s_i = c_{2i} \dot{e}_i + c_{1i} e_i
\tag{6.31}
$$

式中，c_{1i}、$c_{2i} > 0$，且 c_{1i}、c_{2i} 的取值关系到状态跟踪误差的收敛速度及精度。由式(6.31)可以看出，滑模面 s_i 为相对位置误差和相对速度误差的加权和，如果 s_i 趋向于零，那么相对位置误差和相对速度误差就将趋向于零。因此，下面设计滑模控制器 u_i，保证系统状态能够到达滑模面 s_i，实现跟踪误差收敛。

对式(6.31)所示的滑模面 s_i 求导，可得

$$
\begin{aligned}
\dot{s}_i &= c_{2i}\ddot{e}_i + c_{1i}\dot{e}_i \\
&= c_{2i}\left(\ddot{x}_{pi} - \ddot{x}_{pdi}\right) + c_{1i}\dot{e}_i = c_{2i}\left(f_{di} + u_i + d_i - \ddot{x}_{pdi}\right) + c_{1i}\dot{e}_i
\end{aligned}
\tag{6.32}
$$

式中

$$
f_{di} = \begin{bmatrix} n^2 x_i + \dot{n}y_i + 2n\dot{y}_i - \dfrac{\mu x_i}{\left(\sqrt{(r_L + x_i)^2 + y_i^2 + z_i^2}\right)^3} + \dfrac{\mu}{r_L}\left(1 - \dfrac{r_L^3}{\left(\sqrt{(r_L + x_i)^2 + y_i^2 + z_i^2}\right)^3}\right) \\ -\dot{n}x_i + n^2 y_i - 2n\dot{x}_i - \dfrac{\mu y_i}{\left(\sqrt{(r_L + x_i)^2 + y_i^2 + z_i^2}\right)^3} - \dfrac{\mu z_i}{\left(\sqrt{(r_L + x_i)^2 + y_i^2 + z_i^2}\right)^3} \end{bmatrix}
$$

为系统标称项。基于式(6.32)所示的滑模动态 $\dot{s}_i$，设计控制器 u_i 为

$$
u_i = -f_{di} + \ddot{x}_{pdi} - \frac{c_{1i}}{c_{2i}}\dot{e}_i - K_i\mathrm{sgn}(s_i)
\tag{6.33}
$$

式中，$K_i > \bar{d}$；$\mathrm{sgn}(s_i) = \begin{bmatrix} \mathrm{sgn}(s_{i1}) & \mathrm{sgn}(s_{i2}) & \mathrm{sgn}(s_{i3}) \end{bmatrix}^{\mathrm{T}}$。式(6.33)中前三项为抵消系统标称项，最后一项用于实现系统状态的收敛。

采用式(6.33)所示的控制器，能够保证系统的稳定性，但是控制输入存在高频抖振现象。为使控制器正常工作，抖振必须尽可能地被削弱，为此采用饱和函数 $\mathrm{sat}\left(s_i / \phi_i\right)$ 代替 $\mathrm{sgn}(s_i)$，则设计控制律为

$$
u_i = -f_{di} + \ddot{x}_{pdi} - \frac{c_{1i}}{c_{2i}}\dot{e}_i - K_i\mathrm{sat}\left(s_i / \phi_i\right)
\tag{6.34}
$$

式中，ϕ_i 为给定常量；$\mathrm{sat}\left(s_i / \phi_i\right)$ 为饱和函数，定义为

$$
\mathrm{sat}\left(s_i / \phi_i\right) = \begin{cases} s_i / \phi_i, & |s_i| \leqslant \phi_i \\ \mathrm{sgn}\left(s_i / \phi_i\right), & |s_i| > \phi_i \end{cases}
\tag{6.35}
$$

定理 6.1 针对外界未知干扰影响下的第 i 颗卫星非线性模型(6.29)，如果假设 6.1 成立，那么设计如式(6.31)所示的滑模面 s_i 及式(6.33)所示控制器 u_i，可以保证系统跟踪误差 e_i 的有效收敛。

证明 证明过程分为两步：首先证明系统状态会收敛到滑模面 s_i；然后证明系统状态会沿着滑模面滑动至平衡点，保证收敛性能。

(1) 选择 Lyapunov 函数为

$$
V_{61} = \frac{1}{2}s_i^{\mathrm{T}} s_i
\tag{6.36}
$$

将控制器(6.33)代入滑模面动态(6.32)，可以得到

$$\dot{s}_i = c_{2i}\left(-K_i\mathrm{sgn}(s_i) + d_i\right) \tag{6.37}$$

对 Lyapunov 函数(6.36)求导，并代入式(6.37)可得

$$
\begin{aligned}
\dot{V}_{61} &= c_{2i}s_i^{\mathrm{T}}\left(-K_i\mathrm{sgn}(s_i) + d_i\right) \\
&= -c_{2i}K_i\left\|s_i\right\| + c_{2i}s_i^{\mathrm{T}}d_i \\
&\leqslant -c_{2i}K_i\left\|s_i\right\| + c_{2i}\overline{d}\left\|s_i\right\| \\
&< 0
\end{aligned} \tag{6.38}
$$

由式(6.38)可知，系统状态会收敛到滑模面 s_i。

(2) 当系统状态收敛到滑模面 s_i，即 $s_i = 0$ 时，由式(6.31)可得

$$\dot{e}_i = -\frac{c_{1i}}{c_{2i}}e_i \tag{6.39}$$

式中，c_{1i}、$c_{2i} > 0$。此时选择 Lyapunov 函数为

$$V_{62} = \frac{1}{2}e_i^{\mathrm{T}}e_i \tag{6.40}$$

对 V_{62} 进行求导，并代入式(6.39)可得

$$\dot{V}_{62} = e_i^{\mathrm{T}}\dot{e}_i = -\frac{c_{1i}}{c_{2i}}\left\|e_i\right\|^2 < 0 \tag{6.41}$$

因此，由式(6.41)可得，系统状态会沿着滑模面滑动至平衡点。定理 6.2 得证。

2. 仿真结果

采用上述构型控制器进行编队构型控制仿真。在仿真中，取从星质量标称值为 $m_0 = 100\mathrm{kg}$，外界扰动为 $1.1J_2$。在优化轨迹跟踪控制中，由于此阶段内没有控制精度要求，同时主从星测量误差较大，故在此阶段中取控制器系数为较小值，既能实现跟踪控制，又能减小能量的消耗。此阶段中取控制器系数为 $c_1 = 0.5$，$c_2 = 1$，$K = 0.2$，函数 $\phi_i = 0.5$。图 6.15～图 6.18 给出了空间圆编队阶段二轨迹跟踪控制的仿真结果，为将两种编队进行比对，还给出了水平圆编队阶段二轨迹跟踪控制的仿真结果，如图 6.19～图 6.22 所示。

图 6.15 和图 6.19 分别为空间圆编队和水平圆编队阶段二从星 1 构型跟踪误差，可以看出跟踪误差最终会收敛至零，从而验证了所设计构型控制器的有效性。图 6.16 和图 6.20 分别为空间圆编队和水平圆编队阶段二从星 1 的构型控制输入，从图中可以看出构型重构过程中控制输入可以保持在约束值内，满足约束要求。

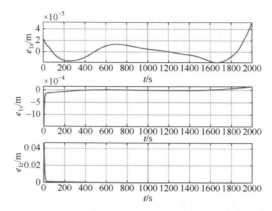

图 6.15　空间圆编队阶段二从星 1 构型跟踪误差

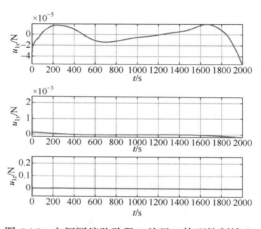

图 6.16　空间圆编队阶段二从星 1 构型控制输入

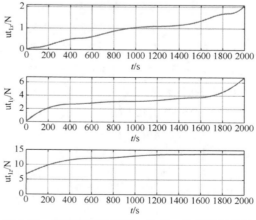

图 6.17　空间圆编队阶段二从星 1 构型控制能耗

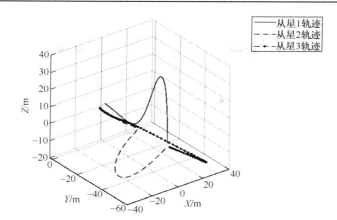

图 6.18　空间圆编队阶段二从星三维跟踪轨迹

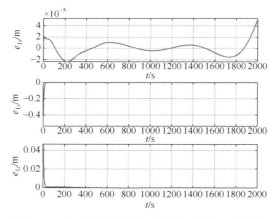

图 6.19　水平圆编队阶段二从星 1 构型跟踪误差

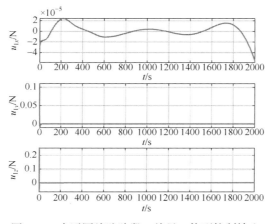

图 6.20　水平圆编队阶段二从星 1 构型控制输入

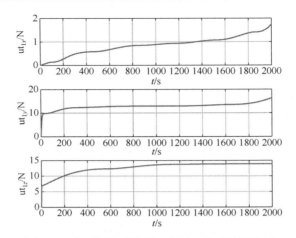

图 6.21　水平圆编队阶段二从星 1 构型控制能耗

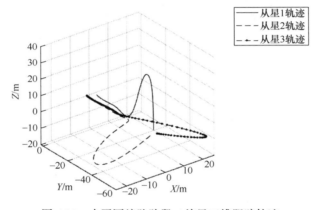

图 6.22　水平圆编队阶段二从星三维跟踪轨迹

　　图 6.17 为空间圆编队阶段二从星 1 的构型控制能耗，可以看出在轨迹跟踪控制阶段，从星 1 在各个方向上能耗为 ut_{1x}=2.05N·s，ut_{1y}=6.78N·s，ut_{1z} = 14.23N·s。图 6.21 为水平圆编队阶段二从星 1 的构型控制能耗，可以看出从星 1 在各个方向上能耗为 ut_{1x}=1.78N·s，ut_{1y}=15.02N·s，ut_{1z}=14.35N·s。可以发现水平圆编队阶段二从星 1 在 Y 轴方向上的能耗明显高于空间圆编队阶段二，这是由于形成水平圆编队需要克服的引力更大。

　　图 6.18 和图 6.22 分别为空间圆编队和水平圆编队阶段二三颗从星的三维跟踪轨迹图，可以看出从星能够较好地跟踪上设计的优化轨迹。

　　因此，由图 6.15～图 6.22 可以看出，在构型优化轨迹跟踪控制阶段，所设计的卫星编队构型控制器能够使卫星在满足约束的条件下，实现期望轨迹的跟踪控制，且空间圆编队的能量消耗要小于水平圆编队。

6.3　卫星编队姿态控制

本节针对编队姿态控制问题展开研究，考虑到 6.1 节两种成像方式中涉及的姿态控制为单星姿态控制，即每颗卫星已知自身的期望姿态进而进行相应控制，采用 6.2.3 节类似的控制器设计方法即可实现。而随着愈加复杂航天任务需求的提出，执行任务的卫星数量会不断增加，为每颗卫星获取期望姿态会消耗大量星上资源。因此，为解决更加复杂的航天任务需求，本节针对一主多从卫星编队姿态协同控制，考虑在仅有主星期望姿态已知的情形下，只有部分从星能够获取主星信息，其他从星仅能获取可通信的邻居卫星的信息的分布式编队问题，通过设计控制算法，保证编队中的从星能够跟踪上主星的姿态信息，达到姿态同步，以执行相关航天任务。此外，卫星编队在实际运行过程中，受执行机构(如飞轮、推力器等)物理约束的影响，所能产生的控制力矩存在一定约束，而这在控制器设计中需要考虑在内。进一步，影响卫星编队姿态同步控制的另一个挑战为角速度约束，考虑到卫星所携带的低速陀螺或受特定的航天任务影响，卫星角速度不能过大，必须保持在某一范围内，这在编队控制器设计中也是必须要考虑在内的[4-7]。因此，姿态角速度及输入约束下的分布式卫星编队姿态同步控制是需要解决的重要问题，目前较少有文献进行相关方面的研究，这对卫星的安全飞行具有十分重要的意义。

6.3.1　卫星编队模型及问题描述

本节考虑由 N 个刚体卫星组成的编队系统，$F_{Bi}(i=1,2,\cdots,N)$ 为第 i 颗卫星的本体坐标系，F_I 及 F_D 分别为惯性坐标系及期望坐标系。那么，第 i 颗卫星的姿态运动学及动力学模型表达为

$$\begin{cases} \dot{q}_{vi} = \dfrac{1}{2}\left(q_{0i}I_3 + q_{vi}^{\times}\right)\omega_i \\ \dot{q}_{0i} = -\dfrac{1}{2}q_{vi}^{T}\omega_i \end{cases} \tag{6.42}$$

$$J_i\dot{\omega}_i = -\omega_i^{\times}J_i\omega_i + \tau_i(t) + d_i(t), \quad i=1,2,\cdots,N \tag{6.43}$$

式(6.42)和式(6.43)中的变量在第 2 章中均已进行介绍，此处不再赘述。

考虑卫星运行过程中低速陀螺等航天要求影响，需要对角速度进行一定限制，表示如下：

$$\omega_i = \left\{\left|\omega_{ij}(t)\right| \leqslant \omega_{\max}, j=1,2,3\right\} \tag{6.44}$$

式中，$\omega_{\max}$ 为允许的最大角速度。此外，考虑执行机构的能力有限，控制输入必须约束在一定范围，表达如下：

$$\tau_{ij} = \begin{cases} u_{\max}, & u_{ij} > u_{\max} \\ u_{ij}, & u_{\min} \leqslant u_{ij} \leqslant u_{\max}, \ j = 1,2,3 \\ u_{\min}, & u_{ij} < u_{\min} \end{cases} \tag{6.45}$$

式中，$u_i = [u_{i1} \ \ u_{i2} \ \ u_{i3}]^{\mathrm{T}}$ 为待设计的第 i 颗卫星的控制输入；τ_i 为第 i 颗卫星的真实作用力矩；$u_{\max}$ 及 $u_{\min}$ 分别为控制输入约束的上限及下限。

假设主星的姿态四元数 q_l 及角速度 ω_l 由以下动态系统获得[8]：

$$\begin{cases} \dot{q}_{vl} = \dfrac{1}{2}\left(q_{0l}I_3 + q_{vl}^{\times}\right)\omega_l \\ \dot{q}_{0l} = -\dfrac{1}{2}q_{vl}^{\mathrm{T}}\omega_l \end{cases} \tag{6.46}$$

$$\dot{\omega}_l = S\omega_l \tag{6.47}$$

式中，$q_l = \begin{bmatrix} q_{0l} & q_{1l} & q_{2l} & q_{3l} \end{bmatrix}^{\mathrm{T}} = \begin{bmatrix} q_{0l} & q_{vl}^{\mathrm{T}} \end{bmatrix}^{\mathrm{T}}$ 为主星在本体坐标系 F_{B0} 相对惯性坐标系 F_I 下的姿态四元数，满足 $q_{0l}^2 + q_{vl}^{\mathrm{T}}q_{vl} = 1$；$\omega_l \in \mathbf{R}^3$ 为主星在本体坐标系 F_{B0} 相对惯性坐标系 F_I 的角速度；$S \in \mathbf{R}^{3\times 3}$ 为常数矩阵。

假设 6.2　G_n 是非连通的。

假设 6.3　系统 $\dot{\omega}_l = S\omega_l$ 是稳定的。

假设 6.4　主星的角速度及其导数是范数有界的，即满足 $\|\omega_l\| \leqslant \omega_{l,\max}$，$\|\dot{\omega}_l\| \leqslant \bar{\omega}_{l,\max}$，式中，$\omega_{l,\max}$ 及 $\bar{\omega}_{l,\max}$ 为正常数。

本节的控制目标为：基于第 i 颗卫星的运动学及动力学模型(6.42)和(6.43)，考虑角速度约束(6.44)及控制输入约束(6.45)，设计分布式控制器 $\tau_i (i = 1, 2, \cdots, N)$，使得所有编队中卫星能够在有限时间内实现对主星姿态角(6.46)及角速度(6.47)的跟踪控制，且满足约束限制。

基于以上分析，本节针对姿态角速度及输入约束下的卫星分布式编队姿态同步控制，建立如图 6.23 所示的卫星编队姿态控制框图。首先，设计自适应有限时间分布式观测器，所设计的观测器为完全分布式的，无需通信拓扑或其他全局信息必须已知，实现对主星姿态角及角速度信息的有限时间精确估计；然后基于分环设计思想，将角速度约束转换为角速度跟踪误差约束，为解决角速度跟踪误差约束及输入约束，设计新型的有限时间附加系统动态，结合附加系统状态设计姿态同步控制器，通过附加系统状态变化有效解决约束问题，并进行整体闭环系统的稳定性证明，实现卫星编队姿态的有限时间同步控制；最后采用 MATLAB/Simulink 仿真验证所提方法的有效性。

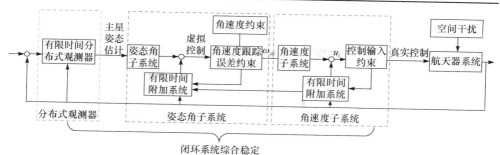

图 6.23　卫星编队姿态控制框图

6.3.2　自适应有限时间分布式观测器设计

考虑到只有部分从星能够获得主星信息，本节设计有限时间分布式观测器，实现对主星姿态角及角速度的有限时间估计。特别地，为了解决传统观测器设计中通信拓扑必须提前对每颗卫星已知的限制，在观测器设计过程中运用自适应算法，用以估计通信拓扑的拉普拉斯矩阵的特征值。

基于主星姿态运动学及动力学系统(6.46)、(6.47)，设计如下自适应有限时间分布式观测器：

$$
\begin{cases}
\dot{p}_i = \dfrac{1}{2}E(p_i)v_i - \mu_1\mathrm{sig}^{\alpha_1}\left(\displaystyle\sum_{j=0}^{N}a_{ij}\left(p_i - p_j\right)\right) \\[4mm]
\dot{v}_i = Sv_i - \mu_2\mathrm{sig}^{\alpha_2}\left(\displaystyle\sum_{j=0}^{N}a_{ij}\left(v_i - v_j\right)\right) - \hat{\lambda}_2\left(\displaystyle\sum_{j=0}^{N}a_{ij}\left(v_i - v_j\right)\right)
\end{cases}
\tag{6.48}
$$

式中，$E(p_i) = \begin{bmatrix} p_{0i}I_3 + p_{vi}^{\times} \\ -p_{vi}^{\mathrm{T}} \end{bmatrix}$、$p_i = \begin{bmatrix} p_{0i} & p_{vi}^{\mathrm{T}} \end{bmatrix}^{\mathrm{T}} \in \mathbf{R}^4$ 及 $v_i \in \mathbf{R}^3$ 分别为主星姿态四元数 $q_l = \begin{bmatrix} q_{0l} & q_{vl}^{\mathrm{T}} \end{bmatrix}^{\mathrm{T}}$ 及角速度 ω_l 的估计值。定义 $p_0 = q_1$，$v_0 = \omega_l$，μ_1、μ_2 为正常数，且 $0 < \alpha_1$，$\alpha_2 < 1$。$\hat{\lambda}_2$ 由以下自适应律获得：

$$
\dot{\hat{\lambda}}_2 = \sigma_1\left(-\sigma_2\hat{\lambda}_2 + \left\|\sum_{j=0}^{N}a_{ij}\left(v_i - v_j\right)\right\|^2\right)
\tag{6.49}
$$

式中，σ_1，$\sigma_2 > 0$ 为待设计参数。

引理 6.1[8]　对任意 $Q \in \mathbf{R}^4$，存在 $\|E(Q)\| = \|Q\|$，$Q^{\mathrm{T}}E(Q) = 0$。

引理 6.2[9]　对任意 $Q \in \mathbf{R}^4$、$m_{ij} \in \mathbf{R}$ 及 $m_{ij} = m_{ji}(i,j \in I_n)$，存在 $\displaystyle\sum_{i=1}^{n}\sum_{j=1}^{n}m_{ij}Q_j^{\mathrm{T}}$

$E(Q_i) = 0$ 。

引理 6.3[10]　假设存在连续可微正定函数 $V(x)$ ，如果存在 $\lambda > 0$ 、 $0 < \tau < 1$ 及 $0 < \mu < \infty$ ，使得不等式 $\dot{V}(x) \leqslant -\lambda V^{\tau}(x) + \mu$ 成立，则系统状态是实际有限时间稳定的，且收敛时间为

$$T_{\text{reach}} \leqslant \frac{V^{1-\tau}(x_0)}{\lambda \theta_0 (1-\tau)}, \quad 0 < \theta_0 < 1 \tag{6.50}$$

定理 6.2　考虑主星姿态运动学及动力学系统(6.46)、(6.47)，如果假设 6.2 及假设 6.3 成立，分布式观测器设计如式(6.48)所示，自适应律设计如式(6.49)所示，那么存在任意合适的常数 $0 < \alpha_1$ 、 $\alpha_2 < 1$ 及 σ_1 、 $\sigma_2 > 0$ ，能够实现有限时间内对主星姿态角 q_l 及角速度 ω_l 的估计。

证明　定义主星姿态角及角速度估计误差为

$$e_{pi} = p_i - p_0, \quad e_{vi} = v_i - v_0 \tag{6.51}$$

为了后续证明方便，定义新的变量：

$$\begin{cases} \tilde{p}_i = \sum_{j=0}^{N} a_{ij} (p_i - p_j) = a_{i0} e_{pi} + \sum_{j=1}^{N} a_{ij} (e_{pi} - e_{pj}) \\ \tilde{v}_i = \sum_{j=0}^{N} a_{ij} (v_i - v_j) = a_{i0} e_{vi} + \sum_{j=1}^{N} a_{ij} (e_{vi} - e_{vj}) \end{cases} \tag{6.52}$$

因此，可以得到

$$\tilde{P} = (L \otimes I_4) e_p, \quad \tilde{V} = (L \otimes I_3) e_v \tag{6.53}$$

式中， $\tilde{P} = \left[\tilde{p}_1^{\mathrm{T}}, \tilde{p}_2^{\mathrm{T}}, \cdots, \tilde{p}_N^{\mathrm{T}} \right]^{\mathrm{T}}$ ， $\tilde{V} = \left[\tilde{v}_1^{\mathrm{T}}, \tilde{v}_2^{\mathrm{T}}, \cdots, \tilde{v}_N^{\mathrm{T}} \right]^{\mathrm{T}}$ ， $e_p = \left[e_{p1}^{\mathrm{T}}, e_{p2}^{\mathrm{T}}, \cdots, e_{pN}^{\mathrm{T}} \right]^{\mathrm{T}}$ ， $e_v = \left[e_{v1}^{\mathrm{T}}, e_{v2}^{\mathrm{T}}, \cdots, e_{vN}^{\mathrm{T}} \right]^{\mathrm{T}}$ ， $\otimes$ 表示克罗内克积。

对估计误差 e_p 、 e_v 求导，并代入式(6.46)~式(6.53)可得

$$\begin{cases} \dot{e}_{pi} = \frac{1}{2} \left(E(p_i) v_i - E(p_0) v_0 \right) - \mu_1 \text{sig}^{\alpha_1} (\tilde{p}_i) \\ \dot{e}_{vi} = -\mu_2 \text{sig}^{\alpha_2} (\tilde{v}_i) - \hat{\lambda}_2 \tilde{v}_i + S e_{vi} \end{cases} \tag{6.54}$$

下面分别进行 e_v 及 e_p 的有限时间收敛证明。

1) e_v 的有限时间收敛证明

定义如下 Lyapunov 函数：

$$V_v = \frac{1}{2} e_v^{\mathrm{T}} (L \otimes I_3) e_v + \frac{1}{2\sigma_1} \tilde{\lambda}_2^2 \tag{6.55}$$

式中，$\tilde{\lambda}_2 = \lambda_2 - \hat{\lambda}_2$。对 Lyapunov 函数 V_v 求导，并代入式(6.54)可得

$$
\begin{aligned}
\dot{V}_v &= e_v^{\mathrm{T}}\left(L \otimes I_3\right)\dot{e}_v - \frac{1}{\sigma_1}\tilde{\lambda}_2\dot{\hat{\lambda}}_2 \\
&= e_v^{\mathrm{T}}\left(L \otimes I_3\right)\left(-\mu_2 \mathrm{sig}^{\alpha_2}\left(\widetilde{V}\right)-\hat{\lambda}_2\widetilde{V}\right) + e_v^{\mathrm{T}}\left(L \otimes I_3\right)\left(S \otimes I_N\right)e_v - \frac{1}{\sigma_1}\tilde{\lambda}_2\dot{\hat{\lambda}}_2 \\
&\leqslant -\mu_2 \widetilde{V}^{\mathrm{T}}\mathrm{sig}^{\alpha_2}\left(\widetilde{V}\right)-\hat{\lambda}_2\left\|\widetilde{V}\right\|^2 - \frac{1}{\sigma_1}\tilde{\lambda}_2\dot{\hat{\lambda}}_2 + \left\|S \otimes I_N\right\|\left\|L \otimes I_3\right\|^{-1}\left\|\widetilde{V}\right\|^2 \\
&\leqslant -\mu_2 \widetilde{V}^{\mathrm{T}}\mathrm{sig}^{\alpha_2}\left(\widetilde{V}\right)+\tilde{\lambda}_2\left\|\widetilde{V}\right\|^2 - \frac{1}{\sigma_1}\tilde{\lambda}_2\dot{\hat{\lambda}}_2
\end{aligned}
\tag{6.56}
$$

式中，$\left\|S \otimes I_N\right\|\left\|L \otimes I_3\right\|^{-1} \leqslant \lambda_2$。将式(6.49)代入式(6.56)可得

$$
\begin{aligned}
\dot{V}_v &\leqslant -\mu_2 \widetilde{V}^{\mathrm{T}}\mathrm{sig}^{\alpha_2}\left(\widetilde{V}\right)+\tilde{\lambda}_2\left\|\widetilde{V}\right\|^2 - \tilde{\lambda}_2\left(-\sigma_2\hat{\lambda}_2+\left\|\widetilde{V}\right\|^2\right) \\
&\leqslant -\mu_2\left\|\widetilde{V}\right\|^{1+\alpha_2}+\sigma_2\tilde{\lambda}_2\hat{\lambda}_2
\end{aligned}
\tag{6.57}
$$

进一步，项 $\sigma_2\tilde{\lambda}_2\hat{\lambda}_2$ 可以进行以下处理：

$$
\begin{aligned}
\sigma_2\tilde{\lambda}_2\hat{\lambda}_2 &= \sigma_2(\tilde{\lambda}_2\lambda_2 - \tilde{\lambda}_2^2) \\
&\leqslant \sigma_2\left(-\tilde{\lambda}_2^2 + \frac{1}{2\delta_0}\tilde{\lambda}_2^2 + \frac{\delta_0}{2}\lambda_2^2\right) \\
&= -\frac{\sigma_2(2\delta_0-1)}{2\delta_0}\tilde{\lambda}_2^2 + \frac{\delta_0\sigma_2}{2}\lambda_2^2
\end{aligned}
\tag{6.58}
$$

式中，$\delta_0 > 1/2$。因此，式(6.57)可以转化为

$$
\dot{V}_v \leqslant -\mu_2\left\|\widetilde{V}\right\|^{1+\alpha_2} - \left[\frac{\sigma_2(2\delta_0-1)}{2\delta_0}\tilde{\lambda}_2^2\right]^{\frac{1+\alpha_2}{2}} + \sigma_2\tilde{\lambda}_2\hat{\lambda}_2 + \left[\frac{\sigma_2(2\delta_0-1)}{2\delta_0}\tilde{\lambda}_2^2\right]^{\frac{1+\alpha_2}{2}}
\tag{6.59}
$$

由式(6.55)可以得到

$$
V_v \leqslant \frac{1}{2}\lambda_{\max}(L)\|e_v\|^2 + \frac{1}{2\sigma_1}\tilde{\lambda}_2^2
\tag{6.60}
$$

基于式(6.53)和式(6.60)，式(6.59)可以进一步转化为

$$
\begin{aligned}
\dot{V}_v &\leqslant -\mu_2\lambda_{\min}^{1+\alpha_2}\|e_v\|^{1+\alpha_2} + \sigma_2\tilde{\lambda}_2\hat{\lambda}_2 \\
&- \left[\frac{\sigma_2(2\delta_0-1)}{2\delta_0}\tilde{\lambda}_2^2\right]^{\frac{1+\alpha_2}{2}} + \left[\frac{\sigma_2(2\delta_0-1)}{2\delta_0}\tilde{\lambda}_2^2\right]^{\frac{1+\alpha_2}{2}}
\end{aligned}
\tag{6.61}
$$

$$= -\mu_2 \left(\frac{2\lambda_{min}^2}{\lambda_{max}}\right)^{\frac{1+\alpha_2}{2}} \left(\frac{1}{2}\lambda_{max}e_v^{T}e_v\right)^{\frac{1+\alpha_2}{2}} - \mu_2 \left(\frac{2\lambda_{min}^2}{\lambda_{max}}\right)^{\frac{1+\alpha_2}{2}} \left(\frac{1}{2\sigma_1}\tilde{\lambda}_2^2\right)^{\frac{1+\alpha_2}{2}}$$

$$+\left[\frac{\sigma_2(2\delta_0-1)}{2\delta_0}\tilde{\lambda}_2^2\right]^{\frac{1+\alpha_2}{2}} + \sigma_2\tilde{\lambda}_2\hat{\lambda}_2$$

$$\leqslant -\mu_2\left(\frac{2\lambda_{min}^2}{\lambda_{max}}\right)^{\frac{1+\alpha_2}{2}}V_v^{\frac{1+\alpha_2}{2}} + \left[\frac{\sigma_2(2\delta_0-1)}{2\delta_0}\tilde{\lambda}_2^2\right]^{\frac{1+\alpha_2}{2}}$$

式中，$\sigma_1 = \dfrac{2\delta_0\mu_2^{\frac{2}{1+\alpha_2}}\lambda_{min}^2}{\sigma_2(2\delta_0-1)\lambda_{max}}$。

假设 $\sigma_2 > 0$，$\delta_0 > \dfrac{1}{2}$，$\dfrac{1}{2} < \dfrac{\alpha_2+1}{2} < 1$，若 $\dfrac{\sigma_2(2\delta_0-1)}{2\delta_0}\tilde{\lambda}_2^2 > 1$，则可以得到

$$\left(\frac{\sigma_2(2\delta_0-1)}{2\delta_0}\tilde{\lambda}_2^2\right)^{\frac{1+\alpha_2}{2}} + \sigma_2\tilde{\lambda}_2\hat{\lambda}_2 \leqslant \frac{\sigma_2(2\delta_0-1)}{2\delta_0}\tilde{\lambda}_2^2 + \sigma_2\tilde{\lambda}_2\hat{\lambda}_2 = \frac{\delta_0\sigma_2}{2}\lambda_2^2 \quad (6.62)$$

若 $\dfrac{\sigma_2(2\delta_0-1)}{2\delta_0}\tilde{\lambda}_2^2 \leqslant 1$，则可以得到

$$\left[\frac{\sigma_2(2\delta_0-1)}{2\delta_0}\tilde{\lambda}_2^2\right]^{\frac{1+\alpha_2}{2}}\Bigg|_{\frac{\sigma_2(2\delta_0-1)}{2\delta_0}\tilde{\lambda}_2^2 \leqslant 1} + \sigma_2\tilde{\lambda}_2\hat{\lambda}_2$$

$$\leqslant \left[\frac{\sigma_2(2\delta_0-1)}{2\delta_0}\tilde{\lambda}_2^2\right]^{\frac{1+\alpha_2}{2}}\Bigg|_{\frac{\sigma_2(2\delta_0-1)}{2\delta_0}\tilde{\lambda}_2^2 > 1} + \sigma_2\tilde{\lambda}_2\hat{\lambda}_2 \leqslant \frac{\delta_0\sigma_2}{2}\lambda_2^2 \quad (6.63)$$

因此，式(6.61)可以转化为

$$\dot{V}_v \leqslant -\chi_{v1}V_v^{\frac{1+\alpha_2}{2}} + \chi_{v2} \quad (6.64)$$

式中，$\chi_{v1} = \mu_2\left(\dfrac{2\lambda_{min}^2}{\lambda_{max}}\right)^{\frac{1+\alpha_2}{2}}$，$\chi_{v2} = \dfrac{\delta_0\sigma_2}{2}\lambda_2^2$。基于式(6.64)及引理6.3可得，角速度估计误差 e_v 会在有限时间内收敛到平衡点附近的小邻域内。

2) e_p 的有限时间收敛证明

定义 Lyapunov 函数：

$$V_p = \frac{1}{2}e_p^{T}(L \otimes I_4)e_p \quad (6.65)$$

对式(6.65)求导，并代入式(6.54)可得

$$\dot{V}_p = e_p^{\mathrm{T}}\left(L \otimes I_4\right)\dot{e}_p$$
$$= -\mu_1 \tilde{P}^{\mathrm{T}}\mathrm{sig}^{\alpha_1}\left(\tilde{P}\right) + \frac{1}{2}\sum_{i=1}^{N}\tilde{p}_i^{\mathrm{T}}\left(E\left(e_{pi}\right)v_i + E\left(p_0\right)e_{vi}\right)$$

(6.66)

由上述 e_v 的稳定性证明可知，e_v 和 v 是有界的，因此可以假设 $\|e_{vi}\|,\|v_i\| \leqslant \gamma_v$，其中 $\gamma_v \geqslant 0$。注意 $\|p_0\| = \|q_0\| = 1$，基于引理 6.1，可以得到以下不等式：

$$\begin{cases} \tilde{p}_i^{\mathrm{T}}E\left(e_{pi}\right)v_i \leqslant \|\tilde{p}_i\|\|E\left(e_{pi}\right)\|\|v_i\| \\ \qquad\qquad \leqslant \gamma_v\|\tilde{p}_i\|\|e_{pi}\| \leqslant \gamma_v\lambda_{\max}\|e_{pi}\|^2 \\ \tilde{p}_i^{\mathrm{T}}E\left(p_0\right)e_{vi} \leqslant \gamma_v\lambda_{\max}\|e_{vi}\| \\ \qquad\qquad \leqslant \gamma_v\lambda_{\max}\left(0.25 + \|e_{vi}\|^2\right) \end{cases}$$

(6.67)

因此，在角速度估计误差 e_v 收敛之前，可以得到

$$\dot{V}_p \leqslant \chi_{p1}V_p + \chi_{p2}$$

(6.68)

式中，$\chi_{p1} = 2N\gamma_v\lambda_{\max} / \lambda_{\min}$，$\chi_{p2} = N\gamma_v\lambda_{\max} / 8$。由式(6.68)可知，$V_p$ 是有界的，表明在角速度估计误差 e_v 收敛之前，姿态角跟踪误差 e_p 不会发散。接下来，当 e_v 收敛之后，式(6.66)转换为

$$\dot{V}_p = -\mu_1 \tilde{P}^{\mathrm{T}}\mathrm{sig}^{\alpha_1}\left(\tilde{P}\right) + \frac{1}{2}\sum_{i=1}^{N}\tilde{p}_i^{\mathrm{T}}E\left(e_{pi}\right)v_0$$

(6.69)

基于式(6.52)和引理 6.2，可得

$$\sum_{i=1}^{N}\tilde{p}_i^{\mathrm{T}}E\left(e_{p_i}\right)v_0 = \sum_{i=1}^{N}\sum_{j=1}^{N}a_{ij}\left(e_{pi} - e_{pj}\right)^{\mathrm{T}}E\left(e_{pi}\right)v_0$$
$$= -\sum_{i=1}^{N}\sum_{j=1}^{N}a_{ij}e_{pj}^{\mathrm{T}}E\left(e_{pi}\right)v_0 = 0$$

(6.70)

同式(6.65)～式(6.68)的推导，可以得到

$$\dot{V}_p \leqslant -\chi_p V_p^{(1+\alpha_1)/2}$$

(6.71)

式中，$\chi_p = \mu_1\left(2\lambda_{\min}^2 / \lambda_{\max}\right)^{(1+\alpha_1)/2}$。基于引理 6.3 可得，姿态角估计误差 e_p 将在有限时间收敛到零。证毕。

6.3.3　姿态同步控制器设计

基于自适应有限时间分布式观测器(6.48)对主星姿态角及角速度的估计，第 i

颗卫星的跟踪误差可表示为

$$\begin{cases} q_{evi} = p_{0i}q_{vi} - p_{vi}^{\times}q_{vi} - q_{0i}p_{vi} \\ q_{e0i} = p_{vi}^{\mathrm{T}}q_{vi} + q_{0i}p_{0i} \\ \omega_{ei} = \omega_i - R_i v_i \end{cases} \tag{6.72}$$

式中，$R_i = 2q_{evi}q_{evi}^{\mathrm{T}} + \left(q_{e0i}^2 - q_{evi}^{\mathrm{T}}q_{evi}\right)I_3 - 2q_{e0i}q_{evi}^{\times}$ 为期望坐标系 F_D 到本体坐标系 F_{Bi} 的旋转矩阵。因此，基于式(6.42)、式(6.43)和式(6.72)，可得姿态跟踪误差动态为

$$\begin{cases} \dot{q}_{evi} = \dfrac{1}{2}\left(q_{e0i}I_3 + q_{evi}^{\times}\right)\omega_{ei} \\[2mm] \dot{q}_{e0i} = -\dfrac{1}{2}q_{evi}^{\mathrm{T}}\omega_{ei} \\[2mm] J_i\dot{\omega}_{ei} = -\omega_i^{\times}J_i\omega_i + J_i\left(\omega_{ei}^{\times}R_iv_i - R_i\dot{v}_i\right) + \tau_i + d_i \end{cases} \tag{6.73}$$

式中，角速度 ω_i 及控制输入 τ_i 必须满足约束(6.44)和(6.45)。

因此，目前的控制目标为：针对 i 卫星的姿态跟踪误差动态系统(6.73)，设计控制器 τ_i，保证姿态跟踪误差 q_{evi}、ω_{evi} 在有限时间收敛，且同时需满足角速度约束(6.44)及输入约束(6.45)。

考虑到控制器设计时所使用的为姿态角速度跟踪误差，而非姿态角速度本身，故首先将姿态角速度约束(6.44)转化成姿态角速度跟踪误差约束，以在后续控制器设计中保证满足约束要求。基于 $\|R_i\| = 1$ 及式(6.72)，角速度跟踪误差约束设置为

$$\omega_{ei} = \left\{\left|\omega_{eij}\right| \leqslant \omega_{e,\max}, j = 1,2,3\right\} \tag{6.74}$$

式中，$\omega_{e,\max} = \omega_{\max} - \omega_{l,\max}$ 为姿态角速度误差约束。由式(6.74)可以看出，如果 ω_{ei} 满足约束(6.74)，那么角速度 ω_i 就会满足约束(6.44)。因此，在后续控制器设计过程中，只需保证约束(6.74)成立即可。

下面将系统(6.73)分为姿态角子系统与角速度子系统，分别基于各子系统进行卫星编队姿态同步控制器设计。

1. 姿态角子系统控制器设计

这里针对姿态角子系统，通过将角速度跟踪误差视为控制量，设计虚拟控制输入，并要满足姿态角跟踪误差约束(6.74)。

姿态角子系统为

$$\begin{cases} \dot{q}_{evi} = \varXi_i(q_{ei})\omega_{ei} \\[2mm] \dot{q}_{e0i} = -\dfrac{1}{2}q_{evi}^{\mathrm{T}}\omega_{ei} \end{cases} \tag{6.75}$$

式中，$\varXi_i(q_{ei}) = \dfrac{1}{2}\left(q_{e0i}I_3 + q_{evi}^{\times}\right)$。考虑到姿态四元数的性能，如果 q_{evi} 收敛到零，那么 q_{e0i} 也会收敛。因此，控制目标为：在姿态角跟踪误差约束(6.74)条件下设计虚拟控制输入，保证 q_{evi} 的有限时间收敛。

定义虚拟角速度跟踪误差输入为 $\omega_{di} \in \mathbf{R}^3$，考虑约束(6.74)，真正的虚拟角速度误差 $\omega_{ai} \in \mathbf{R}^3$ 为

$$\omega_{ai,j} = \begin{cases} \omega_{e,\max}, & \omega_{di,j} > \alpha_3 \omega_{e,\max} \\ \omega_{di,j}, & -\alpha_3 \omega_{e,\max} \leqslant \omega_{di,j} \leqslant \alpha_3 \omega_{e,\max} \\ -\omega_{e,\max}, & \omega_{di,j} < -\alpha_3 \omega_{e,\max} \end{cases} \tag{6.76}$$

其中，$0 < \alpha_3 < 1$，$\omega_{di} = \begin{bmatrix} \omega_{di,1} & \omega_{di,2} & \omega_{di,3} \end{bmatrix}^{\mathrm{T}}$，$\omega_{ai} = \begin{bmatrix} \omega_{ai,1} & \omega_{ai,2} & \omega_{ai,3} \end{bmatrix}^{\mathrm{T}}$。定义超出姿态角速度误差约束的变量为 $\omega_{ei,\Delta} = \omega_{ai} - \omega_{di}$。

假设 6.5 假设 $\omega_{ei,\Delta}$ 是有界的，即满足 $\|\omega_{ei,\Delta}\| \leqslant \theta_1$，$\theta_1$ 为未知正常数。

为了补偿角速度跟踪误差约束的饱和影响，设计如下所示的附加系统来调整虚拟控制输入：

$$\dot{\xi}_{1i} = -k_{1i}\xi_{1i} + \varXi_i(q_{ei})\omega_{ei,\Delta} + \varXi_i(q_{ei})\xi_{2i} - \lambda_{3i}|\xi_{1i}|^{r_1}\operatorname{sgn}(\xi_{1i}) \tag{6.77}$$

式中，$k_{1i}, \lambda_{3i} > 0$，$0 < r_1 < 1$。项 $\varXi_i(q_{ei})\xi_{2i}$ 用于后续稳定性证明，项 $\varXi_i(q_{ei})\omega_{ei,\Delta}$ 用来补偿超出角速度误差约束的值。当未超过约束时，ξ_1 会在有限时间内收敛到零，即不再起作用；当超过约束时，ξ_{1i} 的值会发生变化，进而改变所设计的虚拟控制输入的值，补偿因超过约束对系统带来的影响。

基于姿态角跟踪误差系统(6.75)，设计虚拟控制输入 ω_{di}：

$$\omega_{di} = \varXi_i(q_{ei})^{-1}\left[-k_{1i}q_{ei} - \lambda_{1i}v_{1i}^{\varepsilon_1} - \lambda_{3i}|\xi_{1i}|^{r_1}\operatorname{sgn}(\xi_{1i})\right] \tag{6.78}$$

式中，$v_{1i} = q_{evi} - \xi_{1i}$，$\lambda_{1i} > 0$，$0 < \varepsilon_1 < 1$。

定义如下 Lyapunov 函数：

$$V_{v1} = \sum_{i=1}^{N} \frac{1}{2} v_{1i}^{\mathrm{T}} v_{1i} \tag{6.79}$$

对 Lyapunov 函数 V_{v1} 求导，可得

$$\begin{aligned}
\dot{V}_{v1} &= \sum_{i=1}^{N} v_{1i}^{\mathrm{T}} \dot{v}_{1i} = \sum_{i=1}^{N} v_{1i}^{\mathrm{T}}\left(\dot{q}_{evi} - \dot{\xi}_{1i}\right) \\
&= \sum_{i=1}^{N} v_{1i}^{\mathrm{T}}\left[\varXi_{ei}(q_{ei})\left(\omega_{di} + e_{\omega i} + \omega_{ei,\Delta}\right)\right] - \sum_{i=1}^{N} v_{1i}^{\mathrm{T}}\dot{\xi}_{1i}
\end{aligned} \tag{6.80}$$

$$= \sum_{i=1}^{N} v_{1i}^{\mathrm{T}}\left(-\lambda_{3i}\left|\xi_{1i}\right|^{r_1}\mathrm{sgn}\left(\xi_{1i}\right)\right) + \sum_{i=1}^{N} v_{1i}^{\mathrm{T}}\left(\Xi_i\left(q_{ei}\right)e_{\omega i} + \Xi_i\left(q_{ei}\right)\omega_{ei,\Delta}\right)$$
$$+ \sum_{i=1}^{N} v_{1i}^{\mathrm{T}}\left(-k_{1i}q_{ei} - \lambda_{1i}v_{1i}^{\varepsilon} - \dot{\xi}_{1i}\right)$$
$$= \sum_{i=1}^{N} v_{1i}^{\mathrm{T}}\left(-k_{1i}v_{1i} - \lambda_{1i}v_{1i}^{\varepsilon_1} + \Xi_i\left(q_{ei}\right)v_{2i}\right)$$

式中，$e_{\omega i} = \omega_{ei} - \omega_{ai}$ 为 ω_{ei} 的跟踪误差，$v_{2i} = e_{\omega i} - \xi_{2i}$。

定义 ξ_1 相关的 Lyapunov 函数：

$$V_{\xi 1} = \sum_{i=1}^{N} \frac{1}{2}\xi_{1i}^{\mathrm{T}}\xi_{1i} \tag{6.81}$$

基于式(6.77)，对 Lyapunov 函数 $V_{\xi 1}$ 求导可得

$$\dot{V}_{\xi 1} = \sum_{i=1}^{N} \xi_{1i}^{\mathrm{T}}\dot{\xi}_{1i}$$
$$= \sum_{i=1}^{N} \xi_{1i}^{\mathrm{T}}\left(-k_{1i}\xi_{1i} + \Xi_i\left(q_{ei}\right)\omega_{ei,\Delta}\right) + \sum_{i=1}^{N} \xi_{1i}^{\mathrm{T}}\left(\Xi_i\left(q_{ei}\right)\xi_{2i} - \lambda_{3i}\left|\xi_{1i}\right|^{r_1}\mathrm{sgn}\left(\xi_{1i}\right)\right) \tag{6.82}$$
$$= \sum_{i=1}^{N} -k_{1i}\xi_{1i}^{\mathrm{T}}\xi_{1i} + \xi_{1i}^{\mathrm{T}}\Xi_i\left(q_{ei}\right)\omega_{ei,\Delta} + \sum_{i=1}^{N} \xi_{1i}^{\mathrm{T}}\Xi_i\left(q_{ei}\right)\xi_{2i} - \lambda_{3i}\left|\xi_{1i}\right|^{r_1+1}$$

式(6.80)和式(6.82)将用于后续系统稳定性证明。

2. 角速度子系统控制器设计

针对角速度子系统，设计控制输入 u_i，不仅需要在有限时间实现对 ω_{ai} 的稳定跟踪，而且必须满足控制输入约束(6.45)。

考虑角速度子系统：

$$J_i\dot{\omega}_{ei} = -\omega_i^{\times}J_i\omega_i + J_i\left(\omega_{ei}^{\times}R_iv_i - R_i\dot{v}_i\right) + u_i + d_i \tag{6.83}$$

那么，ω_{ei} 的跟踪误差动态为

$$J_i\dot{e}_{\omega i} = J_i\dot{\omega}_{ei} - J_i\dot{\omega}_{ai}$$
$$= -\omega_i^{\times}J_i\omega_i + J_i\left(\omega_{ei}^{\times}R_iv_i - R_i\dot{v}_i\right) + u_i + d_i - J_i\dot{\omega}_{ai} \tag{6.84}$$

为了补偿控制输入约束，设计如下所示的附加系统：

$$\dot{\xi}_{2i} = -k_{2i}\xi_{2i} - \lambda_{4i}\left|\xi_{2i}\right|^{r_2}\mathrm{sgn}\left(\xi_{2i}\right) - \Xi_i^{\mathrm{T}}\left(q_{ei}\right)\xi_{1i} + u_{i,\Delta} \tag{6.85}$$

式中，$k_{2i}, \lambda_{4i} > 0$，$0 < r_2 < 1$，$u_{i,\Delta} = \tau_i - u_i$。

基于角速度误差动态(6.84)，设计真实控制输入 u_i：

$$u_i = J_i^{-1} \Big[-k_{2i} e_{\omega i} + \omega_i^\times J \hat{\omega}_i - T_i + J_i \dot{\omega}_{ai} - J_i \big(\omega_{ei}^\times R_i v_i - R_i \dot{v}_i \big)$$

$$- \lambda_{2i} v_{2i}^{\varepsilon_2} - \lambda_{4i} |\xi_{2i}|^{r_2} \operatorname{sgn}(\xi_{2i}) - \Xi_i^{\mathrm{T}}(q_{ei}) q_{evi} \Big] \tag{6.86}$$

式中，$\lambda_{2i} > 0$，$0 < \varepsilon_2 < 1$。

定理 6.3　针对 i 卫星的运动学及动力学模型(6.42)、(6.43)，考虑角速度约束(6.44)及控制输入约束(6.45)，且假设 6.5 成立。若设计如式(6.86)所示的控制器，如式(6.77)和式(6.85)所示的附加系统，那么存在一系列常数 k_{2i}、k_{1i}、λ_{1i}、λ_{2i}、λ_{3i}、$\lambda_{4i} > 0$，$0 < \varepsilon_1$、ε_2、r_1、$r_2 < 1$，使得姿态跟踪误差 q_{evi} 及 ω_{ei} 将会在有限时间内收敛到平衡点附近的小邻域。

证明　定义 Lyapunov 函数：

$$V_V = V_{v1} + V_{v2} \tag{6.87}$$

式中，V_{v1} 设计如式(6.79)所示，$V_{v2} = \sum_{i=1}^{N} \frac{1}{2} v_{2i}^{\mathrm{T}} v_{2i}$。

基于式(6.80)及式(6.84)~式(6.86)，对 V_V 求导可得

$$\begin{aligned}
\dot{V}_V &= \dot{V}_{v1} + \sum_{i=1}^{N} v_{2i}^{\mathrm{T}} \dot{v}_{2i} \\
&= \dot{V}_{v1} + \sum_{i=1}^{N} v_{2i}^{\mathrm{T}} \big(J_i \dot{e}_{\omega i} - \dot{\xi}_{2i} \big) \\
&= \dot{V}_{v1} + \sum_{i=1}^{N} v_{2i}^{\mathrm{T}} \Big[+J_i \big(\omega_{ei}^\times R_i \omega_d - R_i \dot{\omega}_d \big) + u_i \Big] \\
&\quad + \sum_{i=1}^{N} v_{2i}^{\mathrm{T}} \big(-\omega_i^\times J_i \omega_i + T_i + u_{i,\Delta} - J_i \dot{\omega}_{ai} - \dot{\xi}_{2i} \big) \\
&= \dot{V}_{v1} + \sum_{i=1}^{N} v_{2i}^{\mathrm{T}} \big(-k_{2i} v_{2i} - \lambda_{2i} v_{2i}^{\varepsilon_2} - \Xi_i^{\mathrm{T}}(q_{ei}) v_{1i} \big) \\
&= \sum_{j=1}^{2} \sum_{i=1}^{N} \big(-k_{ji} v_{ji}^{\mathrm{T}} v_{ji} - \lambda_{ji} v_{ji}^{\varepsilon_j+1} \big) \\
&\leqslant -2K_1 V_V - \sqrt{2}\gamma_1 V_V^{(\varepsilon+1)/2}
\end{aligned} \tag{6.88}$$

式中，$K_1 = \min\{k_{1i}, k_{2i}, i=1,2,\cdots,N\}$，$\gamma_1 = \min\{\lambda_{1i}, \lambda_{2i}, i=1,2,\cdots,N\}$，$\varepsilon = \min\{\varepsilon_1, \varepsilon_2\}$。由式(6.88)可知，Lyapunov 函数 V_V，即 v_{1i} 及 v_{2i} 是有界的。因此，针对姿态角子系统(6.75)及角速度子系统(6.83)，q_{evi}、ω_{ei} 及控制输入是有界的。因此，由式(6.78)和式(6.86)可知，ω_{di} 及 u_i 是有界的，进而由 $\omega_{ei,\Delta} = \omega_{ai} - \omega_{di}$、$u_{i,\Delta} = \tau_i - u_i$ 可知，$\omega_{ei,\Delta}$、$u_{i,\Delta}$ 是有界的。此外，由引理 6.2 和式(6.88)可知，v_{1i}、v_{2i} 将会在有限时间内收敛到零。下面将进行附加系统 ξ_{1i}、ξ_{2i} 的有限时间收敛证明。

定义 Lyapunov 函数：

$$V_\xi = V_{\xi 1} + V_{\xi 2} \tag{6.89}$$

式中，$V_{\xi 1}$ 定义如式(6.81)所示，$V_{\xi 2} = \dfrac{1}{2}\displaystyle\sum_{i=1}^{N}\xi_{2i}^{\mathrm{T}}\xi_{2i}$。

对 Lyapunov 函数 V_ξ 求导，代入式(6.82)和式(6.85)，可得

$$
\begin{aligned}
\dot{V}_\xi &= \dot{V}_{\xi 1} + \sum_{i=1}^{N}\xi_{2i}^{\mathrm{T}}\dot{\xi}_{2i} \\
&= \dot{V}_{\xi 1} + \sum_{i=1}^{N}\xi_{2i}^{\mathrm{T}}\left(-k_{2i}\xi_{2i} - \lambda_{4i}|\xi_{2i}|^{r_2}\,\mathrm{sgn}(\xi_{2i})\right) \\
&\quad + \sum_{i=1}^{N}\xi_{2i}^{\mathrm{T}}\left(-\varXi_i^{\mathrm{T}}(q_e)\xi_{1i} + u_{i,\varDelta}\right) \\
&\leqslant -K_1\sum_{j=1}^{2}\sum_{i=1}^{N}\left(\xi_{ji}^{\mathrm{T}}\xi_{ji}\right) - \lambda_2\sum_{j=3}^{4}\sum_{i=1}^{N}\left(|\xi_{ji}|^{r+1}\right) + \sum_{i=1}^{N}\xi_{2i}^{\mathrm{T}}u_{i,\varDelta} + \sum_{i=1}^{N}\xi_{1i}^{\mathrm{T}}\varXi_i(q_e)\omega_{ei,\varDelta} \\
&\leqslant -K_1\sum_{j=1}^{2}\sum_{i=1}^{N}\left(\xi_{ji}^{\mathrm{T}}\xi_{ji}\right) - \lambda_2\sum_{j=3}^{4}\sum_{i=1}^{N}\left(|\xi_{ji}|^{r+1}\right) + \sum_{i=1}^{N}\frac{\gamma}{2}\xi_{2i}^{\mathrm{T}}\xi_{2i} + \sum_{i=1}^{N}\frac{1}{2\gamma}\left\|u_{i,\varDelta}\right\|^2 \\
&\quad + \sum_{i=1}^{N}\frac{\gamma}{2}\xi_{1i}^{\mathrm{T}}\xi_{1i} + \sum_{i=1}^{N}\frac{1}{2\gamma}\left\|\omega_{ei,\varDelta}\right\|^2 \\
&\leqslant \left(-K_1 + \frac{\gamma}{2}\right)\sum_{j=1}^{2}\sum_{i=1}^{N}\left(\xi_{ji}^{\mathrm{T}}\xi_{ji}\right) - \lambda_2\sum_{j=3}^{4}\sum_{i=1}^{N}\left(|\xi_{ji}|^{r+1}\right) + \sum_{i=1}^{N}\frac{1}{2\gamma}\left\|\omega_{ei,\varDelta}\right\|^2 \\
&\quad + \sum_{i=1}^{N}\frac{1}{2\gamma}\left\|u_{i,\varDelta}\right\|^2 \\
&\leqslant \left(-K_1 + \frac{\gamma}{2}\right)V_\xi - \lambda_2 V_\xi^{(r+1)/2} + \sum_{i=1}^{N}\frac{1}{2\gamma}\left\|u_{i,\varDelta}\right\|^2 + \sum_{i=1}^{N}\frac{1}{2\gamma}\left\|\omega_{ei,\varDelta}\right\|^2
\end{aligned}
\tag{6.90}
$$

式中，$\lambda_2 = \min\{\lambda_{3i}, \lambda_{4i}, i = 1, 2, \cdots, N\}, \gamma > 0$。选择参数 $K_1 > \dfrac{\gamma}{2}$，则式(6.90)转换为

$$\dot{V}_\xi \leqslant -K_3 V_\xi - \lambda_2 V_\xi^{(r+1)/2} + \varsigma \tag{6.91}$$

式中，$0 < K_3 \leqslant K_2 - \dfrac{\gamma}{2}$，$\varsigma = \displaystyle\sum_{i=1}^{N}\frac{1}{2\gamma}\left(\left\|u_{i,\varDelta}\right\|^2 + \left\|\omega_{ei,\varDelta}\right\|^2\right)$。基于对式(6.88)的描述，$\left\|\omega_{ei,\varDelta}\right\|$、$\left\|u_{i,\varDelta}\right\|$ 是有界的，根据引理 6.3 可得，附加系统状态 ξ_{1i}、ξ_{2i} 会在有限时间内收敛到平衡点附近小邻域内。以上分别证明了 v_{1i}、v_{2i}、ξ_{1i}、ξ_{2i} 的有限时间收敛特性，考虑到 v_{1i}、v_{2i} 的定义，可得跟踪误差 q_{evi}、ω_{ei} 也是有限时间收敛的。证毕。

6.3.4　仿真分析

本节基于 MATLAB2017b 的 Simulink 软件包，在 Windows10 操作系统下进行考虑角速度及输入约束下的卫星分布式编队姿态同步控制算法的仿真验证。

1. 仿真参数设置

本节选取空间圆编队成像控制阶段一部分进行仿真验证，阶段一中三颗从星只进行姿态机动，不进行构型控制。三颗从星的姿态由主星三轴稳定姿态机动至满足合成孔径成像要求的巡天姿态。仿真过程中，从星姿态角及角速度由式(6.42)和式(6.43)确定，主星姿态角及角速度由式(6.46)和式(6.47)确定。卫星之间的通信形式如图 6.24 所示，从图中可以确定，星间相连的权值系数为 $a_{10}=a_{12}=a_{21}=a_{13}=a_{31}=1$。

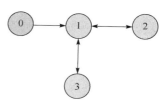

图 6.24　卫星编队拓扑图

主星系统(6.46)、(6.47)的参数设置为

$$S=\begin{bmatrix} -0.5 & 0.1 & 1 \\ -0.1 & 0 & -0.4 \\ 0 & 0.1 & 0 \end{bmatrix}$$

编队中 3 颗从星的转动惯量分别设置为

$$J_1=\begin{bmatrix} 20 & 2 & 0.9; & 2 & 17 & 0.5; & 0.9 & 0.5 & 15 \end{bmatrix} \text{kg·m}^2$$
$$J_2=\begin{bmatrix} 22 & 1 & 0.9; & 1 & 19 & 0.5; & 0.9 & 0.5 & 15 \end{bmatrix} \text{kg·m}^2$$
$$J_3=\begin{bmatrix} 18 & 1 & 1.5; & 1 & 15 & 0.5; & 1.5 & 0.5 & 17 \end{bmatrix} \text{kg·m}^2$$

姿态四元数及角速度初值分别为

$$q_0(0)=\begin{bmatrix} 1 & 0 & 0 & 0 \end{bmatrix}^T, \quad \omega_0(0)=\begin{bmatrix} 0.01 & 0 & -0.01 \end{bmatrix}^T \text{rad/s}$$
$$q_1(0)=\begin{bmatrix} 0.8986 & 0.4 & -0.1 & 0.15 \end{bmatrix}^T, \quad \omega_1(0)=\begin{bmatrix} 1 & 0 & 0 \end{bmatrix}^T \text{rad/s}$$
$$q_2(0)=\begin{bmatrix} [0.8888 & -0.2 & 0.1 & 0.4] \end{bmatrix}^T, \quad \omega_2(0)=\begin{bmatrix} 0.01 & 0.002 & 0.001 \end{bmatrix}^T \text{rad/s}$$
$$q_3(0)=\begin{bmatrix} 0.8062 & 0.1 & -0.5 & 0.3 \end{bmatrix}^T, \quad \omega_3(0)=\begin{bmatrix} 0.01 & 0.02 & 0.01 \end{bmatrix}^T \text{rad/s}$$

外界干扰设置为

$$d_1=\begin{bmatrix} 0.1\sin(0.4t) & 0.05\cos(0.5t) & 0.08\cos(0.7t) \end{bmatrix}^T \text{N·m}$$
$$d_2=\begin{bmatrix} 0.06\sin(0.4t) & 0.1\cos(0.5t) & 0.05\cos(0.7t) \end{bmatrix}^T \text{N·m}$$
$$d_3=\begin{bmatrix} 0.15\sin(0.4t) & 0.15\cos(0.5t) & 0.05\cos(0.7t) \end{bmatrix}^T \text{N·m}$$

主星角速度约束 ω_1 为 0.05rad/s，从星的最大角速度为 $\omega_{\max}=0.17\text{rad/s}$，因此基

于式(6.76)，角速度误差约束为 $\omega_{e,\max} \leqslant 0.12\text{rad/s}$ 。控制输入约束设定为 $\pm 0.8\text{N} \cdot \text{m}$ 。

分布式观测器参数选取为 $\mu_1 = 0.5$ ， $\mu_2 = 0.5$ ， $\sigma_1 = 1$ ， $\sigma_2 = 0.5$ 。每颗卫星的控制器参数为 $k_{11} = 1$ ， $k_{12} = 1$ ， $k_{13} = 1$ ， $\lambda_{1i} = 0.2$ ， $\lambda_{2i} = 0.2$ ， $\lambda_{3i} = 0.2$ ， $\varepsilon_1 = 5/7$ ， $\varepsilon_2 = 7/9$ ， $r_1 = 5/7$ ， $r_2 = 7/9$ ， $\lambda_{4i} = 0.2(i = 1,2,3)$ 。

2. 仿真结果

基于上述设计的分布式编队姿态同步观测器-控制器及给定的仿真参数，考虑角速度及输入约束，加入设计的新型有限时间附加系统，以验证解决约束的附加系统设计的有效性，进一步验证附加系统存在的情况下所设计的有限时间姿态同步控制器的有效性。仿真结果如图 6.25～图 6.33 所示。

图 6.25 和图 6.26 分别为主星角速度及姿态四元数估计曲线。从仿真图中可以看出，所设计的分布式观测器(6.48)表现出快速暂态性能，每颗从星都能够在5s之内实现对主星角速度及四元数的有效估计，从而验证分布式观测器(6.48)的有效性。

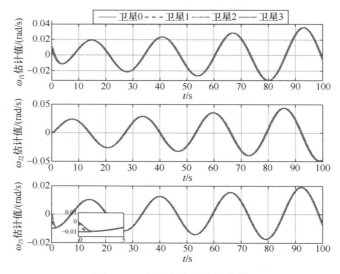

图 6.25　主星角速度估计曲线

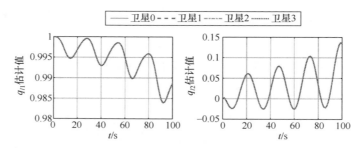

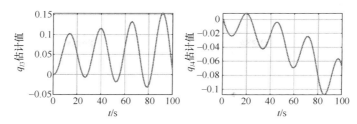

图 6.26　主星姿态四元数估计曲线

图 6.27 和图 6.28 分别为第 i 颗从星的姿态角及角速度子系统中附加信号 ξ_{1i}、$\xi_{2i}(i=1,2,3)$ 的变化曲线，从仿真图中可以看出，在姿态机动的初始阶段，为了补偿角速度及控制输入超出的约束值，附加信号 ξ_{1i}、$\xi_{2i}(i=1,2,3)$ 的值会相应增大，

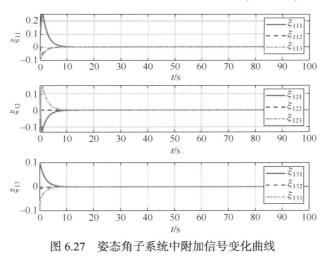

图 6.27　姿态角子系统中附加信号变化曲线

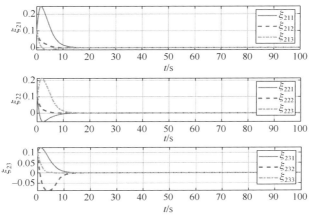

图 6.28　角速度子系统中附加信号变化曲线

随着角速度及控制输入的减小，当它们的值小于所规定的约束值后，附加信号 ξ_{1i}、$\xi_{2i}(i=1,2,3)$ 的值会随之减小，并在有限时间内收敛到零，收敛时间约为10s，意味着无超出约束值后，附加系统将不再继续发挥作用，且会保持稳定，不对系统控制产生影响，从而验证了所设计有限时间附加系统的有效性。

图 6.29 和图 6.30 分别为第 i 颗从星的姿态四元数 $q_{evi}(i=1,2,3)$ 及角速度跟踪误差 $\omega_{ei}(i=1,2,3)$ 变化曲线。从图中可以看出，每颗从星的跟踪误差均会在20s内收敛，即达到姿态同步，跟踪精度数量级达到 10^{-4}，从而验证了所设计姿态同步控制器的有效性。进一步，考虑参数部分设置的角速度误差约束 $\omega_{e,\max} \leqslant 0.12\text{rad/s}$，在图 6.30 中，两条虚线分别为卫星角速度跟踪误差的上下限 $\pm0.12\text{rad/s}$，均未超出所设置的约束值，满足约束要求。

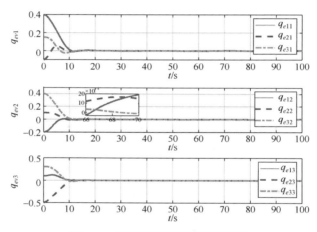

图 6.29　姿态四元数跟踪误差曲线

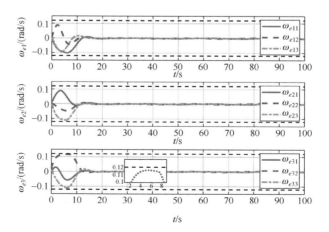

图 6.30　角速度跟踪误差曲线

图 6.31 为考虑约束下的实际角速度变化曲线，同样，图中两条虚线分别为设置的角速度约束 ±0.17rad/s，卫星实际角速度的大小在整个机动过程中均未超过约束，满足约束要求，从而证明了所设计附加系统的确能够解决角速度约束问题。此外，由图 6.29 可以发现，加入考虑约束条件后，姿态四元数的跟踪误差收敛时间变慢，这是由于姿态角速度及控制输入大小受到限制，势必会增大收敛时间，但值得注意的是，姿态四元数的跟踪误差精度并未因为加入附加系统而受到影响，从而表明附加系统能够解决约束问题，但并不会影响系统的控制精度。

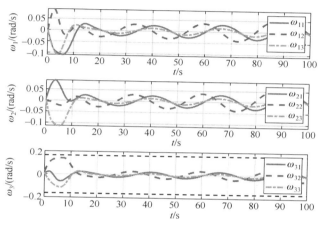

图 6.31　实际角速度变化曲线

图 6.32 为第 i 颗从星对虚拟角速度控制律的跟踪误差 $e_{\omega i}(i=1,2,3)$ 曲线。从仿真图中可以看出，在角速度约束存在的条件下，对虚拟角速度控制律的跟踪误差可以在 20s 内收敛，且收敛精度数量级为 10^{-4}，从而保证了对姿态四元数的跟踪控制。

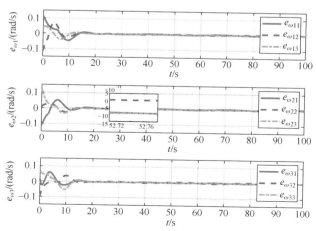

图 6.32　虚拟角速度控制律的跟踪误差曲线

　　图 6.33 描述了作用给系统的实际控制输入曲线。参数部分设置控制输入约束为 $\pm 0.8 \mathrm{N} \cdot \mathrm{m}$，可以看出在初始误差很大的情形下，加入附加系统后的控制输入可以保持在约束值内，满足约束要求，且由之前跟踪曲线得到约束后的控制输入能够保证编队的姿态同步控制，达到较好的控制性能。

　　因此，由图 6.25～图 6.33 的仿真结果可以看出，本节所设计的新型有限时间附加系统能够保证满足所设置的角速度及控制输入约束，同时所设计的分布式观测器及饱和姿态同步控制器能够实现卫星编队的有限时间姿态同步。

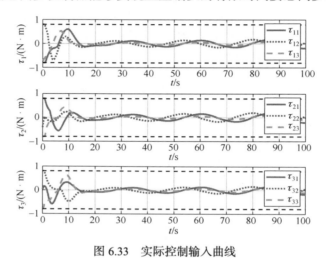

图 6.33　实际控制输入曲线

6.4　小　　结

　　本章针对合成孔径成像需求，首先设计两种编队成像方案——空间圆成像及水平圆成像，并对两种方案的特点进行了具体分析，以便后续根据具体航天需求进行方案选择；然后针对成像过程中涉及的构型优化及控制问题，考虑多目标多约束条件，基于 Gauss 伪谱法设计构型生成的编队最优轨迹，并研究了稳定跟踪期望轨迹的滑模控制方法，实现干扰影响下的高精度轨迹跟踪控制；最后进一步考虑角速度约束及输入约束下的编队姿态同步控制问题，通过自适应分布式观测器-有限时间附加系统动态-姿态同步控制器综合设计方法，实现约束影响下的编队快速同步，并通过数值仿真验证了所设计算法的有效性。

参 考 文 献

[1] Vaddi S S, Vadali S R, Alfriend K T. Formation flying: Accommodating nonlinearity and eccentricity perturbations. Journal of Guidance, Control, and Dynamics, 2003, 26(2): 214-223.

[2] Zhang J X, Zhang Z G, Wu B L. Decentralized adaptive sliding mode control for beam synchronization of tethered InSAR system. Acta Astronautica, 2016, 127: 57-66.

[3] Li Q, Yuan J P, Wang H. Sliding mode control for autonomous spacecraft rendezvous with collision avoidance. Acta Astronautica, 2018, 151: 743-751.

[4] Cai H, Huang J. The leader-following attitude control of multiple rigid spacecraft systems. Automatica, 2014, 50(4): 1109-1115.

[5] Zhang Z, Zhang Z X, Zhang H. Distributed attitude control for multi-spacecraft via Takagi-Sugeno fuzzy approach. IEEE Transactions on Aerospace and Electronic Systems, 2017, 54(2): 642-654.

[6] Zou Y, Meng Z Y. Velocity-free leader-follower cooperative attitude tracking of multiple rigid bodies on SO(3). IEEE Transactions on Systems, Man, and Cybernetics, 2019, 49(12): 4078-4089.

[7] Wang Q S, Duan Z S, Lv Y Z. Distributed attitude synchronization control for multiple flexible spacecraft without modal variable measurement. International Journal of Robust and Nonlinear Control, 2018, 28(10): 3435-3453.

[8] Nazari M, Butcher E A, Yucelen T, et al. Decentralized consensus control of a rigid-body spacecraft formation with communication delay. Journal of Guidance, Control, and Dynamics, 2016, 39(4): 838-851.

[9] Gui H C, de Ruiter A H J. Global finite-time attitude consensus of leader-following spacecraft systems based on distributed observers. Automatica, 2018, 91: 225-232.

[10] Yu S H, Yu X H, Stonier R. Continuous finite-time control for robotic manipulators with terminal sliding modes. The 6th International Conference of Information Fusion, Cairns, 2003: 1433-1440.

第 7 章 分布式虚拟实时仿真平台设计与实现

传统的仿真技术多为数字仿真，数字仿真使用数学模型代替实际系统中的所有环节，并设计有效的控制算法，都是先建立仿真模型，再在专用的仿真软件如 MATLAB 上进行测试实验。数字仿真具有开发周期短、可重复性高、无安全风险以及成本低等优点，适合在仿真研究的初期进行，可以快速验证控制算法的可行性和有效性。但是，全数字仿真虽然简单易行，但仿真精度不高，且仿真环境多为理想情况，缺乏对实际环境的考虑，同时控制算法的实时性能也无法得到保障。此外，数字仿真的结果多为具体数值以及仿真曲线，以判定闭环系统的稳定性和鲁棒性的优劣，进而判定控制策略的优劣，这种高度抽象的数值关系缺乏直观的表达效果，增加了仿真结果的理解难度。为解决上述问题，本章介绍集分布式实时仿真、仿真数据显示、数据库管理、虚拟现实三维可视化、人机交互功能于一体的虚拟仿真平台。

本章的主要内容安排如下：7.1 节进行分布式虚拟实时仿真平台总体方案设计；7.2 节对主控软件进行功能需求分析，并在此基础上进行主控软件的设计与实现；7.3 节进行平台视景软件的设计与实现；7.4 节进行基于语音交互子模块与虚拟现实交互子模块的平台人机交互系统的设计与实现；7.5 节通过虚拟仿真实验，验证控制算法的实时性能及所设计平台的功能；7.6 节给出本章小结。

7.1 分布式虚拟实时仿真平台总体方案

7.1.1 仿真平台需求分析

1. 功能需求

分布式虚拟实时仿真平台的开发目标，是为航天器控制的相关研究提供一个可对控制算法进行仿真验证的实时仿真环境，在仿真的同时进行三维可视化视景演示。此外，实验人员可通过多种人机交互方式与仿真平台进行仿真交互，即人在回路仿真。因此，该仿真平台应具备以下功能。

1）实时仿真验证

将 MATLAB/Simulink 环境下开发的航天器模型及其控制算法搭载到实时仿真环境中，通过实时仿真设备进行模型和控制算法的数学解算，实现实时仿真验证。其中，航天器模型以尽可能高的频率进行实时解算，模拟航天器的动力学和运动学特性，控制算法以接近实际控制器的频率进行实时解算，模拟实际控制器的工作方式，二者构成闭合回路，从而实现对航天器控制算法的实时仿真验证。

2) 高效的平台管理软件

为提高仿真实验效率，开发一个平台主控软件，负责整个仿真平台的统一管理，提供布局合理、操作便捷的图形用户界面，简化实时仿真环境的资源配置及仿真流程，并集成仿真监控、仿真数据管理、网络通信、转台控制等功能。

3) 三维可视化视景演示

开发视景演示软件，搭建航天器虚拟任务场景，基于实时仿真数据驱动，以三维可视化的形式演示仿真结果，验证控制算法的有效性。

4) 人在回路交互控制

开发包含语音交互和虚拟现实交互两种交互方式在内的人机交互系统，实验人员可对虚拟任务场景进行实时判断，并通过人机交互系统对航天器下达控制指令，实现人在回路交互控制，模拟指挥员决策下达任务指令的过程。

2. 性能需求

性能指标是评判仿真平台仿真结果是否可信的指标。因此，在分析了仿真平台的功能需求之后，还需要考虑平台的性能需求。

1) 实时性

作为实时仿真验证系统，航天器虚拟仿真平台的实时性是非常重要的评价指标。系统的实时性主要体现在能否按照正确的时钟频率进行采样，设计的平台采用计算机硬件与实时内核软件构建实时系统，其采样频率最多可达到 50kHz，可最大限度地保证对航天器模拟的真实性。

2) 可靠性

平台的可靠性即在规定的时间内，平台可提供正常的功能，且其运行不会因为系统故障而非正常停止。为了保证平台的可靠性，在进行平台软件开发前，首先需对软件的功能需求进行科学合理的分析，并设计合理的软件结构；然后，在软件开发过程中，应采取合适的软件设计模式，保证代码结构的简洁清晰，并进行内存监控和异常处理，防止平台软件异常退出。

3) 可复用性与可扩展性

可复用性和可扩展性属于软件设计层面的性能指标。面对不同的仿真需求，良好的可复用性可以提高软件模块的开发效率，优秀的可扩展性可以保证新功能的顺利接入，而无须对软件结构进行重新设计。此外，考虑航天器研究的需求，平台的软件结构设计应采取模块化的设计思想。

7.1.2　仿真平台结构设计

1. 硬件结构设计

根据 7.1.1 节的需求分析设计的平台硬件结构如图 7.1 所示,分为分布式实时仿真单元、主控单元、实物演示单元、视景演示单元和人机交互单元,具体硬件配置如表 7.1 所示。

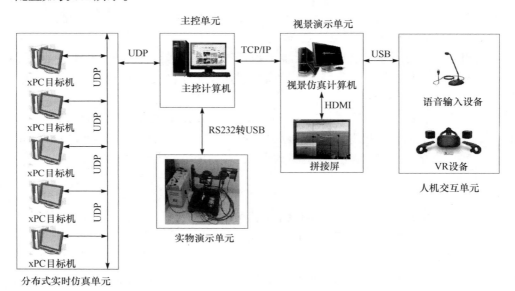

图 7.1　平台硬件结构图

UDP-用户数据报协议;TCP/IP-传输控制协议/网际协议;USB-通用串行总线;VR-虚拟现实;HDMI-高清晰度多媒体接口

表 7.1　平台硬件配置

硬件	CPU	内存	显卡	硬盘	其他
xPC	i7-8700	32GB DDR4	—	512G SSD+2T HDD	—
主控机	i7-8700	32GB DDR4	—	512G SSD+2T HDD	—
视景仿真计算机	i7-7700	16GB	GTX1080	128G SSD+1T HDD	—
VR 头显	—	—	—	—	HTC Vive
拼接屏	—	—	—	—	三星 TH-PL550S1L
触摸屏	i7-7700	8GB	GTX1070	128G SSD	天和视讯 TH-AG3200V
转台	—	—	—	—	东方嘉宏

分布式实时仿真单元由多台 xPC 目标机组成,负责模型及控制算法的仿真验

证工作。xPC 目标机是 MathWorks 公司开发的一种用于产品原型开发、测试和实时系统配置的个人计算机解决方案，运行在基于磁盘操作系统(disk operating system, DOS)的实时仿真内核上，采用宿主机-目标机的运行结构。在宿主机中通过 MATLAB/Simulink 开发的 Simulink 程序，可通过 MATLAB 实时工具箱 (real-time workshop, RTW)转换为工程代码，并自动建立为可在目标硬件中高速运行的可执行程序，其最高采样频率可达 50kHz。

主控单元由一台 xPC 宿主机组成，是整个仿真平台的管理中枢和数据交互中枢，承担着仿真环境配置、仿真进程控制、数据管理、网络通信等任务，考虑计算机运算能力及平台实时性能的要求，为其配备了高性能中央处理器(central processing unit, CPU)以及大容量内存。

视景演示单元由一台高性能视景仿真计算机和发光二极管(light-emitting diode, LED)无缝拼接屏组成。其中，视景仿真计算机负责三维模型、光照系统、粒子特效等的实时渲染，对计算机 CPU 和图形处理器(graphics processing unit, GPU)具有较高的要求，因此配备了高性能 CPU 及显卡。LED 无缝拼接屏通过高清晰度多媒体接口(high definition multimedia interface, HDMI)与视景仿真计算机连接，接收视景仿真计算机传来的视频信号，增强三维视景的演示效果。

实物演示单元由一台三轴转台和转台控制器组成。转台控制器中 9030 控制卡接收主控单元的姿态信息，通过伺服放大器驱动电机进行航天器姿态的实时模拟。

人机交互单元由语音输入设备和 VR 设备 HTC Vive 组成。其中，HTC Vive 包含了一个头戴式显示器、两个单手持控制器和一个能用于空间内同时追踪显示器及控制器的定位系统，可进行高阶的虚拟现实体验。实验人员经由上述设备进行交互操作，如仿真进程控制、在线调参等，实现人在回路仿真。

2. 软件结构设计

平台软件结构如图 7.2 所示，包括主控软件、视景软件和人机交互软件。主控软件是整个仿真平台的管理中枢和数据交互中枢，基于 WPF(Windows Presentation Foundation)开发，为实验人员提供友好的用户界面，基于 xPC API(应用程序接口)开发实时仿真模块，实现对实时仿真环境的初始化配置及仿真管理；基于 Socket 套接字开发网络通信模块，统一平台的应用层协议，基于 Protobuf 进行结构化数据的序列化与反序列化，向视景软件传输实时仿真数据，接收视景软件的人机交互指令；基于 MySQL 数据库开发数据管理模块，在仿真实验结束之后对仿真数据进行存储管理，用于视景演示回放；基于 9030 控制卡动态链接库开发转台控制模块，实现转台的连接、驱动、归位。

视景软件接收宿主机主控软件的实时仿真数据，实时演示出航天器的飞行状态。视景软件基于 Unity 3D 引擎开发，构建三维模型库，针对具体仿真需求搭建

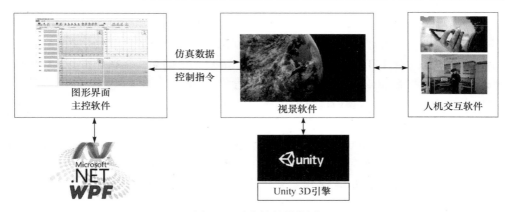

图 7.2　平台软件结构图

航天器任务场景。通过场景漫游与多分屏显示功能优化视景显示效果,基于 UGUI 组件开发视景软件的图形界面,具体包括软件初始化主界面、信息显示界面及任务决策界面。

人机交互软件开发了包含语音交互和虚拟现实交互两种交互方式的人机交互模块。在航天器任务执行过程中,实验人员可通过人机交互系统对航天器下达具体任务指令,实现航天器人在回路交互控制。其中语音交互模块基于科大讯飞语音识别软件开发工具包(SDK)进行开发,录制用户音频数据上传至讯飞云端进行转换处理,并将文本转换结果返回用户。虚拟现实交互模块基于 SteamVR 进行开发,通过 VR 头显获得沉浸式的交互体验。由于 Unity 3D 引擎对交互设备的良好支持,本平台人机交互软件作为视景软件的一个基础功能模块进行开发。

7.1.3　仿真平台软件开发环境

基于.NET Framework 和 WPF 进行主控软件的开发,基于 Unity 3D 引擎进行视景软件的开发。

1) .NET Framework

.NET Framework 是微软公司为了解决不同平台的数据交换问题而开发的软件框架,为包含 C++、C#、JavaScript 在内的多种编程语言统一提供了高效、安全、托管的运行环境,同时为开发者提供了包括界面、线程、网络、文件读写、数据库访问在内的丰富的开发组件。

2) WPF

WPF 是微软公司于2007年推出的新一代用户界面框架,基于.NET Framework 生成,利用 DirectX 进行渲染,支持 GPU 硬件加速。WPF 使用可扩展应用程序标记语言(extensible application markup language,XAML)绘制界面,采用数据驱动界面的运行机制。相比于传统的界面框架,WPF 界面绘制效率更高,数据驱动界面的开发理念更为合理，同时程序的结构也更为清晰简洁。

3) Unity 3D 引擎

Unity 3D 引擎是一个功能强大的三维游戏引擎，由 Unity Technologies 公司出品，以 C#为开发语言，具有强大的图形渲染性能以及优秀的跨平台特性。此外，相比于其他商用引擎，Unity 3D 引擎提供了免费的个人版，大大降低了开发成本。

考虑航天器分布式虚拟实时仿真平台需求，将平台功能划分为基于 MATLAB/Simulink 的实时仿真验证、三维可视化视景演示以及人在回路交互控制。下面设计仿真平台总体结构，对硬件和软件功能及技术路线进行论述，同时介绍仿真平台的软件开发环境及开发工具。

7.2　主控软件设计与实现

7.2.1　仿真平台主控软件总体架构设计

根据主控软件的功能需求分析，设计主控软件的软件结构如图 7.3 所示，将主控软件分为用户界面显示和底层基础模块两大部分，其中用户界面显示主要负责实时数据和仿真曲线等仿真信息的显示，以及对用户点击操作的响应，底层基础模块包括实时仿真、网络通信、数据管理等功能模块。用户界面使用 XAML 进

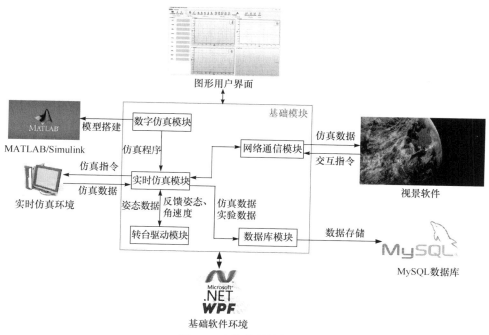

图 7.3　主控软件结构图

行设计与实现；实时仿真模块通过对 xPC API 函数库进行二次封装开发，实现宿主机与分布式实时仿真环境的数据交互，完成对 xPC 目标机的仿真初始化配置、模型下载、仿真进程控制以及仿真数据监控；网络通信模块基于 Socket 网络编程以及 Google Protobuf，构建宿主机与视景仿真计算机之间的通信连接，实现实时仿真数据从宿主机到视景仿真计算机的发送，以及人机交互指令从视景仿真计算机到宿主机的发送；数据库模块基于 MySQL 数据库实现对仿真数据以及实验数据的统一管理；转台驱动模块基于 9030 控制卡实现对三轴转台的控制。

7.2.2　主控软件设计模式

在实际仿真过程中，主控软件在整个平台中处于枢纽位置，因此主控软件的稳定运行是保证仿真实验正常运行的关键因素，此外，由于界面上需要实时显示出当前时刻的仿真数据以及仿真曲线，因此界面的流畅性以及稳定的刷新频率是保证界面上仿真信息正确显示的关键因素。合理的软件设计模式，不仅可以保证程序代码结构清晰，易阅读、测试、维护、扩展以及改进优化，也可增强软件运行时的稳定性和鲁棒性。采用 MVVM(Model-View-View Model)设计模式来对主控软件进行开发，从代码实现的层次将主控软件分离为用户界面层(View)、显示逻辑层(ViewModel)以及业务逻辑层(Model)，彻底实现前端界面与后端逻辑的解耦。

MVVM 设计模式由微软 WPF 和 Silverlight 架构设计师 John Gossman 于 2005 年提出，其原理如图 7.4 所示。其中，View 层主要包含用户界面及界面逻辑，是应用程序与用户之间的图形接口，为用户提供与应用程序进行交互的图形界面；Model 层主要包含底层功能逻辑的实现；ViewModel 层主要包含显示逻辑和响应逻辑，是实现前端界面和后端逻辑彻底解耦的核心层，将 Model 层中需要在界面上显示的字段和响应用户操作时调用的方法封装成属性，利用 WPF 的数据绑定(data binding)机制和命令绑定(command binding)机制与 View

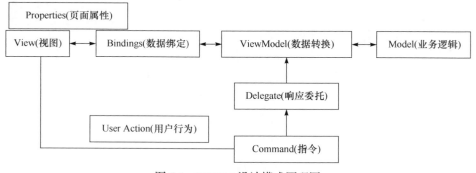

图 7.4　MVVM 设计模式原理图

层关联起来，实现 View 层与 Model 层之间的数据自动同步以及 Model 层对用户操作的自动响应。

7.2.3　主控软件用户界面开发

主控软件界面使用 XAML 进行绘制，通过嵌套声明不同的用户接口(user interface，UI)控件，并对 UI 控件的属性进行合理的设置，如大小、位置、显示内容及数据上下文，最终得到期望的 UI 界面。

WPF 的 UI 控件主要分为布局控件、内容控件以及条目控件三类。其中，布局控件可以嵌套多个控件作为子级控件，通常用于在界面上组织和排列控件；内容控件只能嵌套一个其他控件作为子级控件，通常用于显示特定内容，并响应用户的点击操作；条目控件用于显示集合类型数据，如数据表格等。主控软件主界面的 UI 逻辑树如图 7.5 所示，其具体开发过程如下所示。

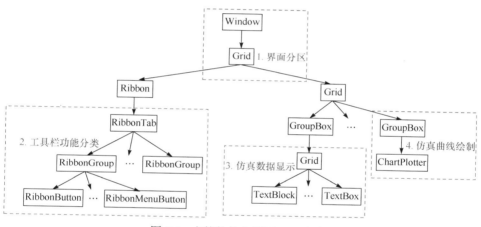

图 7.5　主控软件主界面 UI 逻辑树

(1) 使用 Grid(网格)布局控件对界面进行第一层布局划分，将主界面分为顶端工具栏和信息显示区两个部分。Grid 控件以网格的形式对其父级控件进行布局控制，用户可定义任意数量的行与列，并对行高与列宽进行设置，从而对页面的布局进行精确控制。

(2) 使用 Ribbon 控件设计页面顶端工具栏，其中，按钮使用 RibbonButton 控件实现，下拉菜单使用 RibbonMenuButton 控件实现，组合嵌套在 RibbonGroup 控件下实现功能分类，保证工具栏排列的清晰合理。Ribbon 控件可实现 Office 风格的菜单栏，具有整洁、美观的特点，最终实现的页面顶端工具栏如图 7.6 所示。

(3) 使用 Grid 控件再次对信息显示区进行布局划分，将信息显示区分为仿真

图 7.6　页面顶端工具栏

数据显示区及仿真曲线绘制区。仿真数据显示区组合嵌套 TextBlock 控件和 TextBox 控件进行实时仿真数据的显示，仿真曲线绘制区使用第三方开源控件库 Dynamical Data Display 进行仿真曲线绘制。

　　基于上述开发过程，最终实现的主控软件主界面如图 7.7 所示。此外，xPC 目标机配置子窗口、仿真数据存储子窗口及仿真数据读取子窗口均采用类似的方法实现，此处不再重复论述其开发过程，最终界面效果如图 7.8 所示。

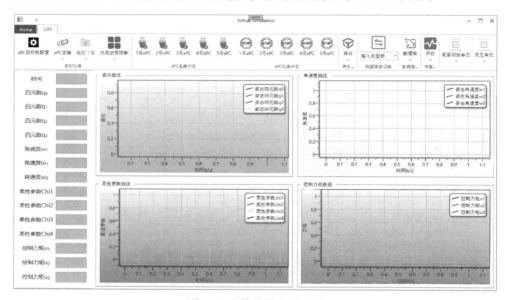

图 7.7　主控软件主界面图

(a) xPC 目标机配置子窗口

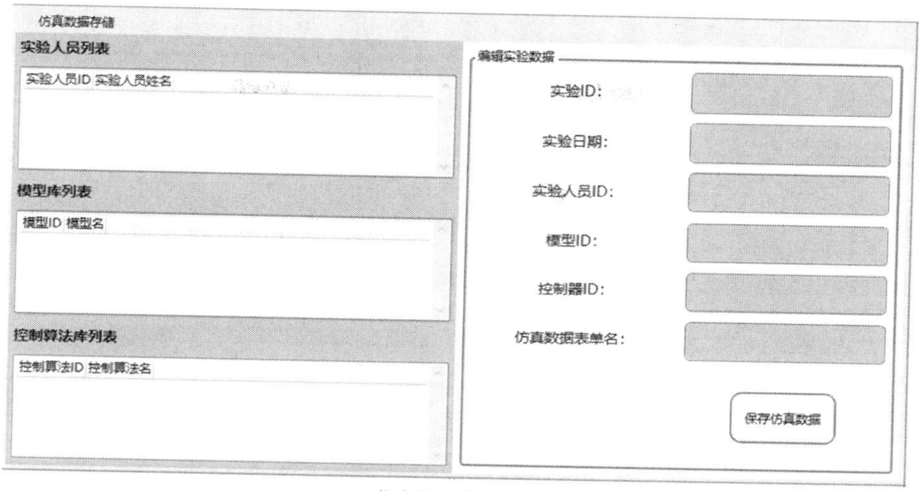

(b)仿真数据存储子窗口

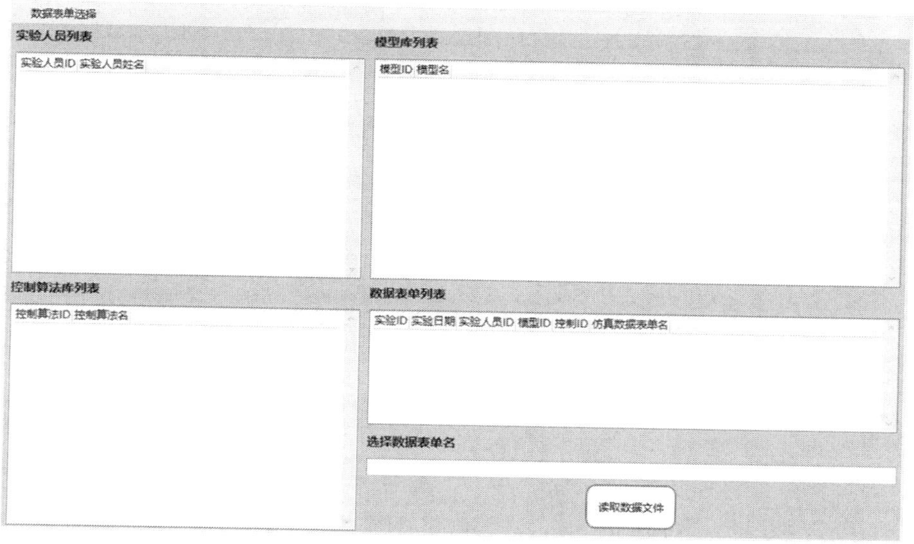

(c)仿真数据读取子窗口

图 7.8 主控软件子窗口

7.2.4 基于 xPC API 的实时仿真模块开发

实时仿真模块负责主控软件与分布式实时仿真环境之间的数据交互，主要包含 xPC 目标机连接、仿真程序下载、仿真进程控制、仿真数据获取以及仿真在线调参等基本功能。MATLAB 为开发者提供了针对多种不同语言的 xPC API，帮助用户进行二次开发，在软件中实现包括上述功能在内的实时仿真功能。由于主控软件使用 C# 语言及 WPF 框架进行开发，因此需在工程中引用适用于 C# 语言的 xPC API——"xPCFramework.dll"。"xPCFramework.dll" 的主要接口如表 7.2 所示。

表 7.2   xPC API 表

类/方法名	含义/功能
xPCTargetPC	代表一台 xPC 目标机
xPCApplication	目标机上的实时仿真程序
xPCSignals	一组仿真信号
xPCParameters	一组程序参数

开发的实时仿真模块统一建模语言(uniform modeling language，UML)图如图 7.9 所示，根据 7.2.2 节所述 MVVM 设计模式，其具体开发流程如下：

图 7.9   实时仿真模块 UML 图

(1) 基于上述 xPC API 开发 XpcModel 类，结合基于任务的异步模式(task-based asynchronous pattern，TAP)对原始接口进行二次封装开发，并进行异常处理，实现目标机连接、仿真程序下载、仿真进程控制及仿真数据读取的异步接口，作为实时仿真模块的底层逻辑类。TAP 是微软主推的异步模式，其具体实现方法为在接口声明前加上

async 关键字，并使用 await 关键字进行接口调用，即可在异步线程中执行任务。

（2）基于 XpcModel 开发实时仿真模块的显示逻辑类 xPCStateVM，将 XpcModel 中存储目标机连接状态和仿真状态的字段封装为属性，将(1)中所述 XpcModel 异步接口实现为 DelegateCommand 类型属性，与 View 层中控件的依赖 属性关联起来，即可实现 xPC 目标机连接状态、仿真状态等信息在界面上的同步 更新显示，以及用户进行界面操作时对 xPC 目标机连接、仿真程序下载、仿真开 始、仿真停止等功能的调用。

xPCStateVM 基于单例模式实现，基于单例模式构造的类在程序运行过程中只存 在一个实例，其具体实现方式为将构造函数的访问权限设为私有，防止其他对象通 过 new 关键字调用而构造出多个实例，并为外部代码提供可获取该实例的静态接口 Singleton。由于仿真过程中只存在一个仿真实例，单例模式的使用可保证 xPCStateVM 实例的全局唯一性。此外，由于其他模块可通过静态

接口轻松获取 xPCStateVM 实例，大大降低了代码的冗 余度和耦合度。

值得注意的是，获取 xPCStateVM 实例的静态接 口需具备线程安全的特性，防止出现 xPCStateVM 未 实例化时，多个线程同时访问该静态接口而构造出多 个实例的问题。基于 lock 关键字实现了互斥锁，保 证了同一时刻仅有一个线程可通过静态接口获取 xPCStateVM 实例，从而实现多线程安全的特性，其 具体工作原理如图 7.10 所示。

① 当某个线程通过静态接口访问 xPCStateVM 实例时，首先需尝试持有锁，若锁已被其他线程持有， 则将当前线程挂起，等待该锁的释放，直到当前线程 成功持有该锁。

② 当前线程成功持有该锁之后，首先判断 xPCStateVM 实例对象是否为空对象，若为空，则通过 new 关键字调用构造函数进行实例化，并返回该实例。

③ 释放该锁，在此期间，其余线程由于锁已被 持有而无法通过静态接口访问 xPCStateVM 实例，从 而实现多线程安全特性。

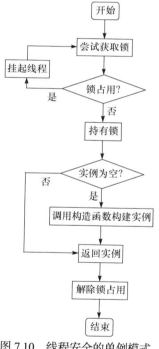

图 7.10　线程安全的单例模式

（3）基于 XpcModel 开发用于更新数据面板、绘制仿真曲线的显示逻辑类 DataUpdateVM 和 DataDisplayVM，其中，DataUpdateVM 中实现了从 xPC 目标机 中获取仿真数据并保存至临时数组中的功能，DataDisplayVM 中实现了更新数据 显示、绘制仿真曲线的功能。

7.2.5 基于 Socket 和 Protobuf 的网络通信模块开发

1. 平台网络架构总体方案设计

平台网络架构的设计首先需考虑以下问题。

1) 传输层协议

传输层是 TCP/IP 网络体系结构中的关键层次之一，为应用进程提供端到端的通信服务，因此开发网络通信模块，首先需选择合适的传输层通信协议。传输层通信协议主要包含 TCP 和 UDP。其中，TCP 是面向连接的、可靠的、基于字节流的通信协议，提供可靠的数据传输；UDP 是基于数据报的通信协议，提供不可靠的数据传输服务。

主控软件与视景软件之间需实时传输航天器仿真数据以及人机交互指令，驱动视景软件进行航天器仿真可视化演示，并进行人在回路交互控制，所传输的仿真数据和人机交互指令需保证传输的可靠性和时序性。TCP 的传输机制可以满足以上需求，因此选择 TCP 作为主控软件与视景软件之间构建网络连接的传输层通信协议。

2) Socket 网络输入/输出(I/O)

Socket 套接字是应用层进入传输层的编程接口，应用程序可对其进行如同文件的打开、读写和关闭等操作，并将 I/O 插入网络中，实现与网络中其他应用程序的通信，即 Socket 网络 I/O。

Socket 网络 I/O 模型根据线程是否阻塞可分为同步 I/O 模型和异步 I/O 模型，其中，同步 I/O 模型的特点是当应用程序发起连接、监听或者读写请求时，会阻塞线程直到获得请求结果，异步 I/O 模型的特点是当应用程序发起请求后会立即返回，相关的系统处理会在新建立的线程中与主线程并行执行，充分利用计算机系统的多核 CPU 资源，提高程序的运行效率。因此，为保证主控软件与视景软件的运行效率，采用异步 I/O 模型来设计网络通信模块。

3) 应用层协议定制

首先，主控软件与视景软件的通信传输涉及实时仿真数据与多种人机交互指令，当数据传输到接收端时，接收端程序需对数据进行解析以区分不同类型的请求，并调用对应的消息处理器进行响应处理，因此需设计一套统一的语法标准，即应用层通信协议。

然后，网络通信传输的本质是二进制数据的传输，在进行数据传输时，发送端需先将传输的数据序列化为二进制数据，接收端需对接收到的二进制数据进行反序列化，因此发送端与接收端需统一序列化与反序列化方法。

最后，应用层协议的设计需考虑协议扩展的需求，以支持未来对网络通信模块的扩展。

　　综合考虑上述问题,平台的网络通信模块使用 Google Protobuf 作为应用层协议定制的辅助工具,Protobuf 是 Google 公司开发的用于存储结构化数据的开源工具,支持多种编程语言,具有优秀的跨平台特性,为未来使用不同编程语言在不同操作系统上开发的应用程序接入平台网络架构中提供了便利。

　　2. 应用层协议开发

　　开发的应用层协议数据报文格式如图 7.11 所示,由包头和包体组成。其中,包头由消息长度、消息类型和消息 ID 号构成,分别用于标识数据包长度、消息类型及不同数据包,包体为消息的主体内容。

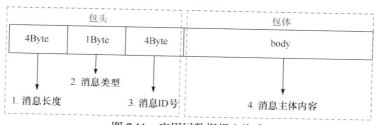

图 7.11　应用层数据报文格式

　　由于 TCP 是基于数据流的协议,其底层实现会根据 TCP 接收缓冲区的实际内存情况进行数据包的划分。因此,一个大数据包可能会被拆解为多个小包进行发送,同时多个小包也可能会合并为一个大包发送,以提高发送效率,即 TCP 粘包与拆包问题。

　　上述应用层协议的设计很好地解决了这个问题,基于此协议进行数据收发时,其具体解析流程如图 7.12 所示,接收端从接收缓冲区读取数据之后,需先解析出

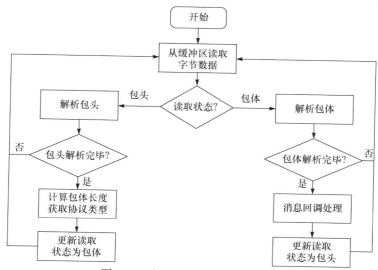

图 7.12　应用层数据报文解析流程

固定长度的包头，并从包头中计算出包体长度，获取协议类型，从而分析出从缓冲区中读取的数据是否为完整的消息数据包，若为完整的消息数据包，则进行后续的包体解析工作及消息回调处理，否则需继续从接收缓冲区中读取数据以获取完整的数据包。

平台应用层协议开发流程如图 7.13 所示，图中以标识航天器仿真数据的 **SimulateState** 协议为例，具体描述了应用层协议的实际开发过程。

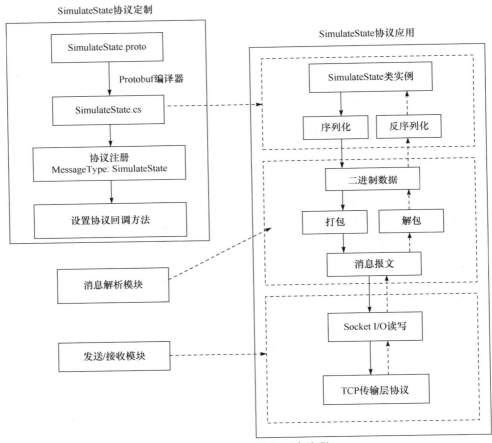

图 7.13　应用层协议开发流程

3. 服务端网络通信模块开发

主控软件网络通信模块作为平台网络框架中的服务端部分，主要功能包括处理客户端的连接请求，将航天器仿真数据定时发送至客户端，接收客户端发送的请求消息，解析出人机交互指令并进行回调响应。开发的服务端网络通信模块 UML 设计图如图 7.14 所示。其中，ServiceManager 负责服务端的服务管理，包含对客户端订阅请求的各种响应。Connection 中封装了网络通信中数据接收与解析的字段和方法，包含对数据包接收、回调处理、粘包与拆包问题的具体实现。NetworkServer 作为服务端主体，通过上述类提供的接口，实现网络通信的进程控制以及与客户端的数据交互。

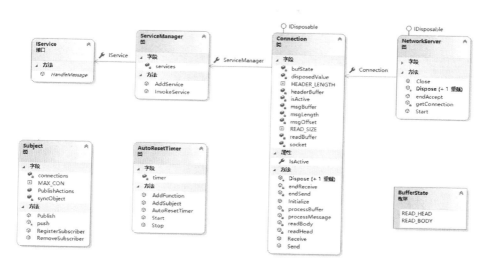

图 7.14　服务端网络通信模块 UML 设计图

服务端网络通信模块运行流程如图 7.15 所示。

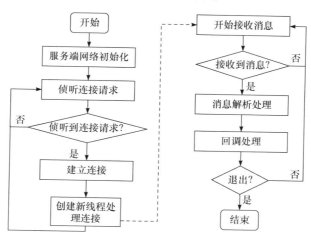

图 7.15　服务端网络通信模块运行流程图

在服务端与客户端的网络会话过程中，服务端需向客户端以固定频率发送航天器仿真数据，以支持视景软件的三维可视化演示。考虑到平台网络架构的可扩展性，基于发布-订阅模式进行上述功能的实现。发布-订阅模式是软件工程中常用的一种消息范式，其原理如图 7.16 所示，订阅端可针对某一感兴趣的主题向发布端发起订阅请求，发布端接收到订阅请求之后，会将该主题消息推送至订阅端。该模式的使用可保证平台网络架构的松耦合性和可扩展性，为未来多客户端的接入提供便利。

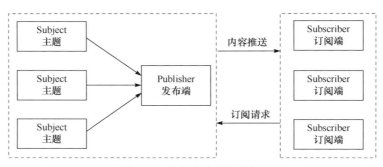

图 7.16　发布-订阅模式原理

服务端网络模块实现的 Subject 类是对订阅主题的抽象，其内部维护了一个列表，用于管理当前主题的订阅端连接，并提供向订阅端推送消息的外部方法。此外，基于".NET"定时器组件实现了 AutoResetTimer 类，用于定时执行任务。综合上述开发内容，最终实现了服务端向客户端以固定频率发送航天器仿真数据的功能。

4. 客户端网络通信模块开发

视景软件网络通信模块作为平台网络框架的客户端部分，主要功能包括向服务端发起连接请求，接收并解析服务端定时发送的航天器仿真数据，驱动虚拟场景进行航天器三维视景演示，以及将人机交互指令发送至服务端。开发的客户端网络通信模块结构如图 7.17 所示。其中，NetworkClient 用于处理 TCP 客户端的网络端口初始化，SocketManager 用于向服务端发起连接请求，处理与服务端之间的数据收发，EventManager 用于对接收到的消息进行响应处理。

客户端网络通信模块运行流程如图 7.18 所示。其中，TCP 客户端在初始化完毕之后需向服务端主动发起连接请求，连接构建完毕之后向服务端发起目标主题的订阅请求，即可开始进行消息的异步收发，其对消息的解析处理流程与服务端一致，故此处不再论述。

由于 Unity 3D 引擎的安全限定，无法在 Unity 3D 引擎主线程之外的线程中操作 Unity 3D 引擎命名空间下的 GameObject、Transform 等核心对象，因此 Unity 3D 引擎中的交互响应处理只能在 Unity 3D 引擎主线程中进行，而客户端网络模块对

图 7.17　客户端网络通信模块 UML 设计图

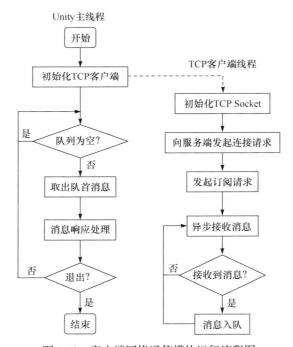

图 7.18　客户端网络通信模块运行流程图

数据的接收和解析处理均在后台线程中进行。为了解决上述问题，基于队列容器实现了 Unity 3D 引擎主线程和后台网络线程之间的数据共享，队列是一种先进先出的数据结构，后台网络线程接收到数据并完成解析处理之后，将消息存入队列的队尾，作为生产者，Unity 3D 引擎主线程在运行的每一帧中从队列的队首取出消息元素，并进行响应处理，作为消费者。

此外，由于针对队列的操作涉及多个不同的线程，为保证多线程安全的特性，基于 lock 关键字实现了互斥锁，保证同一时刻仅有一个线程可对队列进行访问，其具体实现过程已在 7.2.4 节进行介绍，故此处不再论述。

7.2.6　基于 MySQL 的数据管理模块开发

数据管理模块基于 MySQL 数据库实现，负责航天器仿真数据的存储与读取。MySQL 具有性能好、成本低、可靠性高等优点，是目前最流行的关系型数据库，使用 SQL 语句可以运行查询、插入、更新等指令，同时，为了满足开发者的二次开发需求，MySQL 提供了适用于多种编程语言的 API。

数据管理模块开发的数据库模型如图 7.19 所示，包含模型表、控制算法表、实验人员表、实验信息表以及仿真数据表，其中仿真数据表用于存储包括仿真时间、位置、姿态以及柔性、液体参数等航天器状态信息在内的仿真实验数据，实验信息表用于存储每次实验的实验信息，具体包括实验日期、实验人员、仿真模型、控制算法以及存储本次仿真实验数据的数据表单名。

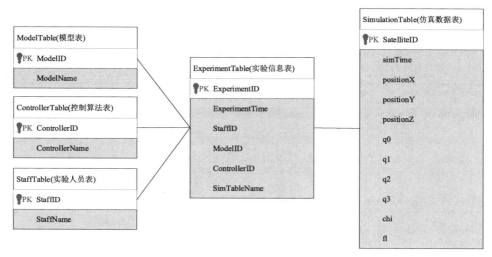

图 7.19　数据库模型

在数据管理模块的开发过程中，为保证数据的唯一性，每个数据表中均设置了主键来作为每一组数据的唯一标识。设计的数据库模型中，实验信息表以实验

ID 号为主键,用于标识每一组不同的实验信息;仿真数据表中航天器 ID 和仿真时刻作为主键,用于标识每一组不同的仿真数据。

此外,为保证数据的一致性与完整性,在表与表之间通过设置外键来对存储的数据进行约束,外键表示当前表中的指定字段引用自另一个表,当在表中插入数据时,被设定为外键的字段必须在所引用的表中已经存储,实现表与表之间的关联,从而保证表中存储数据的一致性。设计的数据库模型中,实验信息表中除实验 ID 的所有字段均为引用自其他表的外键。

创建数据表时,通过运行 SQL 语句中指定数据表的 PrimaryKey 与 ForeignKey,设置数据表的主键与外键。

开发的数据管理模块的结构如图 7.20 所示,其中 MyConnector 是对 MySQL 原生 API 的初步封装,内部实现了数据库连接、数据库查询、数据表单查询等基本功能;DBConnector 是对 MyConnector 的继承,基于面向对象的编程思想,根据主控软件数据管理模块实际需求开发,内部实现了创建仿真表、仿真数据存储以及实验信息存储等功能。此外,根据 7.2.2 节所述 MVVM 设计模式,DatabaseVM、DatabaseReadVM 及 DatabaseSaveVM 为数据管理模块的显示逻辑类。仿真数据存储的具体工作流程如图 7.21 所示。

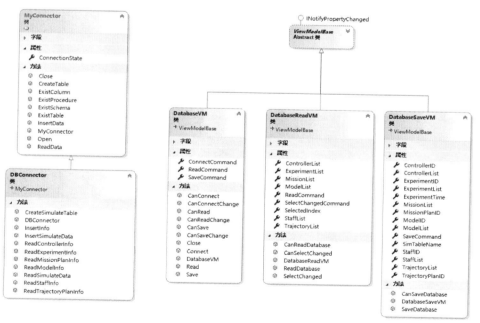

图 7.20　数据管理模块 UML 设计图

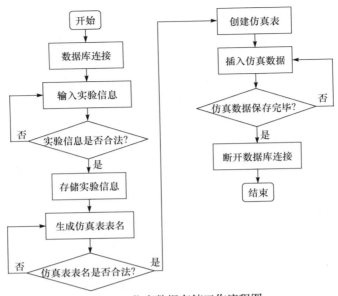

图 7.21　仿真数据存储工作流程图

仿真数据读取的工作流程与仿真数据存储相似,其具体工作流程如图 7.22 所示。连接数据库后,从数据表单列表中选择需要读取的仿真数据表,执行 SELECT 查询语句,从数据表单中逐行读取仿真数据,读取完毕后断开数据库连接。

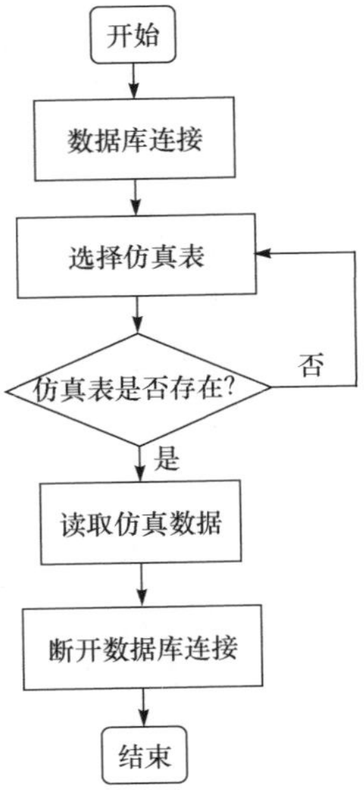

7.2.7　基于 9030 控制卡的转台驱动模块开发

平台实物演示单元为一高精度三轴转台,负责航天器刚体姿态模拟。转台驱动模块集成在主控软件中,主要包括两方面的功能。首先,通过将主控软件提取到的航天器实时姿态数据发送至转台控制器,经由伺服放大器驱动步进电机,进而完成相应的演示工作。然后,考虑到转台本身执行机构的局限性以及外界扰动的影响,转台实际姿态、角速度与实时仿真数据存在偏差,故需采用惯性导航测量的方式获取转台实时信息,驱动模块在获取转台实际姿态、角速度后通过网络通信反馈至 xPC 中对应的模型接口,从而实现对转台的闭环控制。

图 7.22　仿真数据读取
工作流程图

1. 转台开环

转台开环负责主控软件到三轴转台的单向通信,模块基于 9030 控制卡动态链接库进行开发，主要包含转台连接、初始化配置、演示进程控制、转台置位等功能。其中，9030 控制卡动态链接库基于 C++语言开发，考虑到主控软件框架为 WPF，需利用 C#提供的 DllImport 进行与 C++动态链接库间的适配。"dfjzh9030dll.dll"的主要接口如表 7.3 所示。

表 7.3　9030 控制卡 API 表

类/方法名	含义/功能
InitCard_ID	初始化控制卡
SetAxisAcc_ID	设置轴加速度
SetAxisVel_ID	设置轴速度
SetAxisPos_ID	设置轴姿态
StartAxis_ID	开始
ExitCard_ID	结束

2. 转台闭环

BW-AH100 航姿参考系统产品是一款高性能、超低价位的惯性测量设备，可以测量运动载体的姿态参数(横滚和俯仰)、角速度、加速度和航向角。姿态和角速度偏差通过具有适当增益的 6 态卡尔曼滤波得到最优估计，适用于导航、定位的动态测量。惯导安装在转台上，实时反馈转台实际姿态、角速度等信息。

C#提供了对串口通信的支持——SerialPort，通过设置串口名、波特率、校验位、数据位、停止位等信息即可进行主控软件与串口间的数据交互。惯导采用指令触发模式，通过设置时钟，以固定频率向惯导发送姿态、角速度信息的请求指令即可获取惯导的反馈信号。值得注意的是，为保证接收信息的完整性及可靠性，在指令发送后需让当前线程休眠 50ms，确保惯导将当前姿态、角速度信息写入输出缓存区。在得到姿态及角速度反馈信息后，需要根据 BW-AH100 数据反馈格式，对字节数据进行解析以获取所需数据。

考虑到 xPC 动态链接库提供的在线调参功能只针对实时仿真程序中常量模块的局限性，同时兼顾平台实时性能的需要，设计 UDP 网络通信模块，实现主控软件与 xPC 目标机间更为灵活的数据交互(图 7.23)。xPC 方面，Simulink Realtime 提供了 UDP Receive、Unpack 等组件，用于字节数据的接收与解析。其中，UDP 组件包含了自身端口、单一数据包字节数、数据源 IP 及 Port 等信息，Unpack 组件需根据接收数据实际类型及变量数进行相应设置。主控软件方面，UDP 网络通信既可以通过 Socket 套接字进行开发，也可以采用封装性更好的 UdpClient 来实现。这里采用了第二种策略，通过设置 UdpClient IP 及端口号即可完成服务端的搭建。将解析得到的姿态、角速度等 double 类型数据利用 BitConvert 转换为字节流，设置时钟步长并添加回调函数，实现对 xPC 相应模型端口固定频率下的数据反馈。

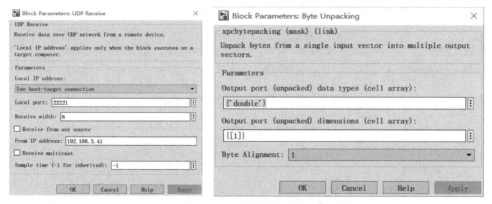

图 7.23　xPC UDP 数据接收与解析组件图

转台驱动模块具体开发流程如图 7.24 所示。

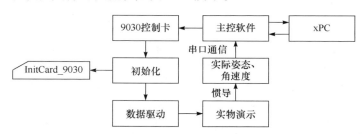

图 7.24　转台驱动模块具体开发流程图

(1) 在 xPC 连接、仿真模型下载后，连接转台，完成转台和惯导的初始化配置后开始进行实时仿真。

(2) 基于主控软件由 xPC 中提取的航天器刚体部分实时姿态数据，通过 9030 控制卡动态链接库提供的接口实现航天器姿态控制过程的实物模拟演示。

(3) 将惯导反馈的转台实际姿态、角速度字节流进行解析得到 double 数据，更新 ViewModel 对应属性进行 View 端显示的同时，将数据通过设计的 UDP 网络通信模块实时发送至 xPC 相应 UDP 接收接口，经由 Unpack 组件解析后反馈至控制器。

(4) 控制器根据当前输出与实际反馈的偏差调整控制量，进而实现对三轴转台的闭环控制。

本节基于 WPF 框架，结合 xPC、网络、数据库等关键技术完成了平台主控软件的设计与开发工作。首先，根据主控软件的功能需求，采用模块化的设计思想和 MVVM 设计模式对主控软件的软件结构进行了设计，将主控软件分为用户界面和由实时仿真模块、网络通信模块、数据管理模块、转台驱动模块组成的基础功能模块。然后，基于 XAML 和多种 UI 控件设计并开发了布局合理、操作便捷的图形用户界面。最后，完成了主控软件基础功能模块的开发，其中，实时仿真模块基于 xPC API 实现实时仿真管理功能；网络通信模块基于 Socket 和 Protobuf 完成平台的网络通信功能；数据管理模块基于 MySQL 数据库实现对仿真数据和实验信息的统一管理；转台驱动模块基于 9030 控制卡实现航天器姿态的实物模拟以及转台的闭环控制。

7.3　视景软件设计与实现

7.3.1　视景软件总体结构设计

视景软件总体结构设计如图 7.25 所示。基于分层的设计思想，可将视景软件的总体结构分为三个层次：首先，视景软件以 Unity 3D 引擎作为底层环境；然后，

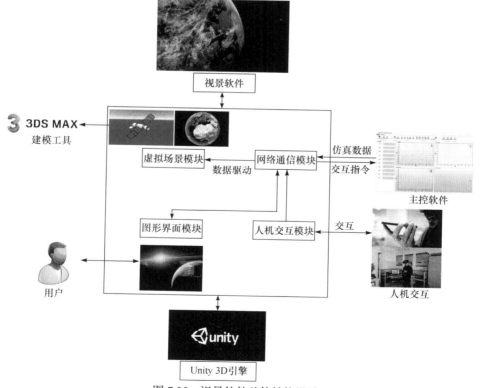

图 7.25　视景软件总体结构设计

使用 Unity 3D 引擎丰富的开发组件进行上层基础功能模块的开发；最后，基于 Unity 3D 引擎渲染泵将各基础功能模块串接，构成面向具体需求的仿真演示应用。其中，视景软件基础功能模块主要包括虚拟场景模块、图形界面模块、网络通信模块以及人机交互模块四部分。

1) 虚拟场景模块

搭建航天器虚拟任务场景是开发视景软件的基础工作，虚拟场景模块的开发主要包含虚拟场景搭建和场景运行逻辑实现两部分工作。其中，虚拟场景搭建主要包含三维模型库的构建、太空场景搭建、特效实现等工作；场景运行逻辑实现则是基于 Unity API，实现场景漫游、多分屏显示、用户快捷输入及场景演示逻辑。

2) 图形界面模块

图形界面模块包括视景软件初始化主界面、虚拟场景运行过程中的信息显示界面及任务决策界面。其中，视景软件初始化主界面是视景软件启动时进入的主菜单界面，用户可以在主菜单界面选择载入的场景、配置网络端口、选择配置文件路径等操作；信息显示界面用于场景运行时，显示当前仿真信息；任务决策界面用于模拟指挥中心，供指挥员下达实际任务指令。视景软件的图形界面模块基于 Unity 3D 引擎内置的 UGUI 组件搭建。

3) 网络通信模块

视景软件在平台网络结构中作为网络客户端，其具体实现在 7.2.5 节中已经进行了详细的论述，因此这里不再做额外介绍。

4) 人机交互模块

人机交互模块实现了语音交互和虚拟现实交互两种交互方式，由于此模块的内容较之前述模块内容要多，其具体设计与实现将在 7.4 节进行介绍。

7.3.2　航天器虚拟场景搭建

1) 模型库

三维模型是构成可视化虚拟场景的基础元素，针对航天器太空任务场景的实际需求，构建了如图 7.26 所示的三维模型库。由于三维模型的绘制需使用专业建模软件来绘制模型网格、纹理贴图以及构建光照材质等，不在本书的研究范围内。因此，通过互联网正规渠道，在免费三维模型资源网站获取到了大量高质量的三维模型资源，值得注意的是，三维模型在导入 Unity 3D 引擎之后，还需进行统一坐标参考点、统一坐标轴等模型配置工作。

2) 天空盒

天空盒常用于绘制离观察者距离非常远，不会随着观察者的移动而改变的物体，如天空、远处的山等效果，航天器飞行的宇宙星空场景可使用天空盒进行搭建。

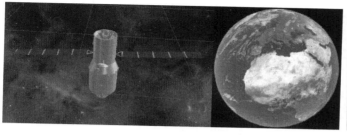

图 7.26   卫星与地球模型图

天空盒的原理就是将一个立方体展开，将由一个完整的背景图片分割而来的 6 幅图像作为贴图贴在立方体的 6 个面上，在实际的渲染中，将摄像机始终置于此立方体的中心位置，根据视线与立方体的交点来确定要在哪一个面上进行纹理采样，并进行最终的渲染，具体流程如图 7.27 所示。

使用如图 7.28 所示的 6 幅图像作为天空盒材质的渲染图像，得到的星空虚拟场景如图 7.29 所示。

3) 卫星帆板及液体燃料

在航天器研究领域，常常涉及航天器柔性部件以及液体燃料的控制工作，Unity 3D 引擎中的 Shader(着色器)技术为其在虚拟场景下的建模与演示提供了支持。Shader 是一种较为短小的程序片段，用于告诉图形硬件如 GPU 如何计算和输出图像。通俗地说，Shader 就是可编程图形管线的算法片段，它主要分为两类：顶点着色器(vertex shader)和片元着色器(fragment shader)。

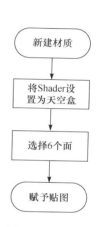

图 7.27   天空盒
制作流程图

GalaxyBk   GalaxyDn   GalaxyFt   GalaxyLf   GalaxyRt   GalaxyUp

图 7.28   天空盒图像

在 Unity 3D 引擎中，模型由若干个三角面构成，Shader 中顶点着色器通过访问柔性模型的顶点信息，结合对应的数学模型及柔性部件振动广义坐标数据，即可实现基于仿真数据驱动下的虚拟演示，如图 7.30 所示。

液体燃料动画主要是液体粒子模拟，可以使用屏幕空间渲染，即 Point Sprite 渲染粒子，将液体在屏幕空间的深度和厚度记录在两张二维纹理上，深度纹理记录了屏幕上某点的液体表面到摄像机的距离，厚度纹理记录了表面之下液体的厚度，然后对深度纹理进行平滑处理，并从平滑处理后的深度纹理中还原表面法线，

图 7.29　星空效果

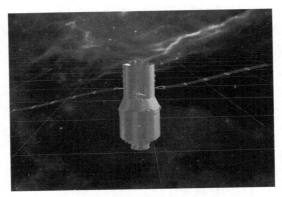

图 7.30　卫星帆板振动效果

得到法线后便可以计算反射/折射，对表面进行最终的着色。对于油箱内液体燃料的显示，需在尽量保留容器轮廓的前提下增大其透明度。可先获取油箱顶点到摄像机的观察方向，然后与顶点法线方向进行点积算出投影的长度，最后乘以设置的主颜色值即输出的最终颜色。其中，需要对观察方向以及法线方向进行归一化处理，效果如图 7.31 所示。

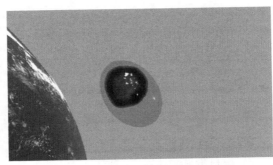

图 7.31　卫星液体晃动效果

4) 预制体与标签

星群任务场景涉及大量重复卫星模型的添加、编辑工作，考虑到卫星的数量，逐一操作会造成极大的困扰。在 Unity 3D 引擎中，可以将相同的卫星模型制作成预制体(prefab)备用。通过预制体生成的模型实例保持着与母体的关联，因此可通过预制体对场景中的星群模型进行统一编辑，提升场景搭建的效率。

在星群任务执行过程中，对不同卫星存在相应的任务需求，为更好地显示任务分工信息，需对不同职责的卫星进行标识。Unity 3D 引擎中的画布系统(Canvas)被广泛应用于游戏对象名称、生命值(血条)等的显示，可以通过为卫星添加 text 子对象实现标签的模拟。在任务执行过程中，卫星姿态往往会发生变化，而 3D text 会导致标签翻转、倾斜等问题，因此采用 2D text。屏幕空间坐标系下的位置信息通过父物体(挂载卫星)世界空间坐标系下的坐标，调用 Unity API(Camera.main.WorldToScreenPoint)进行坐标系间转换来获取。

7.3.3 场景运行逻辑开发

1. 场景漫游与分屏显示

1) 场景漫游

场景漫游功能即在场景运行过程中，用户可以选择任意跟随视角，进行任务场景漫游，在视景演示过程中，良好的视角跟随可优化视景演示效果。在虚拟场景中，虚拟相机等同于人眼，控制视角的核心即在于更新虚拟相机的坐标。

基于 Unity API 实现了场景漫游功能，其结构如图 7.32 所示。FollowTarget 实

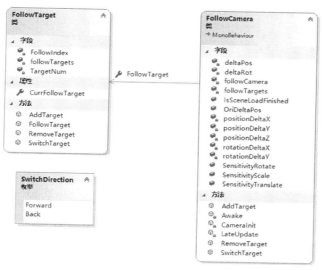

图 7.32　场景漫游模块 UML 设计图

现了对跟随目标对象的管理，具体包括添加、删除及切换跟随目标，FollowCamera 是供开发者调用的接口模块，其内部实现了如图 7.33 所示的相机视角跟随的具体逻辑，获取当前帧的用户鼠标交互数据并进行累积，结合跟随对象的坐标，计算出相机坐标，实现视角跟随的功能。

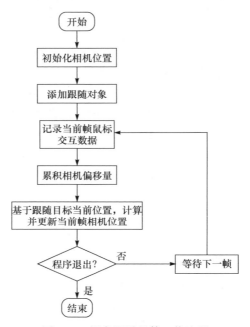

图 7.33　视角跟随具体工作流程

2) 分屏显示

分屏显示可让用户通过多个视角对场景进行观察，优化场景显示效果。通过在场景中添加多个相机，并对相机的 Viewport Rect 渲染参数进行设置，实现如图 7.34 所示的分屏效果。

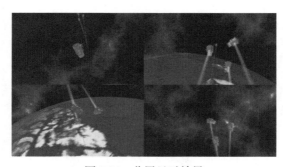

图 7.34　分屏显示效果

2. 用户快捷输入

快捷输入即快捷键响应功能，用户按下快捷键即可调用相应的功能，可提高用户的操作效率。基于".NET"事件模式及 Unity API 实现了视景软件的快捷输入功能，其结构如图 7.35 所示，具体工作流程如图 7.36 所示。

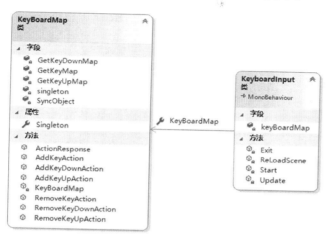

图 7.35　快捷输入模块 UML 设计图

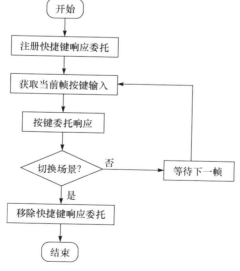

图 7.36　快捷输入工作流程图

3. 演示逻辑开发

场景演示逻辑主要负责航天器执行具体任务时的视景演示，其结构如图 7.37

所示，由指挥层和执行层两部分组成。其中，指挥层作为指挥员下达任务指令的交互接口，用于接收和处理指挥员下达的任务指令，并将任务指令传递至执行层，其具体实现在 7.4 节进行详细论述；执行层实现了航天器执行具体任务时的动作设计，将基于实时仿真数据驱动的航天器编队抽象为 Formation 类，将执行任务的航天器对象抽象为 MissionExecuter 类，并结合 ScannerEffect、Missile 等类实现了航天器执行编队、容错控制、姿态机动、姿态协同等具体任务时的动作设计。

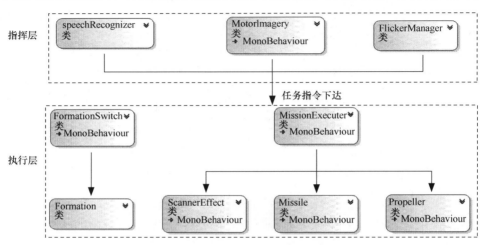

图 7.37　航天器任务执行逻辑 UML 设计图

7.3.4　基于 UGUI 的图形用户界面开发

图形用户界面基于 Unity 3D 引擎内置的 UGUI 界面库进行建立，通过组合 Canvas(画布)、Image(图片)、Button(按钮)等 UI 控件，实现用户主界面、场景载入界面、网络端口设置界面的制作，通过对 Button 控件挂载按钮点击监听实现图形界面对用户点击的响应。用户可以通过主界面进入场景载入界面选择场景、进入网络端口设置界面对网络进行配置以及退出软件，界面逻辑如图 7.38 所示，用户主界面如图 7.39 所示,场景载入界面如图 7.40 所示,网络端口设置界面如图 7.41 所示。

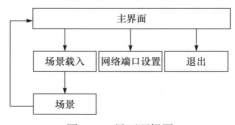

图 7.38　界面逻辑图

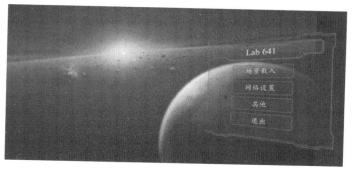

图 7.39 用户主界面

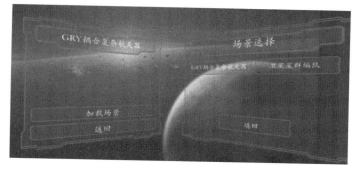

图 7.40 场景载入界面

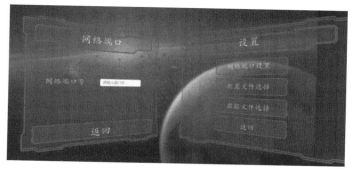

图 7.41 网络端口设置界面

　　本节基于 Unity 3D 引擎完成了平台视景软件的设计与实现工作。首先，基于分层的设计思想，对视景软件的总体结构进行了设计。然后，搭建了航天器任务场景的虚拟场景库，对其中涉及的特效、工具进行了介绍，并开发了场景漫游与分屏显示功能以优化视景显示效果。最后，基于 UGUI 组件完成了视景软件图形用户界面的设计与开发，具体包括软件初始化主界面、场景信息显示界面。

7.4　人机交互设计与实现

7.4.1　仿真平台人机交互架构

仿真平台人机交互系统的总体结构设计如图 7.42 所示。首先，实验人员通过 VR 设备根据视景演示内容对任务场景做出决策判断，通过语音麦克风下达语音控制指令，经过人机交互模块处理之后获得人机交互指令，返回视景软件；然后，视景软件将交互指令通过平台网络通信模块发送至主控软件，主控软件根据解析获得的人机交互指令对实时仿真环境进行控制算法的在线调参，完成交互指令到控制算法的最终交付；最后，视景软件接收指令交付完毕之后的航天器仿真数据，更新视景演示内容。此即一次人机交互指令从用户指令下达到指令最终交付的处理全过程，用户可根据视景演示内容做出下一步判断，并继续进行控制指令下达。

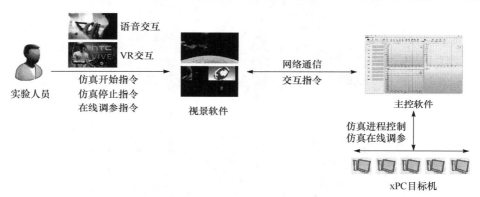

图 7.42　仿真平台人机交互系统总体结构设计

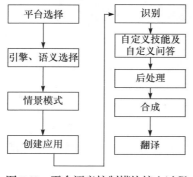

图 7.43　平台语音控制模块接入过程

7.4.2　语音交互模块开发

语音交互是一种新型的人机交互方式，用户可以通过下达语音指令来调用平台的相应功能。平台基于讯飞语音识别软件开发工具包(SDK)实现语音交互，通过将用户的语音音频数据上传至云端进行语音在线识别，并根据识别结果调用相应的功能，实现语音控制的功能，此外，在语音识别之前，可以通过上传用户词条来提高语音识别的准确率。平台语音控制模块接入过程如图 7.43 所示，实现的语音交互内容如表 7.4 所示。

表 7.4　语音交互功能开发指令

语音指令	实际功能
开始飞行	开始仿真
停止飞行	停止仿真
形成编队	航天器集群从杂乱站位中形成编队
圆形编队	航天器集群形成圆形编队
三角形编队	航天器集群形成三角形编队
…	…

由于讯飞语音识别 SDK 针对 Windows 系统只提供了 C 语言的动态链接库，而语音交互模块作为视景软件的一个子模块，使用的开发语言为 C#，为解决开发语言不一致的冲突，需对讯飞语音 SDK 的原生接口进行适配工作，具体包含以下内容。

1) 接口声明

C 语言属于非托管语言，非托管语言的特性是可由开发者自由控制和管理内存，而 C#属于托管语言，托管语言的特性是内存的释放由垃圾收集(garbage collector，GC)机制统一处理，GC 机制通过识别对象是否被引用来进行内存的回收。在托管语言中调用非托管接口，首先需进行接口的原型声明，并在接口声明前使用 extern 关键字表征该接口为外部实现接口。然后，使用 DllImport 在接口属性中提供该接口从非托管库文件中导出所必需的信息。

2) 类型适配

不同的语言之间存在类型的差异，因此在接口的原型声明过程中，需进行 C 语言类型到 C#类型的转换适配工作，将 C 语言中的指针类型适配为 C#中的 IntPtr 类型，将 C 语言中的字符指针适配为 C#中的字符串类型等。

开发的语音交互模块的结构如图 7.44 所示，SpeechInterface 就是基于上述接口适配工作实现的对讯飞语音 SDK 原生接口的适配类，MSPRecognizer 是针对适配好的原生接口所做的封装，VoiceRecord 用于控制用户语音指令输入，SpeechRecognizer 是供开发者调用的用户接口模块，对外提供了用户登录、词条上传、音频录制、音频写入、识别结果获取等接口，由于讯飞语音 SDK 的底层构造不是线程安全的，不支持多路并发调用，在同一时刻只能进行一次语音识别会话处理，因此 SpeechRecognizer 使用单例模式进行构造。

语音交互模块的具体工作流程如图 7.45 所示，由于词条上传、音频写入、识

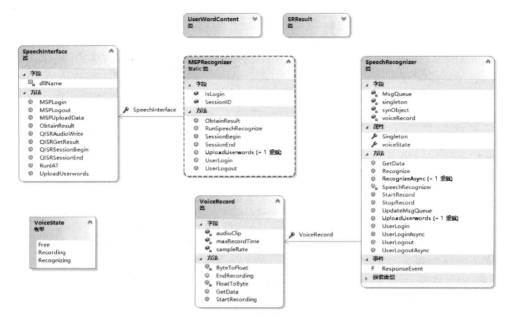

图 7.44　语音交互模块 UML 设计图

别结果获取等流程可能会由于网络传输延迟及其他不稳定因素，造成结果返回的时间较长，不能采用同步阻塞接口来实现，否则会影响视景软件的显示帧率，造成画面卡顿的现象。因此，为了保证视景软件的运行帧率，在 Unity 3D 引擎主线程中运行音频录制的处理逻辑，在后台线程中运行语音识别的处理逻辑。语音交互模块的具体工作流程如下：

(1) 在后台语音线程中，进行用户登录、用户词条上传等语音交互模块的初始化工作。

(2) 根据 7.3.3 节所述的快捷输入模块，用户按下 S 键开启语音输入，进行音频录制，按下 E 键停止音频录制，录制完毕之后调用 SpeechRecognizer.GetData() 获取音频数据，并将音频数据从浮点数组转换为字节数组。

(3) 开启一次语音识别会话，将音频数据上传至讯飞云端进行语音识别处理，并获取识别结果，在识别结果获取完毕之后，关闭当次语音识别会话。

(4) 根据识别结果进行交互指令映射，实现对语音控制指令的交互响应。至此完成一次语音交互，下一次语音交互从(2)开始进行。

其中，用户词条上传、识别结果获取等过程均涉及与讯飞云端的文本信息传输，使用 JavaScript 对象表示法(JavaScript object notation，JSON)作为数据交换格式，JSON 是一种轻量级的文本数据交换格式，被广泛应用于数据交互的场景。在

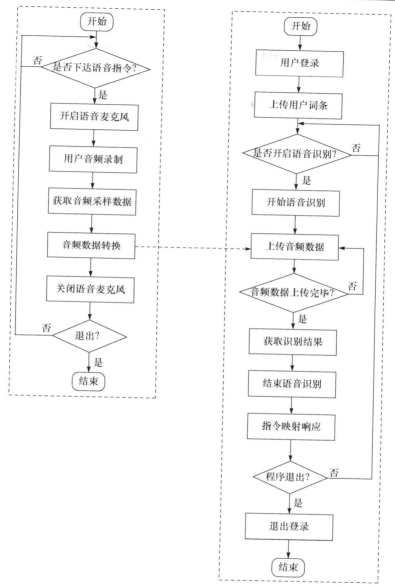

图 7.45　语音交互模块工作流程图

进行用户词条上传时，需先将传输词条构建为 JSON 数据集，在获取识别结果时，需先对获取到的 JSON 数据集进行解析。基于 Unity JsonUtility 组件实现了对 JSON 数据集的构建和解析，其具体开发过程如下：

（1）根据目标 JSON 数据集格式构建其对应的原型类，类中的每个字段需与 JSON 数据集中的对象保持一致，并在类定义前加上 Serializable 关键字，标注该类支持序列化。

(2) 在数据传输过程中，调用 JsonUtility.FromJson()和 JsonUtility.ToJson()方法进行 JSON 数据集的构建和解析。

7.4.3　虚拟现实交互模块

虚拟现实交互可以为用户提供一个沉浸式交互体验环境，基于如图 7.46 所示的 HTC Vive 设备进行设计，结合 SteamVR Plugin 进行辅助开发，用户通过 VR 头显可以获得置身于实际太空中的沉浸式体验，通过如图 7.47 所示的 Vive 控制器与虚拟场景进行交互，基于 SteamVR 识别手势动作及 Vive 控制器上的按键操作，以实现对航天器的仿真控制，实际交互内容如表 7.5 所示。

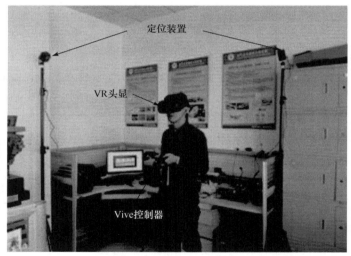

图 7.46　HTC Vive 设备

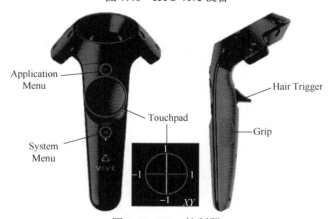

图 7.47　Vive 控制器

表 7.5 Vive 控制器交互功能开发

交互按键	实际功能
左手 Hair Trigger 键	打开网络端口
右手 Hair Trigger 键	开始/停止仿真
左手 Application Menu 键	显示当前仿真信息

SteamVR SDK 是一个由 Valve 提供的官方库,用以简化 Vive 的开发,可以在 Unity Asset 商店中免费获取。工具包同时提供了对 Oculus Rift 和 HTC Vive 的支持,下载导入 SteamVR Plugin 时保持默认设置。开发过程中主要涉及 SteamVR 和 CameraRig 组件,其中 SteamVR 主要负责在玩家打开菜单系统并将物理刷新率和绘图系统进行同步时让游戏自动暂停以及处理"房间规模 VR 动作"的平滑, CameraRig 负责 Vive 头盔和控制器的控制。具体开发流程如图 7.48 所示。

基于平台硬件及相应 SDK 完成了平台人机交互系统的设计与实现工作。人机交互系统由语音交互子模块和虚拟现实交互子模块两部分组成,其中,语音交互子模块基于科大讯飞语音识别 SDK 将语音指令上传至讯飞云端进行识别处理,并获取识别结果,实现了语音交互功能;虚拟现实交互子模块基于 SteamVR 工具连接配置 VR 设备,实现了虚拟现实交互功能。

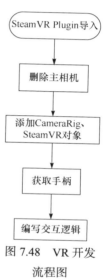

图 7.48 VR 开发流程图

7.5 航天器虚拟仿真系统实验

本节具体介绍虚拟仿真平台的实际搭建与实验仿真,首先根据 7.1.2 节平台硬件结构进行各模块的组装;在此基础上,针对复杂航天器快速机动控制及星群编队控制等具体任务场景进行实验设计;最后通过仿真结果的分析验证控制算法的实时性能以及平台功能的可靠性和完整性。

7.5.1 仿真平台搭建

根据 7.1.2 节所述平台硬件结构,搭建如图 7.49 所示仿真平台。其中,各硬件配置及功能已在 7.1 节详细说明,此处不再赘述。

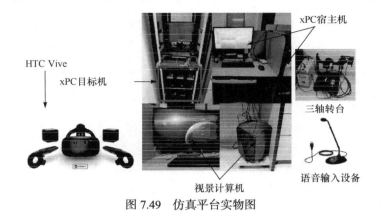

图 7.49　仿真平台实物图

7.5.2　仿真实验设计与结果分析

针对不同航天器的控制场景，设计了两组仿真实验，分别对实时状态下的算法性能进行验证评估。

1. 复杂航天器快速机动稳定控制实时仿真验证

1) 实时仿真程序生成

在实验准备阶段，首先在 MATLAB/Simulink 环境下完成复杂航天器模型与控制算法的搭建工作，模型模块与控制算法模块通过 Simulink 内置的 UDP Send 及 UDP Receive 通信模块来完成数据交互。

打开 Simulink 程序的参数配置面板，在 Solver 栏中设置合适的仿真步长，在 Code Generation 栏中选择 System Target File 为 "slrt.tlc"，编译得到文件类型为 mldatx 的实时仿真程序，可在 xPC 目标机中运行。

2) xPC 目标机配置

xPC 目标机需通过 DOS 启动盘启动，因此需在 DOS 启动盘中配置 xPC 目标机的实时仿真内核。在 MATLAB 中打开如图 7.50 所示 xPC 目标机属性配置页面，根据表 7.6 配置目标机的 IP 地址及端口号，Target driver 网卡参数根据 xPC 目标机的实际网卡选择 INTEL_I210，Boot mode 选择 DOS Loader，即基于 DOS 启动盘进行启动，随后单击 Create boot disk 在 DOS 启动盘中生成 xPC 目标机实时内核文件。

3) 实验步骤

在主控软件界面中，进行仿真初始化配置操作。首先，单击 xPC 目标机配置，按照表 7.6 配置 xPC 目标机的 IP 地址及网络端口，如图 7.51 所示。

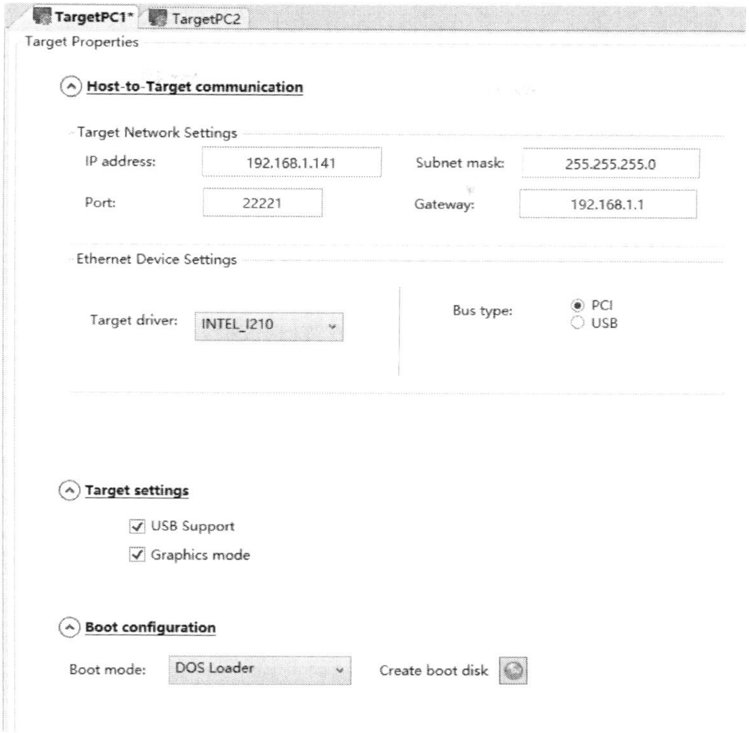

图 7.50　xPC 目标机属性配置页面

表 7.6　xPC 目标机属性配置界面参数

xPC 目标机	IP 地址	端口号	仿真模拟
1 号 xPC	192.168.1.141	22221	控制器模型
2 号 xPC	192.168.1.142	22222	运动学模型
3 号 xPC	192.168.1.143	22223	动力学模型
5 号 xPC	192.168.1.144	22224	观测器模型

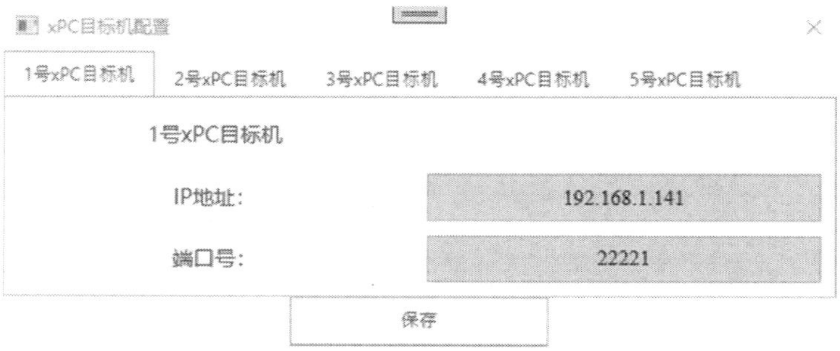

图 7.51　xPC 目标机配置

　　然后，在 xPC 连接下拉菜单中，单击相应的按钮，构建宿主机主控软件与 xPC 目标机之间的通信连接，并将仿真程序下载至对应的 xPC 目标机中，如图 7.52(a) 和(b)所示。最后，单击"开始仿真"按钮，即可开始复杂航天器快速机动控制理论的实时仿真验证实验。

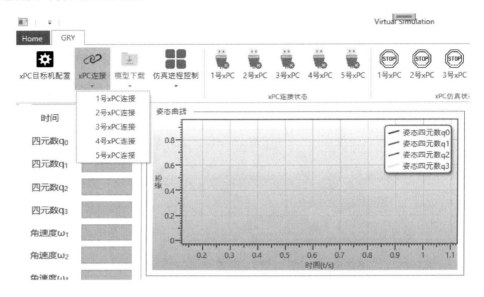

(a) xPC 目标机连接

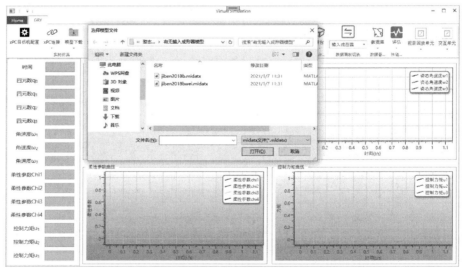

(b) 仿真模型下载

图 7.52　仿真初始化

4) 实验结果分析

实时仿真验证结果如图 7.53 所示。其中，图 7.53(a)为复杂航天器刚体的姿态四元数曲线；图 7.53(b)为姿态角速度曲线；图 7.53(c)为输入的控制力矩曲线；

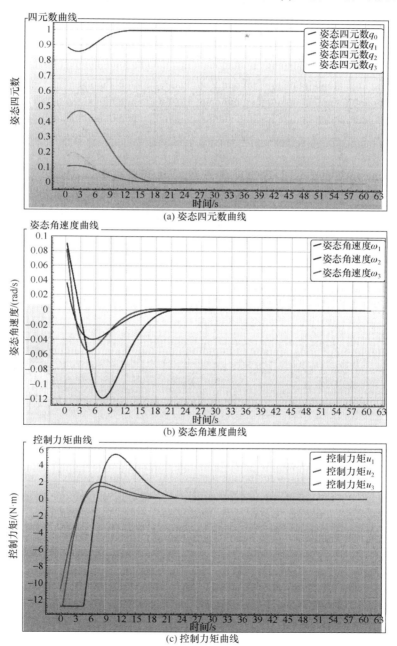

(a) 姿态四元数曲线

(b) 姿态角速度曲线

(c) 控制力矩曲线

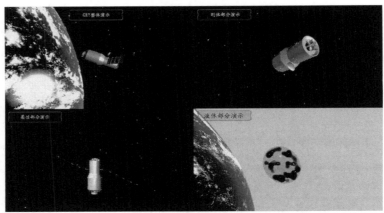

(d) 姿态调整阶段

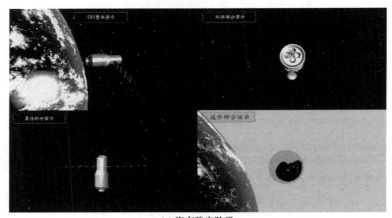

(e) 姿态稳定阶段

图 7.53　仿真结果

图 7.53(d)和(e)为实时仿真数据驱动下的视景演示图。由图 7.53(a)和(b)可以看出,该控制方法在较短的时间内实现了航天器的姿态稳定,控制力矩也在合理范围内,由此验证了控制算法在实时环境下的有效性和可靠性。

通过上述仿真结果可知,平台可对 MATLAB/Simulink 环境下开发的复杂航天器控制算法进行实时仿真验证,视景软件可正常接收主控软件发送的实时仿真数据进行三维视景演示,完成了平台的整体验证。

2. 角速度约束下航天器编队姿态同步实时仿真验证

具体实验流程前述已比较完备,此处不再赘述,这里仅对实时仿真结果进行分析讨论。三维视景下的场景模拟如图 7.54 所示,由图可以看出,从星完成了对主星的姿态同步。

图 7.54　航天器编队视景演示

　　本节在前述章节工作的基础上完成了仿真平台的实际搭建工作。为了验证控制算法的实时性能以及平台功能的可靠性及完备性，设计了复杂航天器快速机动控制实时仿真验证和角速度约束下航天器编队姿态同步控制实时仿真验证两组仿真实验。在仿真验证实验中，实验人员通过主控软件即可完成所有的仿真配置操作，仿真运行过程中，视景软件可正常演示出航天器控制过程，实时仿真曲线与离线情况相一致，完成了相关算法及平台功能的验证工作。

7.6　小　　结

　　仿真平台对航天器领域理论方法的研究意义十分重大。一方面，基于仿真平台可以对前期上层设计进行测试与开发迭代，具有节约成本的优势；另一方面，仿真平台通过三维视景搭建仿真场景，可进一步验证算法在实际场景中的有效性。基于上述需求，本章首先提出了分布式虚拟实时仿真平台的总体方案，设计了平台的硬件结构及软件结构；然后分别对平台主控软件和视景软件进行了设计与实现；随后进行了平台人机交互系统的设计与开发；最后以离线仿真控制方法为基础设计了实时环境下的仿真验证实验，在验证模型及控制器实时有效性的同时，完成了平台整体性能的检测。